JN156326

気象と気候のとらえ方

きまぐれな大気の物理を読み解く

保坂 直紀 訳

Making Sense of Weather and Climate
The Science Behind the Forecasts

Mark Denny

丸善出版

Making Sense of Weather and Climate

The Science Behind the Forecasts

by

Mark Denny

This Japanese edition is a complete translation of the U.S. edition,
specially authorized by the original publisher,
Columbia University Press, New York
through Tuttle-Mori Agency, Inc., Tokyo

Printed in Japan

訳者まえがき

「いま読みたかったのは、こういう気象学の本なのだ」。そうつぶやいてひざを打つ人も、おそらくたくさんいるはずだ。この『気象と気候のとらえ方』は、まさにそういう本だ。

気象学には、風の流れや気温の決まり方などを扱う物理的な側面と、フロンによるオゾン層の破壊に代表されるような化学的な側面がある。この本では、そのうちの物理的な部分が、とくに物理が得意でない人にもわかるよう、ていねいに解説されている。

その解説のしかたが独特だ。物理的にはかなり深いところまで説明しているにもかかわらず、数式を使っていない。地球の気温は、なぜ15℃くらいなのか。北半球と南半球とで熱帯低気圧の渦の巻き方が逆なのはなぜか。本来なら数式を使って説明するはずの事柄を、言葉で表しているのだ。

日本でも、気象関係の本はたくさん出版されている。それらを眺めていつも思うのは、数式を解いてきちんと答えを求めるタイプと、豆知識的に広く浅く言葉で概観するタイプの両極端に分かれているということだ。物理や数学が得意でない人は前者を敬遠し、得意な人は、後者では気象を理解した満足が得られない。その中間を埋める本、つまり数式を使わずに気象の物理の本質をつかめる本が、もっと必要なのではないか。そう思っているときに出会ったのが、この本の原著である『Making Sense of Weather and Climate』だ。

なぜ穏やかで安定した天気と、激しい雨を降らす不安定な天気があるのか。最新のスーパーコンピューターで計算した天気予報なのに、外れてしまうことがあるのはなぜなのか。この本は、そういった素朴な疑問に、背景にある物理をていねいに説明する形で答えている。しかも、数式を使わずに言葉だけで。

物理学では、数式を使って答えをだせても、その物理をほんとうに理解できたことにはならない。たとえば大学入試の物理では、慣れてくると、なにも考えずに機械的に答えを計算できるようにさえなる。20 m 離れた的にボールを当てるには、どういう速度でボールを投げ出せばよいかを、ニュートンの力学の法則（$ma=F$）を使って計算できても、「ニュートンの力学の法則が意味するところを、具体例を交えながら 800 字で論述しなさい」という問いに答えられなければ、ほんとうにこの法則を理解したといえるのだろうか。

繰り返すようだが、この本は、そういう本である。数式型の気象本を読んできた人には、その知識を深く心に刻むための糧となるし、豆知識型に親しんできた人は、「なぜそうなるのか」という根本原理をこの本で知ることができるだろう。いずれの読者も、「なんだ、そういうことだったのか」「そういうことなら、早く言ってよ」という目からウロコの満足感が得られるはずだ。

この本を読み終えれば、空に浮かぶ雲を見上げたとき、天気図を目にしたとき、そこにしっかりとした科学の物語を読みとることができるように、きっとなっている。これは、気象に関心をもつすべての人にとって、ちょっとした快感なのだと思う。

原著は平易な英語で書かれていて、一般向けの科学書として、とてもわかりやすい。ただし、翻訳にあたっては、いくつかのことを心がけた。

まず、直訳はしなかったという点だ。原著は米国で出版されているので、読者の「常識」が日本とはどうしても違う。たとえば、竜巻の常襲地帯である米国では説明不要な常識でも、日本の読者に説明するには、その「常識」を前提にできないこともある。また、科学的な物事をわかりやすく説明する手順も、英語と日本語とでは違うようだ。このような事情で、原著の英語と本書の日本語は一対一に対応していない。補足的な最小限の説明を本文中にも加えたし、思い切って意訳した部分もかなりある。それが、原著の持ち味を最大限に生かすことになると考えたからだ。もっと詳しく説明したほうがよいと思う事柄は、巻末の注釈に、独自に加えておいた。人名の敬称は省略させていただいた。

また、数値の単位については、煩雑さを避けるため、日本で一般に使われている「メートル」「キログラム」「摂氏温度」などを使い、原著では書き添えられている「フィート」「マイル」「ポンド」「華氏温度」による表記は、原則として省いた。そのため、「重さ 11 キログラムの大砲の玉」「直径 16 キロメートルの台風の目」といった中途半端な数字のみが唐突にでてくることになった。これらはそれぞれ、「25 ポンド」「10 マイル」というキリのよい数字からの換算であることが原著ではわかるが、この本では、その事情を訳出していない。この点も、ご容赦ねがいたい。

副題の「きまぐれな大気の物理を読み解く」は、じつは原著にはない。原著のすばらしさを強調したくて、丸善出版の村田レナさんと一緒に考えた副題だ。大気は、ほんとうにきまぐれだ。気象にしても気候にしても、現在の状況がほんのちょっと違っただけで、やがて実現する大気の状態は、がらりと変わる。この「きまぐれ」が、気象や気候の正確な予測をはばむ原因であり、また一方で、まったくおなじものが二度とふたたび現れることのない、一期一会の気象や天気の源泉にもなっている。その大気の本質が、おもに第 6 章で物理の側面からていねいに解説されている。原著の白眉たるゆえんといってよいだろう。

さて、前置きはこれくらいにして、さっそくこのきまぐれな気象と気候の世界に入っていくことにしよう。わたし自身、翻訳していて、とても楽しかった。その気分をみなさんと共有できれば、こんなに幸せなことはない。

2018 年 5 月

サイエンスライター　保坂　直紀

お話を始めるまえに

一般向けに科学の本を書くとき、どうしようかといつも悩むのは「単位」のことだ。長さは「メートル」にするか「ヤード」にするか。重さは「キログラム」と「ポンド」のどちらにしようか。わたしたちは、ふだんの生活で両方とも使っている（訳注：原著は米国で出版された）。だが、科学の世界で異なる単位をまぜて使うことは、それがまったくないとはいえないが、あまり格好のよいものではない。そこで、この本の序章「これからお話ししたいこと」で、ちょっとした言い訳をするはめになった。この本ではおもに「メートル」や「キログラム」を使い、必要に応じて「ヤード」「ポンド」などを、かっこ書きで添えてある*1。その事情を、注釈（序章の＊7）で説明しておいた。

「注釈」などに参考文献として挙げたのは、出典を明記するための専門的な論文や、予備知識があまりなくてもわかる読み物などだ。専門的な文献を読めば、わたしがなにを根拠にそう言っているのかがわかるだろうし、気象や気候の物理学をより詳しく学びたい人の役にも立つと思う。一般向けの読み物は、本書の説明について、もうすこしだけ詳しく知りたい人のためのものだ。これらの文献から得るものは多いと思う。ぜひ読んでみてほしい。

原稿を読みかえしながら、「第何章で説明するが」とか「すでに説明したことだが」といった言葉を、たくさん挿入しておいた。このような文言はうっとうしくて嫌だと思う読者もいるかもしれない。しかし、気象学や気候学のように、さまざまな局面で多数の事柄が絡みあう科学を説明していくには、これはどうしても必要なことなのだ。「コリオリの力」が、その例だ。別々の章で繰り返しでてきている。これは、いろいろな現象がたがいに影響しあうという気象の特質によるものであり、そしてなにより、そうしたほうが、きっとわかりやすいのだ。

謝　辞

この本を書くのには、1年くらいかかった。構想をたて、それを考えなおし、書いた原稿を書きなおして読みかえし、もういちど読みかえした。

こうした作業を進めるわたしを励まし、助けてくれたコロンビア大学出版会のパトリック・フィッツジェラルドとライアン・グレンディックに感謝をささげたい。アイリーン・パビットとテリー・コーナクのおかげで、原稿を本の形にすることができた。専門家な立場からアドバイスしてくれた米海洋大気局のクリス・ウォームズレーにも感謝したい。そして最後に、コロラド州立大学のトマス・バーナー。わたしの最初の原稿を読んで、細かいところまで気を配った、建設的で、とても有益な意見を述べてくれた。本書の内容に間違いがあったとしても、その責任はもちろん、すべてわたしにある。

目　次

序　章

これからお話ししたいこと

土地がすっかり干上がり、木だって犬にお願いして、ちょっとした水分をひっかけてもらわなければならない始末だ。

チャールズ・マーティン

いまあなたが手にしているこの本は、わたしたちを取り巻く気象[*1]について心から理解したいというあなたの思いを、きっとかなえてくれる。この手の本を書くとき、わたしがいつも心がけているのは、これさえわかれば複雑な現象も理解できるという基本的な考え方を、明確にわかりやすくお伝えすることだ。この本の場合、それは「大気の物理」である。

さらにこの本は、気候の理解（当然ながら話は海の物理にも広がっていく）にも役立つはずだ。将来の気候をどのような方法で予測するのか。そして、わたしたちがいかに気候の変化に影響を与えているのか。

気候というのは、ざっくりと言えば、大気の平均的な状態のことだ。そう遠くない将来の気候の予測なら、あす、あさっての天気を予報するよりずっとやさしい。たとえば、世界の平均気温が来年どうなるかを予測するのは、あなたの家の庭があすの朝、何℃になるかを予測するより簡単なのだ。もっとも、はるかさきの気候を予測するとなれば、とてもとても簡単とはいえないのだが。それがなぜかは、そのうちお話ししよう[*2]。

なぜきょうは、天気予報では晴れるといっていたのに雨だったのだろう。もうすこし一般化していえば、だいたいでよければ簡単に当たりそうな天気でも、細かく正確に予報しようとすると、とたんに難しくなるのは、なぜなのだろう。なにしろ、「あすの天気もきょうとおなじでしょう」といっておけば、緯度にもよるのだが、70％は当たるのだ。

気象はなんといっても身近だから、ほかにもいろいろな疑問がわくかもしれない。雷雨はなぜおきるのか。季節ごとにいつも似たような天気が繰り返されるのに、わたしの誕生日の天気は、なぜ毎年おなじにならないのだろう。前線って、なんだろう。天気は変わりやすいというのなら、地球の気温はなぜマイナス100℃になったりプラス200℃になったりしないのか。なぜ天候には決まったパターンがあるのだろう。このパターンは、孫が大きくなるころも、やはりいまとおなじパターンなのだろうか。雨が降っても遠くが見えるのに、霧だとなぜ見えないのか。

気候に関する疑問には、きょう、あすにどうこうというわけではないが、気象に関するものとは意味合いが違う大切な側面があるかもしれない。地球温暖化についての世間の議論は、なぜ、まさにその大気とおなじように、ますます熱を帯びていくのか。人間の活動が地球温暖化の原因なのか。もしそうなら、わたしたちの手で温暖化をもとに戻せるのか。気候の変化は、どれくらいまでなら自然にもとに戻り、どこを越えると取り返しがつかなくなるのか。

この本では、気象や気候に関する、そのほかのさまざまな疑問にもお答えしていこう。お話しすべき物理はとても複雑なのだが、順を追って理解していこうという気持ちさえあれば、気象学や気候学を学んだことのない人にでもわかるように説明していきたい。話に多く登場するのは、世界で大災害をもたらすような「極端に激しい気象」[*3]ではなく、あなたが家の裏庭に出れば経験できるような、ごくふつうの現象だ。とはいえ、この木を読み終えれば、竜巻や台風[*4]、激しい雷雨、干ばつ、洪水[*5]についても、そのしくみを生きた知識として身に着けているだろう。

そして、これらのテーマについて、ごまかしたり、政治的な見解に左右されたりしないように注意して、平易なごくふつうの文章で書いていくことにしよう。ちょっとわかりにくい言い方かもしれないが、あなたの頭は、ばかげた話につきあうためにではなく、きちんと物を考えるために使われるべきなのだ*[6]。気候の話には、ささいなことなのだが、さきほどすこしお話ししたように、気象とは違って政治性がつきまといがちだ。そして政治性は、理性的な議論、冷静な分析にはなじまない。だからわたしは、確かな事実だけをお話しし（昔のドラマに出てきた刑事のジョー・フライデーなら、「事実だけを話してください、奥様」というところだ）、政治性は消し去るように努めよう。

こと気候変動に関するかぎり、そうするしかないのだ。わたしが話の中心に置くのは、多くの、いや、ほとんどすべての科学者に共通する見解だ。つまり、これまでに集めたデータによると、気候の変化はたしかにおきており、その原因は、おそらく人間の活動にあるという考え方だ。

ところが困ったことに、政治的な思惑なしに科学的にお話ししただけでも、わたしが政治的な見解を述べたと受け取られてしまう。データをもとに推論したお話をしているだけなのに。まあ、しかたない。科学の導きに身をゆだね、もし政治的な陣営にくみすることになってしまったら、災難だったと思うことにしよう。読者のみなさんも、わたしについてきてほしい。この本に書いてあることが、政治的な内容ではなく、自然現象の科学的な説明なのだと理解していただければ、みなさんは、とても豊かな知識をここから得ることになるだろう。

ちょうどよい機会だから、ここで言っておきたいことがある。この本は、気象と気候の科学について書かれた、あくまでも一般向けのものだ。専門書ではない。気象と気候をまとめて扱った一般向けの本はほとんどないし、もしあったとしても、表面をなでただけの浅いものだ。物理学者デービッド・ダーベスの言葉を借りれば、「広さは1マイルもあるが、深さはたった1ミリ」*[7]ということになる。

この本では、幅広いテーマを扱いながらも、その根本にある大切な原理を目指して、深く掘り進んでいく。すべてを隅から隅までお話しすることはできないかもしれないが、心から納得できるような深い知識になるはずだ。

わたしたちがこの本で扱う現象は、本質的に統計的なものなのだが、統計的な事柄について、多くの人は直感がはたらかない。わたしは統計的なデータの扱いに慣れている科学者のはずだが、それでも、お天気キャスターが、その日の「最高」気温が「平均」気温だった（「きょうの最高気温は、この時期としては平均的です」）というと、もちろんそれは正しいのだが、ちょっと妙な感じがしてしまう。第6章では、気象学における統計とカオスから話を始める（さらっと軽く読めるといいのだが）。学校で習う統計学は、フェニックスの夏の気候より乾燥して味気ないかもしれないが、なにも、統計学は味気なく説明しなければいけないわけではない。それに、気象や気候を深く理解するには、統計学は欠かせないものなのだ。

いま「第6章では」と言った。そう、この話は第6章までおあずけだ。最初の3章では、まず、ごちそうを食べるためのテーブルを準備しよう。第1章は、大気の現象を引きおこす熱の移動について。そして第2章は太陽と地球の、第3章はわたしたちの頭上に広がる大気のお話だ。第4章で見ていくのは、毎日の天気とは関係なく、ゆっくりと気候を変えていく大気のはたらきについて。第5章では、第6章で扱う統計学（嫌だなと思うかもしれないが、それはあなたの勘違いだ）の準備として、気象や気候をコンピューターで計算するときに使う、たくさんのデータについて説明する。それよりさきの章では、こうした基礎の上に立って（わたしたちの世界は物理的に見ると複雑なので、きちんと考えていくには、いささかの準備が必要なのだ）、わたしたちがいま気象と気候のしくみと予測について理解していることを、みなさんにお伝えしていこう。

わたしは教科書を書いているのではない。気象学や気候学の教科書なら、あちこちに、すでにたくさんある。わたしは、「気象」に関するきちんとした物理の話、そして、もっとゆっくりと変化するその身内といってもよい「気候」について書いていく。しかも、それを理解しようとする、専門家ではないふつうの人たちに向けて。必要な知識はごく簡単な物理と数学くらいで、数学的にさらに詳しく知りたい人のために、付録を用意しておいた。ただし、その付録を読まなくても、本文だけで説明は完結している。

わたしはこの本を、だらだらと読みつづけていくのではなく、新鮮な空気を一息吸うような感じで理解できる本にしたい。気象と気候の物理にとって重要なポイントだけを本文と図で伝え、より詳しいことは、「ボックス」として別に扱った。ひとつ例を挙げておこう。台風は興味深くて重要な現象だが、その説明には、コリオリの力、角運動量、潜熱、大気の不安定など、さまざまな事柄が登場する。だから、台風の話の筋を追うためには、これらの細かい要素は別扱いにしたほうが読みやすいのだ。

気象には、さまざまな魅力がある。科学の応用分野のなかで、わたしたちの毎日の生活にこれほど深く関係しているものは、まずない。ヒッグス粒子について学びたいとか、粘菌についての新しい発見を知りたくてラジオやテレビの朝のニュースをつける人はまずいないが、きょうの天気がどうなるのかは、みんなの関心事なのだ。おそらく、きょう、なにを着ればよいのかを決めたいのだろうが、そのほかにも、仕事に行く道は凍っているか、スモッグはひどいのか、などなど。

交通機関、農業、健康管理、身の安全、軍事作戦など、気象に左右されるものは多い。みぞれが降れば高速道路に塩や砂をまかねばならないし、洪水や霧が発生すれば、交通機関は回り道を余儀なくされる。乾燥が続くと予報されれば、農作物に水をやらなければならず、霜がおりるとなれば、作物におおいをかける必要がある。熱波は、きちんと対策をとらないとお年寄りの命にかかわる*8。海の嵐は、漁師さんには大きな打撃だ。竜巻や野火に巻きこまれれば、死に直結する。軍事作戦を立てるには、このさき気象がどう変化するかを知っておくことが欠かせない。ノルマンディー上陸作戦の開始日や、ボスニアの空爆がその例だ。

将来に目を向けると、いま地球がほんとうに温暖化しているならば（これは現実だ）、その結果、なにがおきるのかを知っておく必要がある。ひとつ例を挙げておけば、激しい雨などの極端な気象が、より頻繁におきるようになると予想されているのだ。

気象の物理に関するわたしたちの知識、とりわけ気象を予測する技術は、ここ数十年のあいだにおおきく進歩した。この点については第10章でお話ししたい。まあ、このさき進歩しつづけても、1か月さきの地元の天気を正確に予測することは不可能なのだが（その理由は第6章であきらかになる）。

この本を書いたわたしの目的と希望は、つぎのふたつだ。この本を読み終えたとき、気象と気候について、あなたがその本質をつかめるようになっていること。もうひとつは、この本を読んだあなたが、毎日の天気予報がどれくらい大変なのかを理解してくれることだ。

第1章

熱を感じて

太陽は、それに頼りきってまわりを回っているすべての惑星を引き連れて、ほかにすることなどこの宇宙にはなにもないかのように、豊かな実りを与えつづける。

ガリレオ・ガリレイ

気象とは、温められ、冷やされ、とどまることなく動きまわる空気と水に関するあらゆる事柄を指している。動きまわるには、エネルギーが必要だ。気象を駆動するそのエネルギーは、太陽から熱の形でやってくる。第1章では、地球に出入りするエネルギーのバランスがどのようにして決まっているのかを、物理的に説明していこう。とくに注目したいのは、地球の平均気温が、なぜこの気温になっているのかという点だ。

地球は太陽に照らされている

銀河は、何十億個もの核融合炉[*1]が、重力で引きあってゆるく集まったようなものだ。この個々の核融合炉を、わたしたちは「恒星」とよんでいる。そのうちのひとつ、わたしたちのすぐそばにある核融合炉は「太陽」と名づけられ、みずからの重力で、しっかりと固まったプラズマ[*2]の球体になっている。

太陽の活動を説明するのに欠かせない複雑な核融合反応や、おなじくらい複雑な流体力学は、この本が扱うテーマではない。太陽は、半径が69万6000 km、表面の温度が約5500°Cの自転している球体。そう考えておけば、ここでは十分だ。

太陽表面の1 m^2からは、63 MW[*3]の電磁波[*4]が放射されている。これだけで、小さな発電所1基分に相当する。電磁放射について忘れてしまった人は、ボックス1.1を見てほしい。すこし計算すれば、太陽全体が生みだすエネルギー（つまり「光度」*5）、これは宇宙に向けて四方八方に放射されるわけだが、それが 3.85×10^{26} W（385 Wの1兆倍の1兆倍）*6 であることがわかるだろう。

太陽の巨大なエネルギーは、すべての方向に均等に放射されているので、そのうちどれだけが地球にやってくるのかは、簡単な計算でわかる。興味のある読者のために、幾何学を使ったやさしい計算を巻末の付録に載せておいた。結果だけいうと、太陽の電磁放射のうち 1.7×10^{17} W が地球大気の上端に届いている。

もっとも、この計算はずいぶん単純化されていて、細かな点がいくつか無視されている。

まず、太陽のまわりを回る地球の軌道を円だと仮定している。これは、ほんとうは正しくない。軌道は楕円で、地球と太陽の距離は1.6％の幅で増減している。まあ、おおざっぱな計算をするぶんには、この違いによる影響はあまりなく、楕円を円とみなしても、ほとんど問題はない。

もうひとつは、地球大気の上端に届く太陽からの放射が、すべて気象を駆動するために使われるのではないという点だ。地球にやってくる放射エネルギーの3分の1は、さまざまなものに反射されてしまう。たとえば、大気や雲、地表面などに。この点については、あとで詳細に考えていこう。とりあえず、計算のための考え方を図1.1に示しておいた。地球に吸収される放射エネルギーは、ほぼいつも一定で 1.23×10^{17} W。とりあえずは、それで十分だ。

太陽から放射されるエネルギーは、いつも一定というわけではない。太陽は厳密にいえば変光星で、放出されるエネルギーは周期的にすこし変動している。地球に届くエネルギーも1 m^2 あたり1 Wくらいの幅で変動しているのだ。

このふらつきの幅は全体の0.1％ほどにすぎないので、こんな細かいこと

ボックス 1.1
電磁放射

光やマイクロ波、紫外線、赤外線（これは「熱」といってもよいだろう）、さらには電波、エックス線、ガンマ線はすべて「電磁波」とよばれる波で、いずれも宇宙でこれ以上の速さはないという最高速度で伝わる。つまり光速である。これらは振動数が違い（波長が違うといってもおなじことだ）、したがってエネルギーが違う。エネルギーは振動数に比例するからだ。たとえば、振動数が 10^{16} ヘルツ（1 秒間に 1 億回の 1 億倍の振動）の紫外線は、10^{14} ヘルツの赤外線（1 秒間に 1 億回の 100 万倍の振動）の 100 倍のエネルギーをもっていることになる。ボックス図 1.1 には、さまざまな電磁波の振動数や波長を示してある。わたしたちが「光」とよんでいるのは、この電磁波のうちで、わたしたちの目がとらえることのできる狭い領域だ（だから「可視光」ともいう）。「熱」の正体である赤外線領域の電磁波は、振動数が光より小さいので、わたしたちはそれを熱として感じることはできるが、目で見ることはできない。太陽からくる電磁波のほとんどは、赤外線、可視光、紫外線の領域にある。

ボックス図 1.1　電磁波の振動数と波長。振動数はヘルツ（Hz、1 秒間に振動する回数）で、波長はメートル（m）、センチメートル（cm）、ミリメートル（mm）、マイクロメートル（μm、1 メートルの 100 万分の 1）、ナノメートル（nm、1 メートルの 10 億分の 1）で表記されている。光子（電磁波を構成する基本粒子）のエネルギーは振動数に比例する。太陽が放射する電磁波のエネルギーは、可視光の領域がもっとも多い。[Victor Blacus の図より]

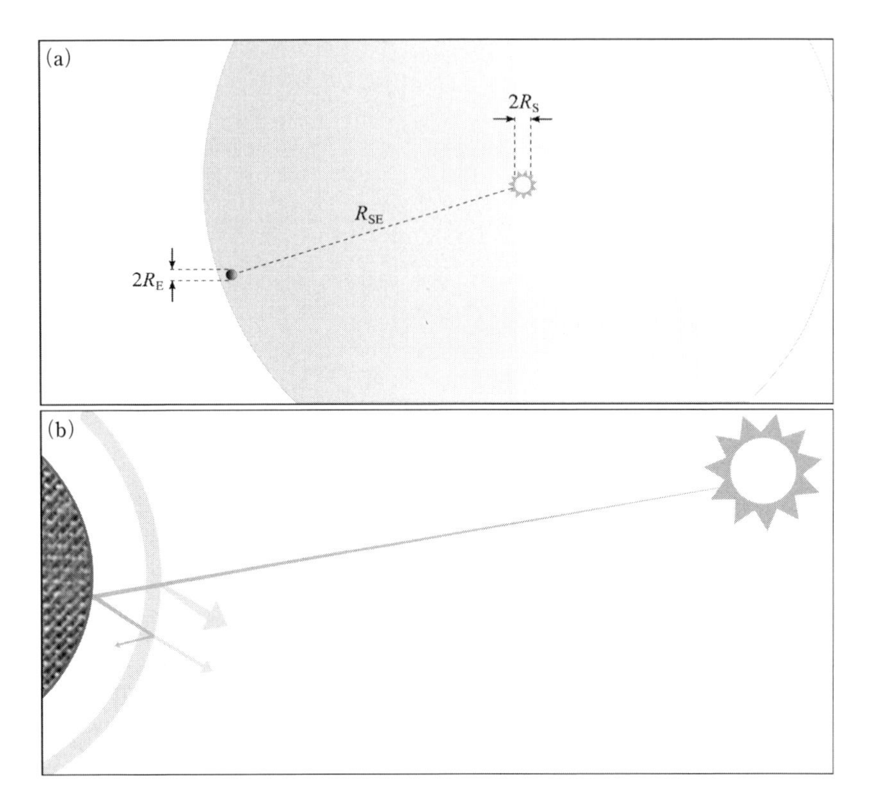

図 1.1　太陽から地球に届くエネルギー。(a) 太陽のまわりを回る地球の軌道は、半径 1 億 5000 万 km の円だと考えてよい (R_{SE})。太陽 (半径 R_S) はすべての方向に均等に電磁波を放射するので、地球が受ける電磁波の量は、地球の半径 (R_E) と太陽からの距離がわかれば、簡単に計算できる (計算は付録に載せておいた)。(b) 太陽の光は、地表で吸収されたり反射されたり、大気で吸収されたり反射されたりする。太陽から来る電磁波のうち約 3 分の 1 が、おもに雲で反射されて宇宙空間に戻っていき、その残りが吸収される。

に興味をもつのは天文学者くらいだろうと思うかもしれないが、じつは、これが地球の気候にしっかり影響を与えている。このエネルギーの増減は 11 年周期でおきていて、太陽の黒点の活動の強弱とよく一致している。黒点は、太陽内部の磁気的な乱れが表面に顔を出したものだ。太陽の北極と南極は 11 年おきに逆転しており*7、黒点活動の強弱はそれに関係している。

こうした変動は、太陽からの放射エネルギーや磁場の強さを観測する直接的な方法で、あるいは、木の年輪に含まれている放射性の炭素 14 を調べるような間接的な方法で調べることができ、このほかにも、80 年周期、200 年周期、1000 年周期がみつかっている。

太陽から来る放射エネルギーの変動は、地球上の平均気温の変化として表れる。中世から現在までの数百年をみても、それはあきらかだ。厳しい冬と冷たく湿っぽい夏が訪れたシュペーラー極小期（1410～1540 年）とマウンダー極小期（1645～1715 年）は、太陽の活動が不活発な期間だった。1610 年以降のデータを使った最近の研究で、平均気温と太陽エネルギーは、統計的にみて強く関係していることがわかった（地球温暖化はこの関係にあてはまらない）*8。

生き生きとしたこの地球は太陽のおかげ

つぎの第 2 章では、地球表面のさまざまな特性について、詳しく話をしていくことになる。たとえば、太陽光を反射する度合いは、陸と海でどれだけ違うかといった話だ。しかしここでは、地球が全体として吸収する太陽からの熱エネルギーにかぎって、話を進めていこう。

ところで、地下の炭坑で働く人ならだれでも知っているあの地中の熱は、いったいどこから来るのだろうか。地球は中心に近づくほど高温になり、地表近くの浅い部分では、1 km 深くなるごとに 25°C ずつ熱くなる。その原因となっている熱のことだ。

地球の中心には、鉄でできた「内核」がある。約 7000°C もの高温であるにもかかわらず、高圧のため固体の状態になっている。内核を取り巻いているのは「外核」だ。やはり鉄でできているが、溶けている。

地球表面の地殻とこの外核のあいだにあるのはマントルだ。マントルは熱くて、一部が溶けたさまざまな岩石が、不均一にまじりあってできている。この熱はどこから来て、どれほどの量が蓄えられていて、そして気象や気候にどれくらい影響するのか。

地球内部のこの熱は、地球が熱く溶けていた遠いむかしの名残――。そう考えられていたことも、かつてはあった。地球は、ドロドロに溶けた岩や金属が集まり、それが冷えて誕生したからだ。19 世紀の末には、著名な物理学者のウィリアム・トムソン（貴族になってケルビン卿[*9]とよばれるようになる）が、溶けた岩石が冷える速さをもとに地球の年齢を計算した。トムソンは1億年、2400万年、2000万年などといくつかの試算を挙げたのだが、だれも本気にしてくれなかった。

その当時、地球は紀元前4004年の10月22日か23日に誕生したと多くの人が信じていた。アイルランドの大司教ジェームズ・アッシャーが1650年、聖書に忠実に計算した結果として示した日付だ。

しかし、地質学が進展し、地球は誕生から何億年もたっていることがわかってきた。その当時、科学と宗教はおたがいにどんな役割を果たすべきかについて、一般市民のあいだでも、専門家のあいだでも議論になっていた（この数十年前に発表されたチャールズ・ダーウィンの進化論も、その真偽が論争になっていた。そして、進化論に賛成する人たちは、地球の年齢をケルビン卿より古く見積もる地質学者に軍配をあげていた）。ケルビン卿の計算が正しいとすれば、それをどう解釈すればよいのかといった、きわめて白熱した議論も繰り広げられていた。

この問題を解決に導いたのは、ニュージーランド出身で英ケンブリッジ大学の新進物理学者、アーネスト・ラザフォードだった。ケルビン卿を含む大勢の聴衆を前にした1904年の講演で放射性物質の崩壊に触れ、それが議論の流れを変えたのだった。

ラザフォードは、核物理学を研究する新世代科学者の旗手だった。物質が崩壊して放射線を出す性質、つまり放射能は、19世紀末にフランスのアンリ・ベクレルによって発見された。ラザフォードとその同僚たちは、地球の内部にはもともと放射性物質があり、それが熱を生みだすと考えた。

後の計算や観測によると、放射性物質の崩壊によって地球の内部で生まれる熱は30 TW（テラワット、1 TWは1兆W）にもなり、それは現在の人類が使っているエネルギーを上回るほどだ。この放射性崩壊をもとに計算した地球の年齢は45億4000万±5000万年で、地質学や進化生物学の主張とよく一致している[*10]。

30 TW といえば膨大なエネルギーだが、地球が吸収する太陽の熱にくらべれば、ほとんど取るに足りない。太陽からの熱は、地球内部で放射性物質の崩壊により生まれる熱の 4000 倍にもなる。

したがって、この節のはじめに掲げた「地球の内部で発生する熱は考えなくてよいのか」という質問に対しては、太陽からの熱にくらべれば無視できると答えたい。地球の気象や気候に影響を与えることもない。地球の気象や気候は、太陽が地球の表面を温めることで生まれるのだと言い切って、まず問題はない。

黒体放射

太陽による地球の大気と地球表面の加熱をより詳しく知るには、熱力学(熱についての物理学)に登場する「黒体」*[11] という重要な概念を理解する必要がある。

黒体は、熱を完全に吸収する仮想的な物体だ。なにも反射しないので、完全に黒く見える。すすは黒体に近いが、このような仮想的な物体は、現実の世界には存在しない。熱は、多かれ少なかれ、物体の表面で反射する。地球が太陽放射を反射することは、すでにお話しした。すすも、光の一部を反射している。だから、わたしたちの目に見えるのだ。たしかに完全な黒体は存在しないのだが、この考え方は物理ではとても役に立つ。なぜなら、多くの場合、現実の物体を黒体として扱っても、まず問題はないし（よい近似になっているということだ)、黒体だと仮定してしまえば、その物体を物理学の理論にしたがって分析できるからだ。

太陽をはじめとする恒星は、内部で生みだされる熱と放出する熱が等量になった熱的な「平衡状態」にある黒体とみなしてよい。恒星の表面温度がほぼ一定なのは、この平衡状態にあるからだ。同様に、ストーブも平衡状態にある黒体とみなしてかまわない*[12]。

周囲と熱的な平衡状態にある黒体から電磁波として放射されるエネルギーは、その電磁波のどの波長からどれくらいの強さで出ているのか。この波長と強さの関係は「放射スペクトル」とよばれ、黒体の表面温度だけで決まっている（その方程式は付録で紹介してある)。したがって、黒体がある特定の振動数でどれくらいのエネルギーを放出しているかは、計算で求めることができる*13。太陽の表面温度に対応する黒体の放射スペクトルを、図 1.2 に示しておいた。この図には、実測から求めた放射スペクトルも重ねて描いてある。黒体のスペクトルによく合致していることがわかるだろう。

太陽のスペクトルで注意してほしいのは、もっともたくさんのエネルギーを出している波長が、わたしたちの目で見える光、つまり「可視光」の範囲にある点だ。おそらく、この波長の電磁波が見えるように、わたしたちの目が進化したのだろう。

もうひとつ注意してほしいのだが、エネルギーのほとんどは、可視光と、それよりやや波長が長い領域（これを「赤外線」といい、図 1.2 では可視光より右側の領域）で放射されている。波長が短い領域（これを「紫外線」といい、可視光より左側の領域）からは、ほとんどエネルギーが出ていない。このような性質をもつ太陽からのエネルギーの放射を、ここでは「短波放射」とよぶことにしよう*14。

地表の平均気温は 15°C だ。地球も太陽とおなじように周囲と熱的な平衡状態にあって、それに応じた放射スペクトルをもっているのだろうか（地球の熱については、これまで「吸収」の話ばかりしてきた)。

地球の表面温度は、たとえ変化するとしても、きわめてゆっくり変わるだけなので、ほぼ一定とみなせる。したがって、地球も熱的な平衡状態にあるといってよい。地球は毎日、毎時間、そして何年にもわたって、太陽からの熱を短波放射の形で吸収しつづけている。それにもかかわらず温度が一定なのだから、熱を外に逃がしているに違いない。

逃がしている熱は、吸収している熱と同量のはずだ。さもなければ、地球は一方的に温まるか冷えるかの、どちらかになってしまうだろう。というわけで、地球は熱的な平衡状態にあり、黒体放射をしているとみなせるわけだ。

その放射スペクトルを図 1.2 に示す。この図で重要なのは、地球は太陽か

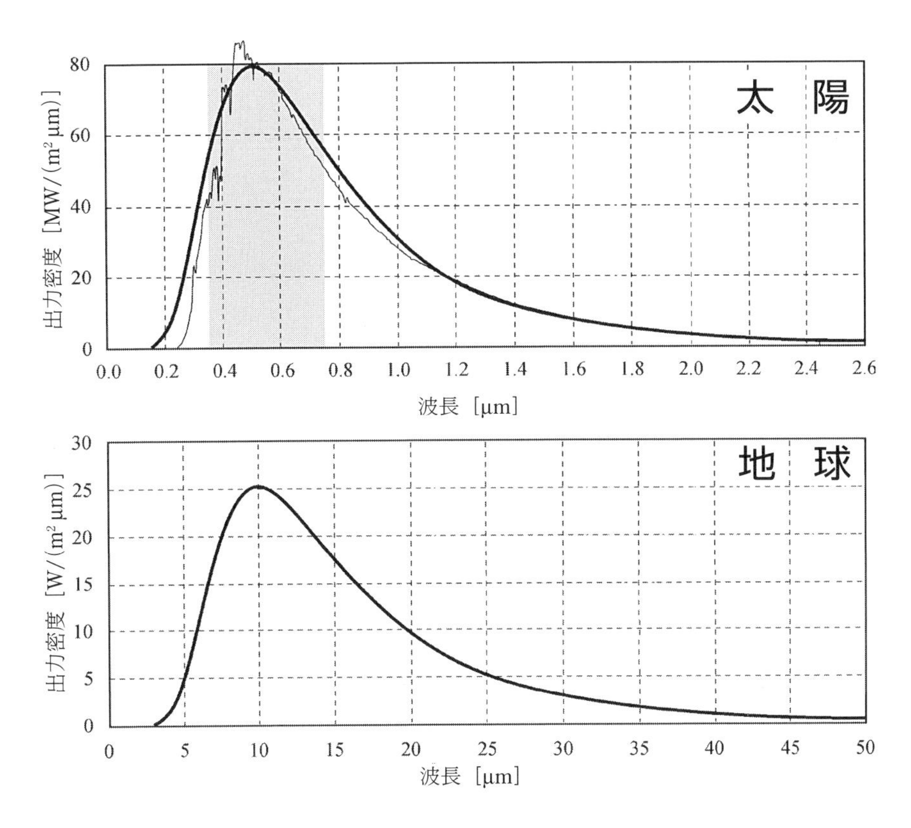

図 1.2　太陽、地球とおなじ表面温度をもつ黒体の放射スペクトル（太線）。グラフの縦軸は、ある波長の電磁波が、1 m^2 あたり、1 秒間にどれくらいの量のエネルギーを出すのかを示す「出力密度」を表している。実際に観測された太陽のスペクトルも、上図に細線で描いてある。太陽内部の核融合反応や太陽の組成の影響で、実際のスペクトルはギザギザになっているが、それでも、おおよそは黒体を仮定した太線に一致している。可視光にあたる波長の部分には陰をつけておいた。大切なのは、地球の場合、放射のいちばん強い部分が、10 μm（マイクロメートル）の赤外線領域にある点だ。上下ふたつのグラフの縦軸、横軸の目盛りの数値がまったく違うことにも注意してほしい。

らの短波放射として熱を吸収するが、放出するときは、赤外線の領域で熱を逃がしている点だ。赤外線の領域で熱を逃がすことを、さきほどの短波放射に対して、ここでは「長波放射」とよぼう。

短波放射と長波放射の違いは、あとになって決定的に重要になってくるので、もういちど繰り返して述べておこう。地球は、太陽から短波放射の形でやってきたエネルギーを吸収し、そのエネルギーを長波放射として放出している。なぜ、この波長の違いが重要なのか。それは、この違いが温室効果を生むからだ。

黒体放射の熱力学的な扱いは、「シュテファン・ボルツマンの法則」としてまとめられている。ある表面温度の黒体から、どれくらいの量のエネルギーが放出されるかを示す法則だ。太陽と地球にこの法則を適用すれば、太陽からの放射に対して地球の平均温度が何℃になるかを計算できる。それが−19℃になることを、付録に示しておいた。実際の平均気温は15℃だから、このずれにも注意しておこう。

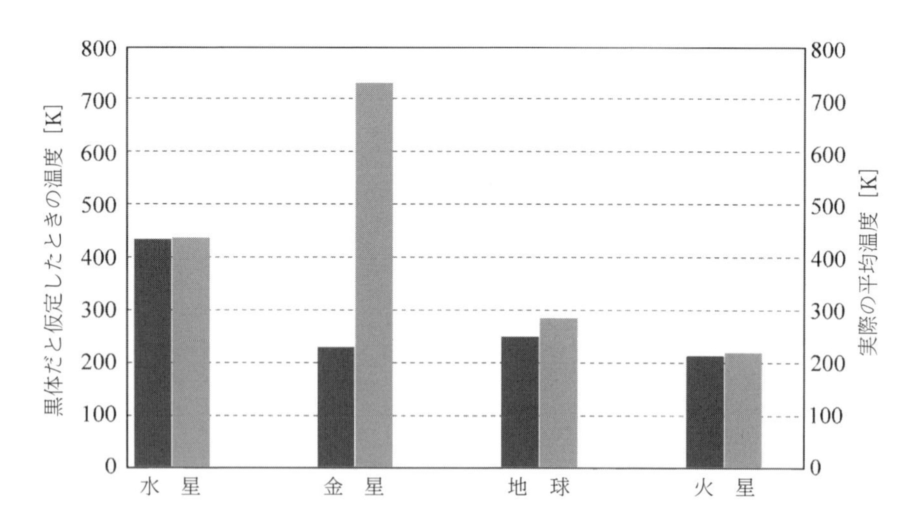

図1.3　太陽から近い順に4番目までの惑星について、黒体を仮定して計算した温度（色の濃いグラフ、目盛りは左の軸）と、実際の平均表面温度（色の薄いグラフ、目盛りは右の軸）を示す。温度の目盛りは「絶対温度（ケルビン [K]）」。〔米国化学協会「太陽からのエネルギー」より。https://www.acs.org/content/acs/en/climatescience/energybalance/energyfromsun.html を参照〕

太陽系にある地球以外の惑星も、ほぼ黒体とみなせるので、その表面温度が何℃になるはずなのかを計算で求めることができる。水星、金星、地球、火星について計算した結果を、図 1.3 に示す。これを見るとわかるとおり、水星と火星については、この計算が実際の表面温度と一致しているが、地球ではそれがすこし食い違い、金星になるとまったく合っていない。その原因は温室効果にある。そこに話を進めていこう。

温室効果

地球の大気には、地表からの長波放射を吸収するが、太陽からの短波放射は吸収しない成分が含まれている。詳しい話は、気象の側面から大気の性質をみていく第 3 章まで待ってほしい。ここでは、つぎのような基本的な事実だけで十分だ。地球の大気は、短波放射に対しては透明だが、長波放射に対しては不透明で、それを通しにくい。

地球大気のこの性質が、温室効果を生みだしている。水星には大気がないし、火星の大気は薄い。だから、図 1.3 でみたように、水星と火星の表面温度は、それを黒体とみなした場合とだいたい一致している。水星と火星では、温室効果がはたらかないのだ。

地球や、そしてとりわけ金星のように、長波放射を吸収する大気をもっている場合でも、太陽からの短波放射はおなじように受け取ることができる。一部は宇宙空間に反射されるが、それでもほとんどが大気を通過して惑星の表面で吸収される。

熱的な平衡状態にある惑星の表面は、吸収したぶんとおなじ量のエネルギーを、ふたたび宇宙に送り返す。ただし、長波放射として。惑星の表面から放たれるこの長波放射は、地球の場合はその一部が、そして金星の場合はそのほとんど全部が大気に吸収される。その結果、大気の温度は上がる。本来なら宇宙に逃げるはずだった熱の一部を吸収してしまっているからだ。これが温室効果だ。

これまで考えてきた黒体は地球の表面だったが、大気まで含めた全体を黒体とみなすこともできる。地球の表面と大気が一体となってできた黒体が、太陽からのエネルギーを吸収し、同量のエネルギーを放出すると考えるのだ。その際には、地球の本体だけを黒体と考える場合より、大気が地表からの長波放射を吸収するぶんだけ、黒体表面の温度は高くなる。より詳しくは、第3章で説明しよう。

熱の移動

ここまでの話をまとめておこう。太陽は、電磁放射で地球を温める。そのしくみは、よく知られた熱力学の法則にしたがっている。地球の表面温度は、この法則で計算するより、すこし高い。それは、大気の温室効果が効いているからだ。

そういうわけで、わたしたちは、地球の表面であり、しかも大気の底という、熱がさかんにやりとりされている場所で暮らしていることになる。大量の熱が短波放射として注ぎこまれ、おなじく大量の熱が、長波放射として宇宙に出ていく。わたしたちは、そんな状況に巻きこまれ、その結果として、平均気温15°Cという地球に住んでいるわけだ。

第2章では、こうした状況がどうやって気象を生みだすのかを説明するのだが、そのまえに、熱というものが、どのようにしてある場所から別の場所に移るのか、地球の表面でどうやって移動するのかを、よく考えておこう。第2章を読むとき、きっと役に立つだろう。

熱の移動には3種類ある。初歩的な物理学の教科書にも書いてある。

- 移流
- 伝導
- 放射

この3種類である。

移流は、熱い物体が、物体ごと移動して熱を伝える方法だ。いやいや、熱い物体が動くといっても、ボーッとするようなかっこいいボーイフレンドやガールフレンドが、部屋で目の前を歩いているっていうことではない。熱が、その熱をもっている物体とともに動くということだ。

パイプのなかを流れるお湯は、移流で熱を運んでいることになる。熱はお湯に含まれていて、それがお湯といっしょに動くのだ。まあ、考えてみれば、ボーイフレンドやガールフレンドも、たしかに「移流」なのかもしれない。かれらの体温が部屋の温度より高ければ、その動きといっしょに熱を運んでいることになるのだから。

対流は、移流の一種だ。空気や水などの流体が動いて、熱を上下方向に運ぶ。この本では、地球表面の熱が上昇気流で高いところに運ばれる例が、このさきたくさんでてくる。地球の表面は、そこに接した空気を暖める（伝導)。暖まった空気は膨張して薄くなるのでまわりの空気より軽くなり、その熱をもったまま上昇する（対流）*15。

伝導（拡散ともいう）は、接触した物体どうしのあいだで熱が伝わることだ。熱い石を水に入れると、その熱が水に伝わって水温は上がる。火かき棒の片方の端を熱くすると、やがて反対側の端も熱くなる。これは、長い火かき棒を熱が伝導で伝わってきたからだ。

放射については、もうすでにお話しした。これこそ、まさに熱という感じだ。電磁放射のエネルギーが光速で伝わるのだ（真空の宇宙では光速だが、大気中ではすこし遅くなる)。

片方の端が赤く熱くなっている火かき棒の熱は、伝導で火かき棒を伝わってきて、もう片方の端をもつあなたの手を徐々に温める。だが、熱い端からの放射による熱は、瞬時にあなたの顔に届く。赤い部分から放たれた光（これは目に見えない赤外線だ）が、空間をへだてたあなたに放射で伝わり、顔で吸収されたのだ。

身の回りでは、ふつう、この3種類の熱の伝わり方がまじっておきている。たとえば温水暖房の場合、ヒーターは水を伝導で温め、温まった水は熱ごと流れてラジエーターに入る（移流）。そして、ラジエーターからの放射で部屋は暖まる。べつに驚くほどのことではない。

熱の移動についてのお話は、これでおしまい。この本を読んでいけば、たくさんの具体例に出会うはずだ。

さて、こうして熱を受け取った物体は、どうなるのだろう。どれくらい温度が上がるのだろうか。

おなじ熱が与えられても、物体が違えば温まっていくスピードは違うことを、わたしたちは経験的に知っている。暑い日の砂浜では、砂も海の水も太陽からおなじ光を受けているのに、砂は海水よりかなり熱くなる。この例は、気象の物理にとって、きわめて重要だ。砂と海水にこのような差がでる

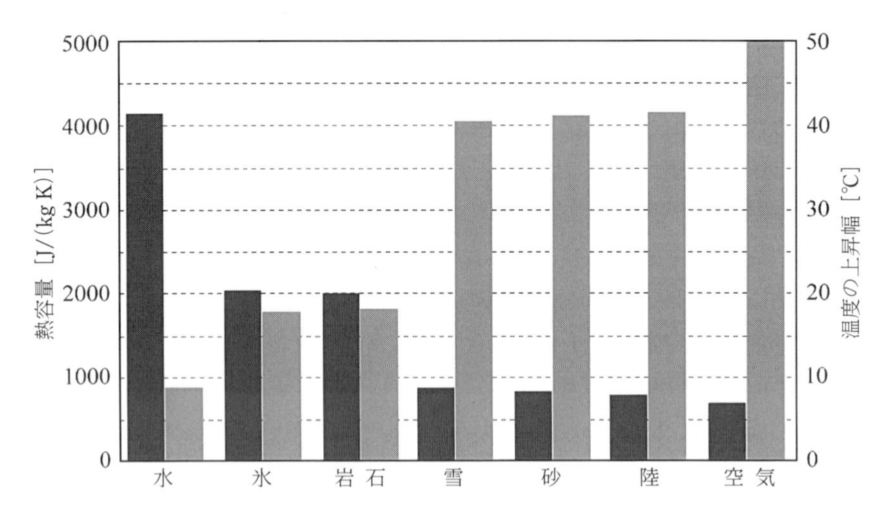

図1.4　自然界にある7種類の物質の熱容量（色の濃いグラフ、目盛りは左の軸）。岩石は、いろいろな種類の岩石の平均値。砂と空気は乾燥時のもの。陸は植物などにおおわれた状態。熱容量は、その物体の温度を上げるために必要な熱の量として定義される。いまここに7種類の物質が100 kgずつあったとき、それぞれを1 kWの電力で1時間加熱したとすると、色の薄いほうのグラフ（目盛りは右の軸）で示されただけ温度が上がる。とくに水が、他の物質にくらべて多量の熱を吸収することに注意してほしい。

のは、「熱容量」が違うからだ。

熱容量は、それぞれの物質がもっている物理的な特性で、その物質が熱をどれくらい吸収できるのか、その能力を表しているといってよい。ガラスと鉄、アルミニウム、空気では、その熱容量はすべて違う。

いくつかの物質について、その 1 kg の温度を 1 K 上げるのに必要な熱容量を図 1.4 に挙げておいた。この図を見ると、水の熱容量が、他の物質にくらべてきわめて大きいことがわかるだろう（水より熱容量が大きいのは、アンモニアくらいのものだ)。つまり、水の温度を上げるには、大量の熱が必要なのだ。これからひとついえるのは、世界に広がる海は、とてつもなく大量の熱を吸いこみ、ためこんでいるということだ。この事実が、気象にも気候にも、おおきな影響を与えている。

物体が吸収する熱の量を左右する要因は、このほかにもある。

水の表面を考えてみよう。光のような電磁放射のエネルギーがどれくらい反射されるかは、その電磁波が水面に入射する際の角度の影響を受ける。水面に対して斜めから浅い角度で入ってきた場合は、上方から入ってくる場合に比べて反射されやすく、あまり吸収されない。そう、外に出してある水は朝晩より日中のほうが温まりやすいというのが、そのわかりやすい例だ。水の透明度、つまり電磁波がどれくらいの深さまで到達するかということも関係がある。

また、土地の植生もおおきく影響する。そもそも植物の葉は、自分が生きていく栄養分をつくりだすために、太陽の光を吸収するものなのだ。

第 2 章では、地球表面の熱エネルギーが大気の現象を生むしくみについて説明する。ここではその例を、ひとつだけ挙げておこう。それは、まるで昼と夜の違いのようにわかりやすいものだ。地球は自転しているため、まさに文字どおり昼と夜があり、ある場所に降りそそぐ熱はいつも一定ではない。その熱の違いが大気を動かす。大気や海の流れ。それは、さまざまな気象の第一歩だ。というよりも、それこそが気象なのだといってよい。

この章を終えるまえに、熱の移動について、もうひとつお話ししておこう。水は100°Cの沸点になると水蒸気になる。こうして液体が気体に変わるときにはエネルギーが必要で、しかも、その量はかなり多い。このエネルギーは「気化熱」とよばれている。まさに、現象をそのまま表した専門用語だ。

1 kg の 100°C の水を 100°C の水蒸気に変えるには、2.257 MJ（メガジュール）*16 のエネルギーが必要だ。これは、2 kW のヒーターで 19 分のあいだ温めつづけるエネルギーに相当する。

逆に、水蒸気が水に戻るときは、これと同量のエネルギーを放出する。あとで説明するが、熱帯低気圧が温かい海からエネルギーをもらって発達できるのは、このしくみのためだ。

水蒸気は、100°C以上でなければ存在できないわけではない。地球の大気にも含まれている。そして大気中の水蒸気は、人には肌が湿っぽくてひんやりした感じを与えようとも、さきほどの気化熱をしっかりと抱えているのだ。このようなタイプの熱を、熱いと感じるわけではないがそこに潜んでいる熱という意味で、「潜熱」という。

♨♨♨

太陽は、その内部でおきている核融合反応の結果として、膨大な量の電磁放射エネルギーを表面から放っている。太陽のまわりを回る惑星はこのエネルギーをあび、その吸収と放出のバランスで温度が決まる。地球の（そして、とくに金星の）表面温度は、温室効果のため、黒体であると仮定して計算した温度より高くなっている。

地表の熱は、いくつかの方法で移動する。水の熱容量はおおきいので、とくに海には大量の熱が蓄えられている。海に、陸に、そして大気に蓄えられている熱。それが、わたしたちのまわりの大気現象を駆動するのだ。

第2章

空と海のもとで

もしあなたの心が季節のうつろいに興味をもてるなら、それは、春を愛すること
から離れられない心より幸せなのだ。

ジョージ・サンタナヤ

地球は、すみやかに、あるいはゆっくりと、天のもとでその位置を変える。すみやかな変化は気象に、ゆっくりとした変化は気候におおきな影響を与える。また、地球の形や公転軌道上の位置と姿勢が気候に影響し、その変化は気候を変える。

本章では、地球の形などが地表や大気に届く太陽の熱とどう関係しているのかをみていく。それをまず理解したうえで、さまざまなトピックに進んでいくことにしよう。

地球表面の放射と特性

第1章で、太陽から地球大気の上端に届く光のエネルギーは 1.7×10^{17} W にもなるとお話しした。地球の表面 1 m^2 あたり 1365 W、つまり 1.365 kW のエネルギーと言い換えたほうがわかりやすいかもしれない。ただし、図 2.1 を見ればわかるとおり、ここでいう「地球の表面」は、ほんとうの表面ではない。地球の半径とおなじ半径の円を考え、大気の上端に相当するこの円が太陽の光を受けていると想定したものだ。

この図からわかるとおり、球形である地球の表面がそれぞれの場所で受けとるエネルギーは、さきほどのエネルギーの4分の1になる。だから、地球表面の 1 m^2 に太陽からやってくる「短波放射」のエネルギーは、とりあえず1秒あたり 341 W ということにしておこう*1。

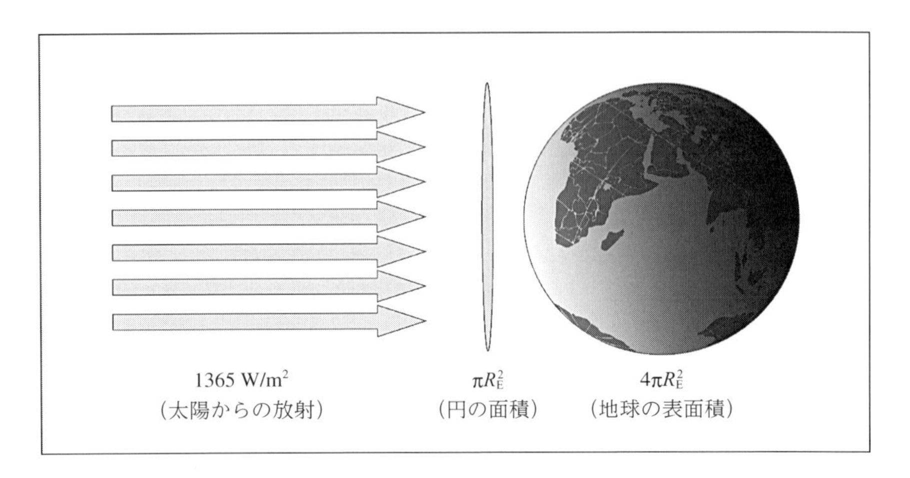

図 2.1　太陽から地球に届く電磁放射は、地球大気の上端に仮想的に置いた、地球半径（R_E）とおなじ半径をもつ円の内側を通ってくる。地球は自転により1日に1回転するので、この円内を通って地球に届く電磁放射は、24時間で表面全体に行きわたることになる。地球の表面 1 m² が受けとる平均的なエネルギーは、この仮想的な円の内側を通ってくるエネルギーの4分の1になる（球の表面積は、おなじ半径をもつ円の面積の4倍だ）。

この「341 W」は、1年をとおしてみた地球全体の平均値だ。地球上の1点が太陽から受けとるエネルギーは、1日のうちでも変わるし（もちろん夜はゼロだ）、1日の平均も緯度や季節で変わる。

季節は、地球の自転軸*2 が傾いているために生まれる（図 2.2）。この傾きは正確に 23.4 度とわかっているので、地球表面のある場所に太陽からのエネルギーが 1 m² あたり1秒間にどれだけ届くか（これを「放射照度」という）を、大気の影響さえ無視すれば、計算できちんと求めることができる。

大気の影響については第3章で詳しくお話しするので、ここでは簡単につぎの点だけを指摘しておこう。大気の上端に届いた太陽エネルギーの約 30% が、大気による反射や吸収のため、地表に届くまでに失われる（図 2.3）。

これまでの説明でわかるのは、地球の表面は場所によって温められ方が違うということだ。まず重要なのは、地球が24時間で1回転する自転。まる

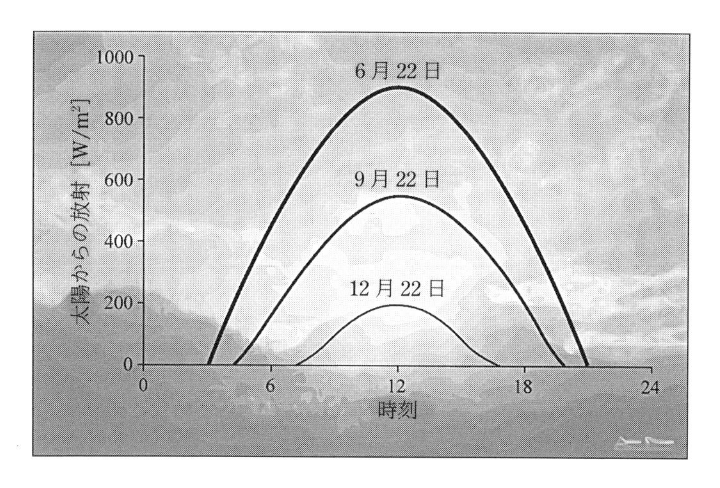

図 2.2　イングランド南部の北緯 52 度に届く太陽エネルギーの計算例。雲がないと仮定して（英国の天気ではそんなことはありえないが）、1 日の変化を計算した。横軸の「時刻 0」が真夜中に、「時刻 12」が正午にあたる。季節によって大きく変化していることにも注意。〔P. Burgess, (2009), fig. 5 より〕

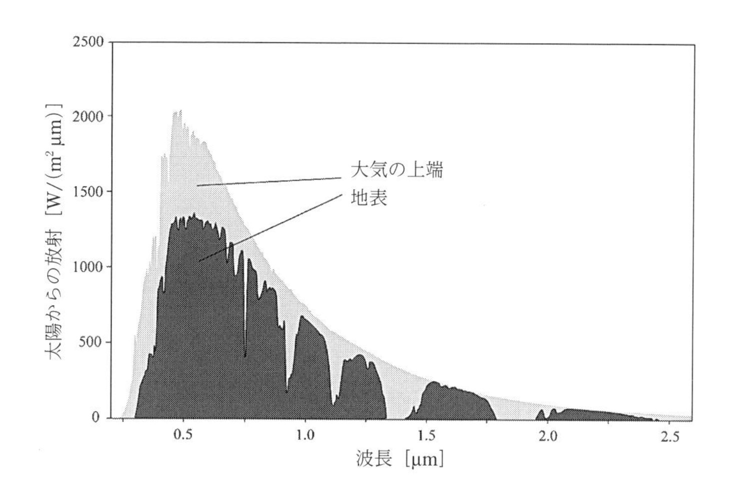

図 2.3　太陽からの放射は、大気を通過しているあいだに、反射だけでなく大気の吸収によっても弱まっていく。吸収の度合いは波長によって違うことに注意してほしい（吸収にあずかるおもな成分は水蒸気であることを、あとでお話ししよう）。このグラフは「短波放射」について描いたもの。ところどころの波長で強く吸収されているが、全体的にはほとんどが地表に届いている。〔Robert A. Rohde がつくったグラフを引用〕

ごと串刺しにしたチキンを、ゆっくり回転させながら、片側から熱して料理しているようすを思い浮かべてほしい。

地球の加熱が均一にならない理由には、このチキンの例からは想像できないものもある。

地球表面の70.9％は水をたたえた海だ。残りの29.1％は陸だが、陸は黒っぽい岩石から白っぽい砂まで、その表面はさまざまな物質でできている。この物質が違えば太陽からの放射が反射される度合いも違うし、したがって吸収される熱の量も違う（ボックス2.1）。

地球は太陽からの短波放射で温められているが、その温められ方は、時刻によっても、緯度によっても、そして表面がどのような物質でできているかによっても違ってくるのだ。

地球の表面が均一に温められない結果としておきる現象。それがまさしく気象なのだ。この単純な事実こそが、この章でいちばん大切な点だ。大気の

ボックス2.1
物体の「白さ」

ある物体に光などの電磁波が当たったとき、その表面でどれくらいの割合が反射されるのかを示す数値が「反射率」だ。残りは吸収される（もし透明な物体なら透過する）。太陽からの放射を地球の表面がはねかえす際の反射率は、むかしから「アルベド」とよばれてきた。ラテン語で「白さ」を意味する言葉だ。

アルベドは、さまざまな要因に左右される。その物体の成分や構造、電磁波の入射角度、電磁波の振動数、物体の表面がどれくらいでこぼこしているか。地球表面のいくつかの典型例について、そのアルベドをボックス図2.1に示しておいた。

気候の変化に対するアルベドの重要性は、極域の氷を考えるとわかりやすい。氷のアルベドは高いので、氷期に極域の氷が増えると地球のアルベドは高まる。すると、地球が吸収する熱は減り、気温は下がる。ますます氷は増えて、アルベドはいっそう高くなる。なにかの原因が結果を引きおこし、その結果がふたたび原因となってさらに結果が増強される現象を「正のフィードバック」というが、この極域の氷はその好例だ。

その逆もおこりうる。すなわち、気温が高くなれば氷が解け、アルベドが下がって気温はますます上がる。これも正のフィードバックだ。フィードバックのしくみは、気候のあちこちに出てくる。その話は第4章で扱おう。

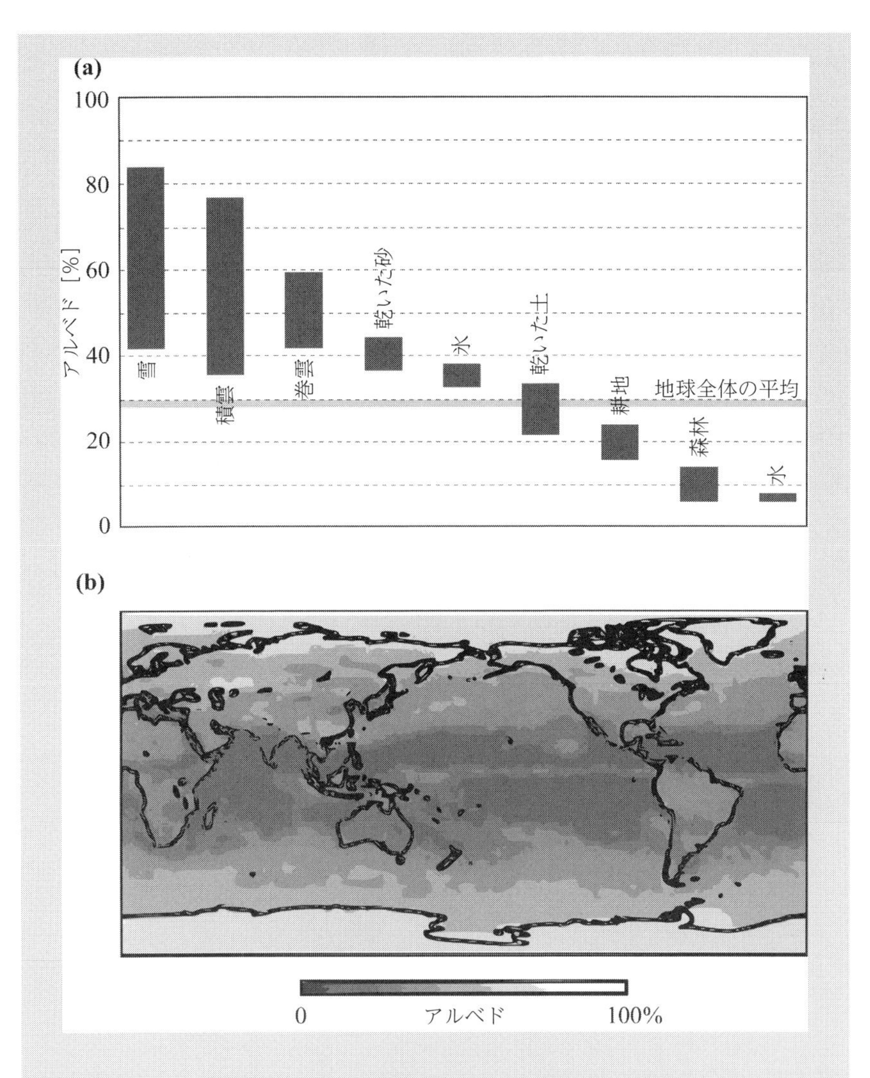

ボックス図 2.1 地球のアルベド（反射率）。(a) 自然界にある物質のアルベド。新雪のアルベドは、古い雪より高い（多くを反射するということ）。雲のアルベドは高いが、雲の種類や、おなじ種類の雲でもでき具合によって値は変わってくる。耕地や森林のアルベドは低い。なぜなら植物が光を吸収するからだ（吸収した光は、光合成により、植物が生きるためのエネルギーに変換される）。水のアルベドは、太陽にほぼ真上から照らされた場合。斜めからだと、アルベドはきわめて高くなる。地球全体を平均したアルベドは、灰色の横線で示した。(b) 地表面のアルベド。熱帯域で

は、中高緯度域にくらべて多くの熱が吸収されている点に注意。〔(b) の図は、米航空宇宙局 “Global Albedo,” Visible Earth (www.visibleearth.nasa.gov/view.php?id=60636) より〕

さまざまな現象は、地球の温められ方が場所によって違い（もうわかってもらえたと思う)、時刻や季節によっても違うこと、つまり、温められ方が均一でないことが原因でおきる。

単純で当たり前なようで、しかしとても重要な例をひとつ挙げておこう(あとでもっと詳しく説明する)。赤道付近の大気や海は、温帯より多くの熱を吸収するので、その温度は南北に離れた場所より高い（図 2.4)。地球が太陽のまわりを回りながら、その赤道付近を余計に加熱されているという単純な事実が、大気循環のパターンや貿易風、無風帯や海流をつくりだし、陸地には熱帯雨林や、赤道からすこし南北に離れたところに砂漠ができることにもつながっている。

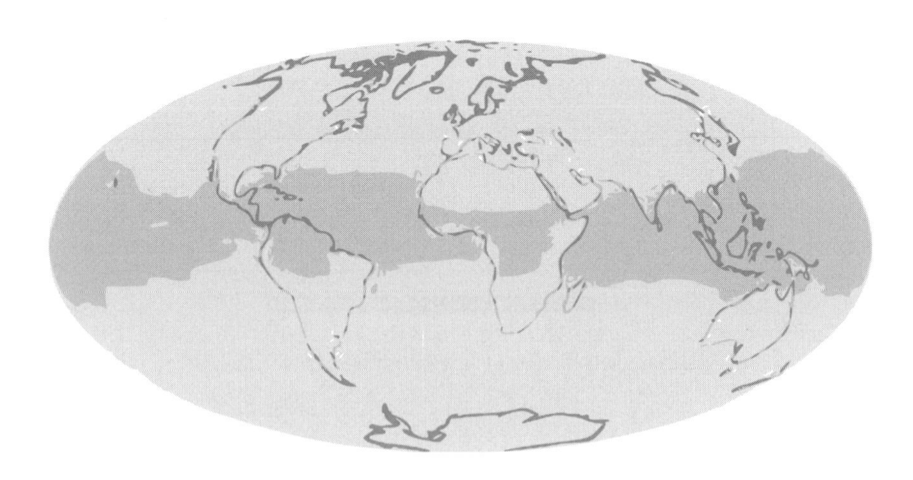

図 2.4　太陽からの短波放射として入ってくるエネルギーが、長波放射として出ていくエネルギーより 1 m^2 あたり 100 W 以上多い地域を、濃い色で示した。「ホットスポット」といってもよいだろう。赤道付近が得ているエネルギーは、地球の平均より多い。ここには示していないが、北極や南極の近くに届くエネルギーは、平均より少ない。〔2008 年 9 月のデータ、米航空宇宙局による〕

地球の表面が一様ではないことに関連していえば、当然ながら、海と陸の分布が不均一な点も挙げられるだろう。陸地の 68% は北半球にあり、赤道より南には 32% しかない。そして、もし西経 20 度から東経 160 度までを「東半球」と名づけるなら、この東半球に含まれる陸地は、偶然の一致だが、全陸地のやはり 68% になる。

したがって、24 時間で 1 回転する地球を太陽から見ると、あるときはほとんどが陸地で、あるときはほとんどが海ということになる。陸と海とではアルベドがまったく違うので、地球が太陽から吸収する熱の量は、1 日のうちでおおきく変化する。季節によっても変わる。昼と夜とで地表の温められ方が違い、日々の天気が生まれるのだ。

海陸分布の違いは、風の強さにも影響している。南半球には「吠える 40 度」「狂う 50 度」とよばれる緯度がある。むかしなら帆船を破壊しかねなかったほどの強風が吹く、悪名高い緯度のことだ。この緯度帯で強風が吹くのは、その海域に陸が少ないことがおもな原因だ（風に対する抵抗は、海上のほうが陸上より小さい）。

山は高いが、海はそれよりも深い。世界の陸地の標高は平均すると 840 m だが、海の深さは平均 3700 m もある。だから、もしわたしたちが海の近くに住んでいたとしても、海底から見上げれば、高い山のてっぺんにいるようなものなのだ。

すでにお話ししたことだが、水の熱容量は大きく、そして海は地球の広い部分をおおっている。この事実からあきらかなように、海には太陽からのエネルギーが大量に届き、海はたくさんの熱をためこむことができる。もし、海が太陽のエネルギーをすべて吸収し、長波放射としてそのエネルギーを放出しないと仮定して計算すれば、海の温度を 1°C 上げるには太陽からの 2 年分のエネルギーが必要なことが、簡単にわかる。

もちろん、この計算は非現実的だ。なぜなら、吸収した熱をまったく放出しないということは、ありえないので。それでも、海は巨大な熱の貯蔵庫になっていることが、これでよくわかっただろう。

地球温暖化の話は第４章でするのだが、地球の気温が急に上がっていったらどうなるかを、ちょっと考えておこう（「急に」といっても、それは地質学的な時間のことで、たとえば「数百年のあいだに」という感じだ）。地球が温暖化してきても、大気の熱の多くは海に吸収されて、それがまるまる気温の上昇にはならないかもしれない。良いか悪いかわからないが、海のおかげで、温暖化はやや遅れて現れることになる。海が熱の貯蔵庫になっているため、気候の変化はゆっくりおき、しかし、おきはじめるとなかなか止まらない。

海は深いといっても流れる物体なので、内部に生じる抵抗力は小さく、海流ができる。海流は、気象学にとってきわめて重要なテーマだ。そう聞くと、はじめは驚くかもしれないが、大気の物理を考えるとすぐに納得できるはずだ。海流の話は別のところできちんとしたほうがよいので、ここではもう立ち入らない。

海は広いので、表面からはたくさんの水蒸気が大気に出ていく。これも、地球の気象にとって重要なポイントだ。水蒸気は温室効果ガス*3で、雲*4をつくるもとであり（図2.5を見ればわかるように、雲は地球の反射率、す

図2.5　地球をおおう2005年3月11日の雲。雲が増えるとアルベドが大きくなる。〔米航空宇宙局のテラ衛星の画像〕

なわちアルベドにおおきく影響する)、雨や雪のもとであり、熱を対流圏[*5]の高いところまで運び上げる物質でもある。この点についても、のちほど説明しよう。

地球は、その重さの 90% が四つの成分でできている。鉄、酸素、ケイ素、マグネシウムである。鉄のほとんどは地球の内部にあるが、酸素のほとんどは地表付近にある。生き物たちはこの酸素を有効に利用し、その結果、地球を変化させてきた。生き物が酸素を大気にたくさん供給した結果、酸素は大気中で 2 番目に多い成分になったのだ。

生き物の役割は、見方によって違う。樹木は、気象学者からみると、地中の水分を水蒸気に変えて大気に与える、効率のよい機械のようなものだ。地質学者や気候学者にとっては、樹木は炭素を固定する重要な機械だ(ボックス 2.2)。とくに樹木が、そして草花も(最近は動物の一種、つまり人間も)、地球表面の環境や気候、気象を変えたのだ。

ボックス 2.2
炭素循環

炭素は、陸、海、大気をめぐる。その循環のしかたには、ゆっくり時間をかけるものと速いスピードでめぐるものと、時間スケールが 2 通りある。

ゆっくりしためぐり方のほうは、1 億年単位の時間がかかる。大気中で水分に吸収された二酸化炭素は弱い酸になり、雨として落ちてきて岩を溶かす。それが海に流れて堆積し、地質学的な過程をへて炭素を含む岩になる。それが火山の噴火で大気中に吐きだされる。

この説明は、じつはあまりにも省略が多すぎるのだが、それは、このようなゆっくりした炭素循環が、わたしたちの当面の話にはあまり関係がないからだ。このゆっくりしためぐり方によって、炭素の大部分が地球のリソスフェア(地球表面の「地殻」を含む岩石の層)に固定されるのだが、地球を循環する 1 年あたりの炭素の量は、つぎに説明する「速い循環」によるもののほうが多い。このゆっくりした循環は、たとえば化石燃料を使うといった人間の活動により、途中の段階が抜けて縮まってしまう。

この循環には、必要な時間がやや短い別のバージョンもある。深海の水には炭素が多く含まれているが、海域によっては、深海から海水がわきあがってきて、海面から大気に二酸化炭素を放出する。こうして海から大気に出ていく炭素の量は、人間活動の影響を無視すれば、陸地の岩が雨などで削られ、その成分である炭素が海に流れこむ量と等しい。

速いほうの炭素循環にかかる時間は、生き物の活動に代表されるくらいの長さ、そう、たとえば1年といった感じである。

1年間に10億～1000億トンもの炭素（この量はとても変動しやすい）が、植物や植物プランクトン[†1]の体内で、「光合成」のはたらきにより、二酸化炭素から別の物質に形を変えて固定される。「光合成」とは、太陽光のエネルギーを使い、大気中の二酸化炭素をブドウ糖に変えるしくみのことだ。

こうして植物の体内にたくわえられた炭素を草食動物が食べ、草食動物を肉食動物が食べ、という具合に炭素は移動していく。植物や動物が死ぬと、その体はバクテリアや菌類によって分解され、ほとんどの炭素は大気に戻る。

速いペースで進むこの炭素循環が原因で、大気中の二酸化炭素は季節によって変動する。植物が生長して葉を多く茂らせる春や夏には、光合成がさかんになって大気中の二酸化炭素濃度は下がる。秋になると葉が落ちるので、二酸化炭素濃度は上がる。

大気中の炭素は二酸化炭素とメタンの形で存在していて、このふたつはいずれも温室効果ガスだ。

二酸化炭素の温室効果そのものは水蒸気より小さいが、二酸化炭素には、水蒸気の量をコントロールすることをとおして気温を左右するはたらきもある。すなわち、二酸化炭素が大気中に増える（減る）と温室効果で気温が上がり（下がり）、大気中の水蒸気が増える（減る）。その温室効果で気温はさらに上がる（下がる）。人間活動にともなって出た二酸化炭素は、こうして地球温暖化を進めることになる。

大気中に二酸化炭素が急に増えると、あるていどは海が吸収するので、その影響はかなり緩和される。しかし、ある研究者が残したつぎの言葉は、ぜひ心にとどめておきたい。

「21世紀に放出される人為的な二酸化炭素をすべて吸収しようと待っていてくれる救世主なんて、この自然界にはいないのだ」[†2]

[†1]植物プランクトンは湖や海の浅い水中にいる小さな生物で、生きていくためのエネルギーを光合成でつくりだしている。

[†2]P. Falkowski, et al. (2000)。米航空宇宙局のサイト（"Carbon Cycle," NASA Science/Earth（http://science.nasa.gov/earth-science/oceanography/ocean-earth-system/ocean-carbon-cycle/））や米海洋大気局のサイト（"Carbon Cycle Science," Earth System Research Laboratory（http://www.esrl.noaa.gov/research/themes/carbon/））には、炭素循環のわかりやすい説明がいろいろある。J. T. Houghton, et al. eds. (2001）も参照。

地球上では大陸が長い年月をかけて移動し、それが気候におおきな影響を与えてきた。過去の何億年かをみても、大陸が集まって、ほとんど片側の半球でひとつの大陸になってしまうできごとが2回あった（7億5000万年前と2億4000万年前だ）。地球規模で流れる海流は気象や気候にとって決定的に重要だが、大陸の配置は、その海流におおきく影響する。

地球表面をおおう海の割合は、70～87% の範囲で変化してきた。海の面積は、いまわたしたちが生きているような氷河時代*6 に、もっとも小さくなる。極域では水が氷となり、その氷も海流におおきな影響を与える*7。

公転軌道がもたらすゆるやかな影響

太陽系の惑星は太陽のまわりを楕円軌道を描いて回っているが、じつは、これは正確な楕円ではない。正確な楕円になるのは、回っている惑星がひとつだけで、しかも惑星が衛星をもっていない場合だけだ。その場合でも、太陽と惑星のサイズはとても小さくなければならないし、自転していてもいけない。実際にはそうなっていないので、地球が太陽のまわりを回る公転軌道は、高校で習ったような単純なものではない。

地球と太陽は、ともに自転しているし、赤道部分がふくらんでいて球形ではない。地球には大きな月もある。太陽系の惑星は地球だけではない。これらの事実が、地球の公転軌道を正確に知りたいと思う天文学者たちを悩ませている。公転軌道の計算は、かのアイザック・ニュートンが示したものよりはるかに難しい。もっとも、その計算結果は、ニュートンの場合とほとんど違わないのだが*8。

わたしたちは、なにも軌道の計算をしようというわけではない。なぜ軌道の決まり方が複雑なのか、その本質だけを理解しておこう。地球は、太陽のまわりをいつも決まった回り方で動いているのではない。公転する軌道の形は時代とともに変わるし、太陽との位置関係も変わりつづける。1 日の長さも変わるし、地球が自転する際の南北の軸も動かないわけではない。

これらの変化は小さくてゆっくりなので、きょうとあすとでなにかが違っているというほどではないが、何百万年もかけてこの変化が積み重なれば、地球の気候も変わってしまう。気候学者は、完全にとはいえないが、かなりのところまで、このようなわずかな変化が過去の気候に与えた影響を理解している。軌道の変化はわずかだが、その影響は長い時間にわたって積み重なるので、地球の気候にはっきりとした効果をもつようになる。端的な例をひとつ挙げると、地球に氷期をもたらすのは、複雑に絡まったこれらの小さな変化なのだ。

長い時間をかけて地球の気候に影響を与える軌道の変化には、

・自転軸のすりこぎ運動
・公転面のふらつき
・近日点[*9]の移動
・軌道の離心率[*10]の増減

がある。

天文学では古臭くてややこしい言葉が使われるので、すこし説明しておいたほうがよいだろう。

自転軸の傾きが原因で、地球には季節の変化が生まれる。北半球が太陽のほうに顔を向けていれば、北半球は夏になる（図 2.6（a）左)。公転軌道のちょうど反対の場所では、北半球は冬になる（同右)。

地球の公転軌道は円ではなくて楕円なので、この夏と冬の生まれ方は、もうすこし複雑だ。現在、近日点は 1 月 3 日で、地球が太陽からもっとも遠くなるのは 7 月 4 日だ。北半球の住人には、冬に地球が太陽にいちばん近づくというのは妙な感じがするかもしれないが、この遠近の差は小さなものだ(1.6% にすぎない)。小さいけれども、これが原因で、北半球の夏は南半球より 4 日と 16 時間だけ長くなっている[*11]。

離心率の増減は、太陽から届くエネルギーの量と季節の長さに影響する。近日点の移動によっても、季節の長さは変わる。地球の季節は両方から影響を受けて変化し、2 万 1600 年でもとに戻る。

地球の軌道がゆっくりとわずかに変わることにより、「日光浴」（地球があびる太陽エネルギーのことだ）の具合や季節の長さが変化して、それが気候に影響をおよぼす。この考え方は、いまからおよそ 100 年まえに、シベリア

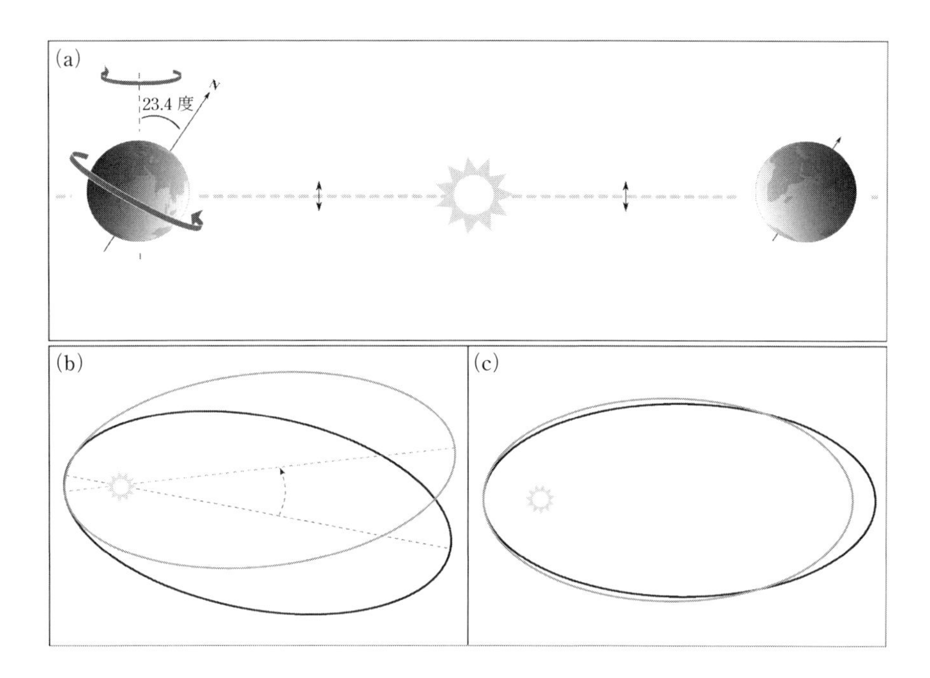

図 2.6 軌道のふらつき。(a) 地球の中心を南北につらぬく自転軸（図中の N）が傾いているため、地球には季節の変化がある。現在の傾きは 23.4 度だ。この傾きを保ったまま、公転軌道のどの位置で地球のどの面を太陽に向けるかが変わっていく。この周期（変化していって、またもとの状態に戻るまでの時間）は 2 万 5770 年だ。もうひとつは、公転軌道（図では点線で示してある）の変化が自転軸の傾きに影響を与える場合。自転軸の傾きが 22.0〜24.5 度の範囲で変わる。こちらの周期は 4 万 1000 年。(b) 公転軌道の長径（楕円の長い方の直径）が、13 万 4000 年の周期で太陽のまわりを回転する。(c) 公転軌道の離心率（楕円のつぶれ具合）も、9 万〜10 万年の周期で 0.00 から 0.06 のあいだを変化する。この図ではつぶれ方を強調して書いてある（離心率 0.87)。実際の離心率はとても小さいので、軌道は円のように見える。

の天文学者ミルティン・ミランコビッチによって提案された。かれは 1915 年、第一次世界大戦中に戦争捕虜収容所で、体の衰えと闘いながらこの研究を始めたのだ*[12]。

かれが公表した研究成果の正しさが科学界で受け入れられたのは、その死後だった。ミランコビッチは、時代に先駆けすぎたのだ。それに、その当時は、かれの理論を裏づけるデータが不足していた。

1970 年代になって、海底下の地層から過去の気温を数百万年にわたって復元できるようになると、気温は２万3000年、４万3000年、10万年の周期で変動していることがわかった。いまでは「ミランコビッチ・サイクル」とよばれている地球軌道の変化周期と、ほとんど一致していたのだ。さらに、この周期は、氷期の到来のような気候の大変化にも対応していた。

ミランコビッチの理論は、現在では広く受け入れられている。ただし、そのしくみには、まだよくわかっていない点もあり、気温変化のデータがすべてこの理論に合致しているわけではない。たとえば、氷期と間氷期が10万年周期で繰り返すという事実は、気候の歴史にとっては疑う余地のない重要な事柄だが、ミランコビッチ・サイクルでは、とくにおおきく目立つ周期ではない。物理学者や気候学者は、この理論について、いまも研究を続けているのだ*[13]。

ミランコビッチの名を冠してよばれているこれらの軌道変化のほかにも、気候の変化に影響をおよぼす天文学的な要因がある。地球には海があり、そして月があるためにおきる潮汐である。

月と太陽がその重力で海の水を引っぱるので、海水は動き、そのエネルギーは熱に変わって失われる。この潮汐運動の大きさは、大陸の配置と関係しているので海域によってまちまちだが、熱の発生量は、北太平洋の多いところでは1 km^{2}あたり30 kWにもなる。

このエネルギーが失われる結果、地球の自転はしだいに遅くなっている。１日の長さが、100年あたり10000分の23秒ずつ長くなっているのだ。わたしたち人間がわいわい楽しく暮らしているぶんには気づくことはない小さな変化だが、これが長いあいだに積み重なっていく。かつて地球は、22時間で昼夜を迎えていたこともある*[14]。

水の循環

もうひとつ知っておくべき地球上の重要な現象に、水の循環がある。

水は、火山活動にともなって、いまから38億年まえに地球の表面に広まった。そのとき以来、地上と大気、地下のごく浅い部分にある水の量はほとんど一定だ。

地球の水は、いろいろな形で存在している。全体の約 40 分の 1 が真水で、残りは塩分を含んでいる。真水の 3 分の 2 以上は氷河や極域の氷で、地下水が 30%。地表近くに液体の水として存在しているのは、1.2% だけだ。地表にある真水の 69% は氷や永久凍土の形をとり、21% が湖に、残りの 10% が土壌のなか、川や沼、そして大気のなかに存在している。

大気に含まれている水分は、とるに足らないほど少ない。だが、その水分が、地球の気候にとっては決定的に重要だ。水は、さまざまな形をとって地球をめぐる（図 2.7）。この水の循環を駆動しているのは、太陽から届く熱だ。

水循環のしくみは、きわめてシンプルだ。太陽のエネルギーが地球表面の水を温める。水のほとんどは海にあって、それが蒸発して大気中の水分となる。たいした量ではないが、別の重要な供給源もある。土のなかから、草や樹木の葉による「蒸散」の形で大気に出ていく水分である。

こうして水分を含んだ大気が上昇し、冷えていく。ある高度まで上昇してじゅうぶんに冷えると、大気中の水蒸気は凝結（物質が気体の状態から液体

図 2.7　地球をめぐる水循環の概略図。〔米航空宇宙局 “The Water Cycle,” Precipitation Education（https://pmm.nasa.gov/education/water-cycle）より〕

になることで、凝縮ともいう）して雲になる。風がこの雲を陸域に運んでいくこともあるだろう。さらに冷えると、雲は雪や雨となって降ってくる。地上に落ちた雨は、土にしみこんで地下水になる場合もあれば、湖にたまったり、川となって海に戻っていったりする。

こうして移動する水の量は驚異的だ。1 年間に 50 万 km^3 もの水が、蒸発したり天から降ってきたりするのだ。もっとわかりやすくいえば、地球表面の 1 m^2 から 1 時間あたり 110 g の水が蒸発したり、あるいは降ってきたりするということだ。

水がひとつの形態にとどまっている時間の長さはさまざまだ。南極の氷は、2 万年の長きにわたって水を封じこめている。海の水は 3200 年くらいそこにとどまるが、湖だと 100 年くらい、川なら数か月ほどだ。大気中の水蒸気は、わずか 9 日間ほどで、つぎの段階に移ってしまう[*15]。

海洋大循環：海流が熱を運ぶ

これからお話しすることは、この本のところどころで触れていくという手もあったかもしれない。必要に応じて手を伸ばす図書館の本棚という感じで。わたしたちが知りたい海洋学は、気象や気候に関係する部分だけなのだが、かりに不要部分を省略したとしても、みなさんが思うほど海の話は短くならない。

たとえば、海が大気に接するのはその表面だが、だからといって海面の話だけですますわけにはいかない。そのすぐ下の海中でおきていることを知れば、海面のことも格段によくわかるようになるからだ。海中のできごとは海面と一体で、ある特定の海域では、かなりの量の水が両者のあいだを行き来している（読んでいくとその理由が書いてある）。

残念だが、海洋学のすべてをここでお話しするわけにはいかない。気象や気候に関係がある物理的な原理やしくみにかぎって、海の表面ならぬ海洋学の表面をなでるようにお話ししていこう。

力

海には大小さまざまな流れがある。差し渡しが何千 km にもなる大きな渦から、数 cm の小さな渦まで。これらはすべて、もとをたどれば太陽の熱が生みだしたものだが、直接の成因は、渦の種類によって異なっている。たとえば、風、圧力勾配*16、塩分の勾配だ。

海流のような大規模な流れの場合、その流れの形状と方向は地球の自転の影響を受ける。みなさんは、きっと「えっ、なぜ？」と思うだろう。地球の自転は、海や大気の流れに力をおよぼす。これが、「コリオリの力」とよばれる奇妙な力だ。

コリオリの力については、第８章でしっかりとお話ししよう。この力は、高気圧、低気圧にともなう気流や海流のような地球規模の流れでは中心選手となって活躍するが、小さなスケールの動きに対しては無視できる*17。

ここでは、つぎのいくつかを知っておけば十分だろう。コリオリの力は、動いている物体にしかはたらかない。力の大きさは、物体の動く速さに比例する。コリオリの力は赤道でははたらかず、北極や南極でその力は最大になる。そして、力のはたらく向きは、物体が動いている方向と直角だ。北半球では直角右向きに、南半球では直角左向きに。まったく奇妙な力だ*18。

海ではたらく力には、つぎのような、もうすこしわかりやすいものもある。海流が陸地にぶつかって水を陸に押しつけると、陸に近い部分の水位は上がる。海面に、陸側が高く沖側が低い傾斜ができるのだ。

このとき、海中のある一定の深さで測った圧力を考えると、陸側のほうが沖側より高い。なぜなら、その深さより上にある水の量は、陸側のほうが多いからだ。すると、この圧力差により、海中には水平方向に水を押す力が生まれる。その力が、水を陸側から沖側に押し出すのだ。

海水の密度は、水温と塩分に左右される。塩分が濃いほど、水温が低いほど密度は大きい。したがって、まわりにくらべて塩分が濃くて冷たい水は、地球の重力で下に沈んでいく。

重力は（こんどは月と太陽の重力だが)、地球に潮流をおこす。潮流は、海流とは違って気象におおきな影響をおよぼすことはない。もっとも、逆に気象の側は、潮流におおきく影響しうるのだが。ともあれ、ここではこれ以上、潮流の話に深入りするのはやめよう。

海面を吹きすぎる風は、海面の水を摩擦力で引きずる。「風の応力*19」とよばれるこの力は、きわめて複雑だ。空気や水のような流れる物体の物理学が、そもそも複雑なのだが。

海面を引きずろうとするこの力の大きさは風の速さの２乗に比例し、そし

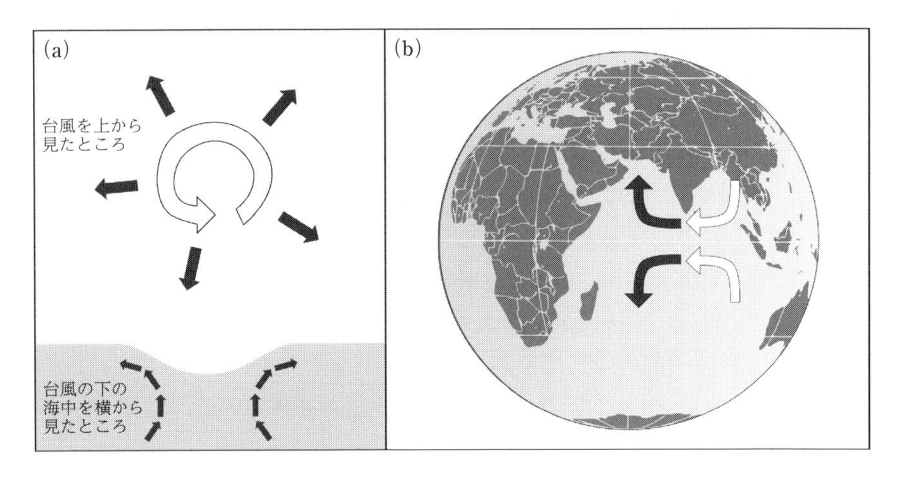

図 2.8　海水をまわりに押し出す風の力。(a) 台風は海の上で発生する。北半球で発生する台風では反時計まわりに風が吹いていて（白い矢印）、風とコリオリの力が、海水を台風の中心から遠ざかる向きに動かす（黒い矢印）。その結果、不足した水をおぎなうように、海水が深いところからわきあがってくる（このわきあがりを「湧昇」という）。この湧昇は、広がりが 100 km くらい、深さは 100 m くらいにおよぶ。平たくつぶしたドーナツの穴から海水が上昇し、海の表面で四方八方に逃げていくような流れが生じるのだ。(b) 地球規模でみると、太陽から届く熱が多い赤道付近では大気が上昇し、上空で南北に離れていく。離れていった流れはやがて下降して、地表近くの低いところを赤道のほうに戻ってくる。その際に、北から戻ってくる北半球の風には右向き、すなわち西向きにコリオリの力がはたらき、南から赤道に戻ってくる北向きの風には左向き、すなわち、やはり西向きにコリオリの力がはたらくので、いずれにしても、赤道域では東から西に向かって風が吹くことになる（白い矢印）。この風が海面を引っぱると、海水はその向きに動くとともに、赤道から南北に離れる動きもみせる（黒い矢印）。その結果、赤道域では水が不足して海水が深いところから上昇する。これが「赤道の湧昇」だ。

て海面に乱れがあるほど大きくなる。風が吹いている海面の範囲、とくに、ある一定の風が吹いている「吹送距離」が長くなるほど、海の水は引きずられやすくなる。どれくらいの深さまで海水が動くかという点は、海水の性質に左右される。これについては、あとで説明しよう。観測によると、海の流れの速さは、それを動かす風の速さの3% くらいになるようだ。

風が海面に与える水平方向の力、つまり風の応力が、海水を四方八方に押し広げるようにはたらくと、その場所で海水の上下の動きが生まれる（図2.8（a））。海水が、ある場所から外向きに出ていけば、足りなくなった水をおぎなうために、下から海水がわきあがってくる。同様に、風の力で海面近くの水がどこかに集まってくれば、その場所では海水が沈みこむことになる。

図2.8（b）は、赤道付近を吹く風が海にどのように影響するのかを説明している。この風がコリオリの力とあいまって海水のわきあがりを生み、大気と海の流れは複雑なパターンになる。これは、地球規模の気象学が、大気と海がおたがいに影響しあうことで複雑になっていることを物語る一例で、そこがまた面白くて魅力的な点でもあるのだ。

海は層をなしている

海は、水平にスポンジを重ねてつくったケーキのようなものだ（大気もそうなっていることは第3章でお話しする）。このような構造になるのは、塩分と水温の違いで異なる密度をもつ海水が重なっているからだ。したがって、塩分や水温が変われば、この構造も変化する。

雨が降ったり、気温が高くなってふだんより海水の蒸発量が増えたりすれば、海面付近の塩分は変わる。海域によっても塩分は違う。大きな川の河口や、北極や南極の近く（海水の蒸発が少ない）では、塩分は薄い。

水温も、緯度や水深、そこでの天気によって変わってくる。一般的にいうと、水深数百 m のあたりにある「温度躍層」が、海水を上下に分けている。この層では、水深が深くなるとともに水温が急に下がる。この層より浅い表層では、水が上下によくかきまぜられて水温がほぼ一定になっている。温度躍層より深いところには、冷たい水が広がっている。

表層の水は、とても水温が高かったり塩分が薄かったり（「塩気が足りない」わけだ）する場合があり、そのとき温度躍層はきわめて薄くなって、上下の層のあいだに広がる潤滑油のようなはたらきをする。表層の水と深いところの水のあいだの摩擦が、ほとんどなくなってしまうのだ。このような状態の海を、海洋学者たちは「滑りやすい海」とよぶ。風の動かす水が表層部分にかぎられ、深いところの水に関係なく滑るように動くからだ。

ふつうは、海水に生じている乱雑ででたらめな流れが、表層の水と深い部分の部分をかきまぜる。風がつくりだしたこの乱雑な動きが、弱まりながらも、深いところへと浸透していくのだ。

海の水は、水平な層をなす。水平方向に水の性質が変わるのは、海底の地形で水がさえぎられたり、水の成分に変化があったりした場合だ。

このように水平な層ができるのは、地球には重力があって、重い流体が沈むからだ。水の密度を決める水温や塩分の違いに応じて、海水は上下に分離されているわけだ。海水が上下に動くことは可能ではあるが、水平方向に動くほどたやすくはない。海の水は、上下には混じりにくい。

まえにすこしお話ししたように、海の水が長い距離を動いていくと、コリオリの力の効果がでてくる。風が海の表面の水を一定の方向に押し流したとしても、この流れにコリオリの力がはたらいて、動く向きは斜め方向になる。海面の水は、その上を吹く風とおよそ45度の角度をなして動いている。

風でつくりだされたこの海面の水の動きは、そこに生じている小さな流れの乱れによって下の層に伝わり、その水を引きずる。ここでもまたコリオリの力がはたらいて水の進行方向が変わるので、海上の風がつくった海の流れは、深さとともに進む向きがどんどん変わっていくことになる。北半球では、水が流れる向きは深さとともに時計まわりにずれていく。コリオリの力が北半球では右向きにはたらくことを思いだせば、納得できるだろう。

このように海中の流れの向きを変えていくコリオリの力は、どこまでも深く（あるいは大気中のはるか高いところまで）届いているわけではない。

北半球では、風に引きずられた海面の水は、その進む向きが右向きにずれる。つまり時計まわりの方向にずれる。さきほどお話ししたように、その下の水は進行方向がさらに時計まわりに変わるので、いずれはもとの風の向きと正反対に流れる深さがやってくる。流れの量はしだいに減っていって、コリオリの力の影響がおよぶのは、実質的にはこのあたりまでといってよい。

コリオリの力で進行方向を曲げられた海水の流れを、海面から深いところまですべて足し合わせると、海水は、じつは全体として風の向きと直角の方向に運ばれている。風の力とコリオリの力がこうして海面の変化を生みだし、その変化とコリオリの力が釣り合ったとき、ある流れが生じる。それが海流などの「地衡流」である*[20]。

地衡流を生みだすもとになる力が、風の応力である必要はない。水平方向に圧力の差があれば、それでよい。

地衡流ができるのは、海だけではない。テレビの天気予報で、そのよい例を目にすることができる。風は、天気図に描かれた等圧線に沿って吹いているのだが（この話もまた第10章まで待ってほしい）、これも、風が地衡流として吹いていることを示すものだ。

一見してわかりやすい海流は（人工衛星から測定できるのだが）、広い海の全体をおおうように表層を流れているものだ。水の量にして全体の8%くらいになる。表層の海流は環状に流れているので「循環」（巨大な渦のようなものだ）といってよく、風で駆動されている。この循環は地球に五つある（図2.9）。

どの循環も、西の端では幅が狭くて強い海流になっている。これを「西岸境界流」という。東のほうで、弱くて幅の広い流れになっているのとは対照的だ。このような東西の違いは、この循環を動かしている風のパターンにも関係がある。

海流の向きが、北半球では時計まわりに、南半球では反時計まわりになっていることに注意してほしい。この向きは、コリオリの力で決まっている。赤道を横切る流れはない。赤道ではコリオリの力がゼロになるからだ*[21]。

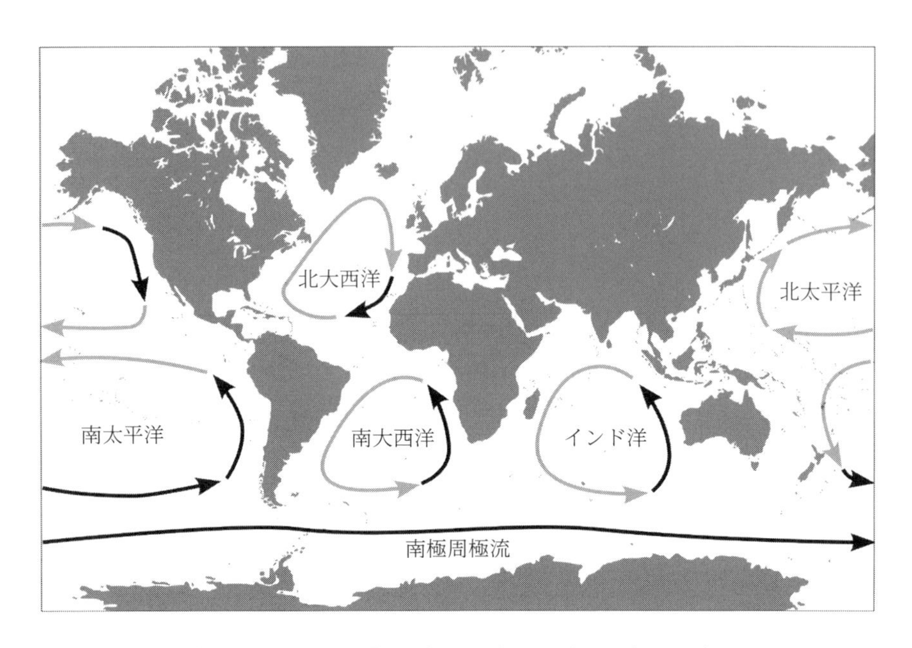

図 2.9　五つの海をめぐる五つの「循環」。黒い矢印は冷たい水を、グレーの矢印は温かい水を示す。南極周極流（世界最大の海流）も示しておいた。

図 2.9 から、それぞれの循環が、赤道付近から緯度の高い場所へ熱を運んでいることがわかる。この効果は、北西ヨーロッパにとって、とりわけ重要だ。北大西洋の西の端には「湾流」というとても強い海流があり、これが北西ヨーロッパの気候を、おなじ緯度にある他の地域より、はるかに温暖なものにしているからだ。

湾流は、メキシコ湾からフロリダ海峡を抜け、北米の海岸に沿うようにしてニューファンドランドに達したのちに、北大西洋へ出ていく。そこでふたつに分かれ、片方は南下して西アフリカを目指す。もう片方は北大西洋海流と名前を変え、北西ヨーロッパを暖めるのだ。湾流は、およそ秒速 1.5 m で流れている。

北大西洋をめぐる海流のまんなかには、サルガッソー海がある。この海域では水がよどんでいるので、西岸境界流で運ばれてきた海藻やその他のごみがたくさん集まってくる。

図 2.9 には、南極周極流も描かれている。「流れ」ということでいえば、最大の海流といってもよいだろう。流れは 2000～4000 m の深さまでおよんでいて、速さは平均すると秒速 1 m くらい。1 秒あたり 1 億 2500 万 km^3 の冷たい水が、目の前を流れすぎていく。

南半球のこの緯度には、西から東に向かう強い風をさまたげる陸地がなく、南極周極流はこの風に駆動されて南太平洋、南大西洋、インド洋の三つの海をめぐる。この海流はいまから 3000 万年まえに生まれ、南極の氷床ができる原因になったと考えられている。そして現在は、三つの海の熱を再分配するはたらきがある。オーストラリア南部、南米、アフリカ南部の天候にもおおきく影響しているようだ。

塩　分

一般的にいって、海水は深いところほど塩分が濃い。海水は塩分が濃いほど重いからだ。

すでにお話ししたように、陸から真水が流れこむと、海の塩分は変化することがある。つまり、沿岸海域の塩分は、陸の地形を反映しているのだ。陸の地形は雨量や川が流れる道筋に影響し、陸から海に流れこむ水の量や流れこむ場所は、これらで決まる。だから、沿岸海域の塩分の濃さは、陸の地形を反映しているといってよい。

地球全体をながめると、海水の塩分は緯度によっておおよそ決まっている。図 2.10 を見ると、それがわかる。赤道付近の海水は温かいため蒸発がさかんで、塩分は濃くなる。極域での蒸発は少なく、塩分は薄い。

ただし、極域の水は冷たく、水の密度という観点からすると、温度が塩分に勝る。塩分は薄くても、水温の低さがそれに打ち勝って海水は重くなり、沈んでいく。図 2.8（a）で説明した、赤道付近での水のわきあがりと対照的だ。「それならば、ここでは水平にではなく上下に動く海流があるということなのか」と思ったあなた。あなたは正しい。

地中海は、他の大洋にくらべて浅く（平均水深は 1500 m しかない）、水

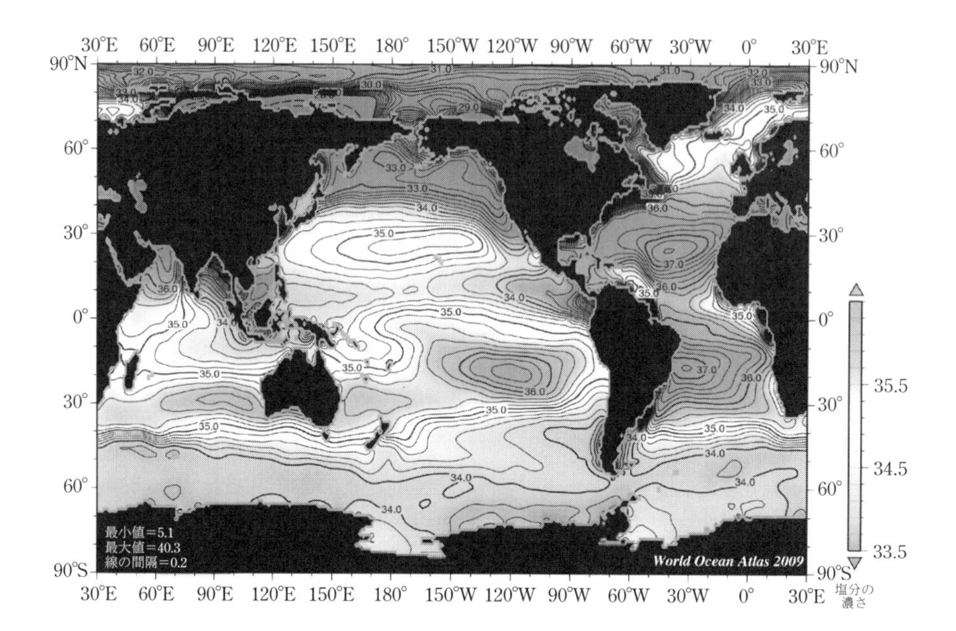

図 2.10　塩分の濃さが等しいところを結んだ線。数字はその濃度が 1000 分のいくつなのかを示している（訳注：たとえば「35」は、百分率に直すと 3.5% になる）。一般に塩分は暑いところで濃く、雨の多いところで薄い。〔米海洋大気局の資料より〕

温は高い。だから地中海は、塩田のようなものだ。

この「塩田」でできた塩分の濃い水は、ジブラルタル海峡から大西洋に流れ出る。塩分が濃くて重いので、水温の高い水の塊（これを「暖水塊」という）ではあるが、大陸棚を転がり落ちていく。水温が低い大西洋の水の下に、この温かい水が落ちていくのだ。これは、さきほどの極域の海水とは逆に、塩分が温度に勝った例といってよいだろう。この暖水塊は、温かいが重いのだ。

大西洋の水も、深いところほど密度が大きいので、沈んでいった暖水塊は、まわりがおなじ密度になる水深 1000 m のあたりで、もうそれ以上は沈まなくなる。驚いたことに、暖水塊は大西洋の海中深くにあるにもかかわらず、人工衛星のセンサーは、これをとらえることができる（図 2.11）。

暖水塊は、地球の気候にとって重要な深層の海流を維持するのに役立っているようだ。この深層の海流、すなわち海洋の「熱塩循環」についてのお話

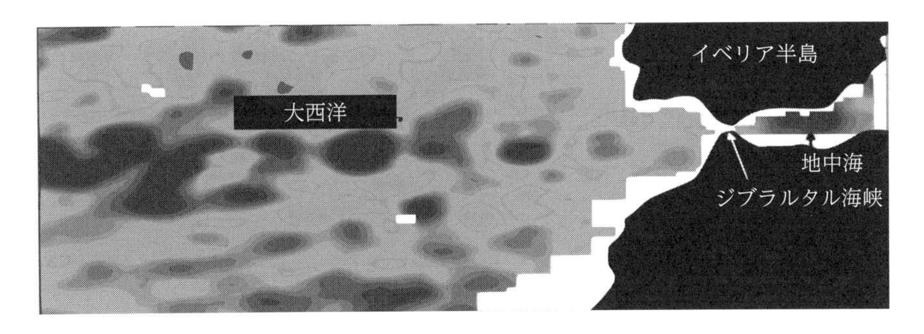

図 2.11 大西洋に流れこんだ暖水塊。塩分が濃く温かい水が時計まわりの渦となり、ジブラルタル海峡を通って地中海から大西洋に漏れだしてくる（図中の黒い塊）。水深 1000 m くらいまで沈んでいく。つねに 25 個くらいの暖水塊が見られる。塩味が薄い料理に塩をかけて塩分を高めるように、北大西洋では暖水塊が塩分を維持している。本文で説明したように、このしくみが地球をめぐる深層循環を支えている。〔米航空宇宙局 https://archive.org/details/meddies_TOP2005anom より〕

を、これから始めよう。

地球規模のコンベアー・ベルト

海洋表層の循環や、それにともなう海流は風によって駆動され、流れる向きは、風が表層につくりだす圧力差とコリオリの力で決まる。

それに対し、深層を流れる海流は、海水の密度差が動力源だ。すなわち、水温の差と塩分の差（そしてコリオリの力）である。そのため、この流れのことを、専門用語では「熱塩循環」とよぶ。世界の海の深層を結ぶこの流れには、もっと直観的でイメージしやすい名前もついている。地球規模の「コンベアー・ベルト」である。

コンベアー・ベルトの流れは、つぎのようにして生まれる。極域の海では海水が凍り、そのとき塩分は氷に取りこまれずに水に残る。塩分が濃くなった水は、重いので沈む。どんどん深く沈んでいき、それが流れとなる。沈んで足りなくなった表層の海水は、まわりから補われる。深く沈降したこの冷たい海流は、海底の地形や大陸の影響を受けながら極域から遠ざかり、図 2.12 で示したような流れになる。

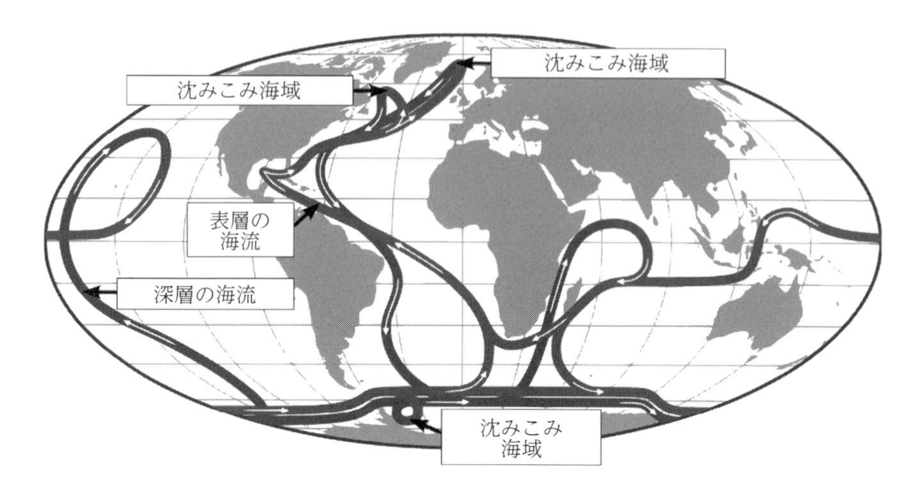

図 2.12　地球をめぐるコンベアー・ベルト。冷たい水は、温かい表層の海流の下を流れている。塩分と水温の変化で重くなった海水が、「沈みこみ海域」と書いたところでコンベアー・ベルトを駆動する。ここが、ベルトを動かすエンジン部分だ。〔米航空宇宙局 "Explaining Rapid Climate Change: Tales from the Ice," Earth Observatory（http://earthobservatory.nasa.gov/Features/Paleoclimatology_Evidence/paleoclimatology_evidence_2.php）の図より〕

その流れは遅い。地球を 1 周するのに、1000 年単位の長い時間がかかる。秒速でいえば、毎秒数 cm といったところだ。

流れは途中で枝分かれし、その一部は温まって赤道近くで表層の海流となる。こうして海水が沈んだり浮かび上がったりするのは、生き物にとってはありがたいことだ。栄養分の多い深層の水が、ふだん生活している明るい表層に運ばれてくるからだ。

コンベアー・ベルトで運ばれる熱の量は、北大西洋の北緯 24 度のあたりで、1.2×10^{15} W（12 億 MW）にもなる。いうまでもないが、これだけたくさんの熱を運ぶのだから、世界の気象や気候はその影響を受ける。たとえば、北大西洋の気温は、北太平洋のおなじ緯度より 5°C ほど高い。コンベアー・ベルトが北大西洋に運んでくる熱を考えれば、もっともなことだろう。

コンベアー・ベルトで特徴的なのは、海水が深層に沈んでいく海域が、北大西洋にはあるが北太平洋にはない点だ。北太平洋では、おそらく川から真水がたくさん流れこむ影響で、塩分が薄まって海水が重くなれないのだ。

地球温暖化が進むと、コンベアー・ベルトの動きは遅くなるかもしれない。もしそうなれば、世界各地の気候に、さまざまな影響をおよぼすことになる。この点については、第4章でお話ししよう。

一言だけ触れておくと、地球温暖化で極域の氷が解ければ、海の塩分は薄まって、海水が沈みこむはずの海域で水は軽くなる。したがって、コンベアー・ベルトを駆動する力が弱まってしまう。

地中海から大西洋に流れこんでくる暖水塊は、コンベアー・ベルトの動きを助けるかもしれない。塩分を大西洋に供給することになるからだ。暖水塊は、すくなくともこの海域では、北大西洋の氷が解けてしまうことによるコンベアー・ベルトへの影響を、いくらかでも緩和することになる*22。

エルニーニョと南方振動

エルニーニョと南方振動（El Niño-Southern Oscillation、ENSO）は、この章を締めくくるのにふさわしい現象だ。なぜなら、海洋循環がもつ重要なふたつの点を、明確に示してくれるからだ。

1. 海洋循環は大気と影響しあう。
2. 海洋循環は世界の気候におおきな影響を与える。

ENSOがこの章を締めくくるのにふさわしいもうひとつの理由は、不本意ではあるが、この現象が何者なのか、どうもよくわかっていないという点だ。ENSOに関するわたしたちの知識は、経験的に、つまり観測によって得られたものだ。

「EN」（海の部分）と「SO」（大気の部分）の複雑な絡まりあいを理論的に解明しようという研究は、さかんに進められている。その努力は、おもにエルニーニョの発生を予測すること向けられている。エルニーニョが発生すれば、経済や生活に大きな被害がおよぶからだ。もっとも、かりに発生を予測できたとしても打つ手はないのだが。

エルニーニョは、太平洋の赤道域で水温が変化する現象だ。12月末ごろに南米ペルー沖の水温がいつになく高くなる年（エルニーニョ年）があることを、漁師たちは、これまで何世紀にもわたって経験してきた。逆に、ふだんより水温が低くなることもある（ラニーニャだ）*23。海面下の流れは、あまりはっきりしない流れではあるのだが、エルニーニョのときは西に、ラニーニャのときは東に向かっている。

エルニーニョは、2～7年おきに発生する。10年に2回といった感じだ。このときペルー沖では海面水温が2℃くらい上がる。

ちょうど大型トラックの後部に荷台がちゃんとついてくるように、エルニーニョの後にはラニーニャがやってくるのが標準形なのだが、実際には2回に1回くらいしかラニーニャは来ない。ラニーニャが発生すると、ペルー沖の海面水温はふつうより1～2℃下がる。

おもしろいことに、水温の変化は、海面より、その下の海水のほうが大きい。エルニーニョのときは3～6℃も、ラニーニャのときでも2～4℃ほど変化する*24。

エルニーニョやラニーニャの継続期間は決まっていないが、おおよそ1年というところだ。水温の変化は太平洋の赤道域全体にわたっていて、東の海域で水温が下がれば、西の海域では水温が上がっている。太平洋赤道域で、温かい水が東西を行ったり来たりするのだ。お湯を満たした風呂の浴槽で、水面の高まりがあっちへ行ったりこっちへ来たりするさまを思い浮かべてほしい。

エルニーニョ、ラニーニャによる海面水温の変化は、気象の側には、「南方振動」とよばれる周期的な気圧の変化として現れる。

水温が低い海面の上では高気圧が発達し、水温が高ければ、その上は低気圧になる。そのため、エルニーニョのときは、太平洋赤道域の東のほうでは気圧が下がって雨も多く、インドネシアやオーストラリアがある西のほうでは、逆に気圧は高くて雨は少なくなる。また、西のこのあたりでは、東向きの風も吹くようになる。

エルニーニョのとき、北大西洋では8月から10月にかけて、ハリケーンの発生が少なくなる。北米大陸をまたいだ反対側の北太平洋では、ハリケーンを生む大気の活動が活発になっている。ラニーニャのときは、これと反対の現象がおきる。

ENSOの影響は、多くの人たちにおよぶ。干ばつや洪水、豪雨、地すべり、ハリケーンや台風。そして経済的な打撃も。たとえば、エルニーニョで海面の水温が上がれば、魚は、より栄養分の多い冷たい水を求めて移動してしまい、いつもの場所で魚がとれなくなる。エルニーニョの発生を予測する必要があるのは、その影響がこのように広くおよぶからだ。エルニーニョがわたしたちに与える影響の大きさはさまざまだが、1982～83年のエルニーニョでは死者2000人と130億ドルの損害が、1997～98年のエルニーニョでは死者2万3000人と320億ドルの損害がでて、とりわけ被害が大きかった。

被害を受ける人ばかりではない。エルニーニョのとき、太平洋に面した北米の北西部やカナダの東部の冬は、ふだんより暖かくて湿気も少ない。ラニーニャのときは、東南アジアや中央アフリカで冬の湿気が少なくなる。世界中の気象が、太平洋赤道域の水温の影響を受けているわけだ。

エルニーニョが発生するしくみは、まだよくわかっていない。地球温暖化がどう影響するのかも不明のままだ。

エルニーニョについての理解はまだ不足しているが、それでも、太平洋赤道域で観測した海面水温と気圧をもとにエルニーニョの発生を予測することは、すこしずつできるようになってきている。2014～15年に弱いエルニーニョが発生すると予測されたこともある。実際には、とても強いエルニーニョだったのだが。

このように予想が外れたのは、地球温暖化のせいだろうか。その可能性はある。エルニーニョの状態になると、海の深いところから水がわきあがってくるので、大気と海の内部とのあいだで熱の交換がおきる。そして熱の交換は、気候の変化と深い関係があるからだ。ただし、この複雑な現象を正確に予測するには、現在のコンピューター・シミュレーションでも、まだまだ不十分だ*[25]。

太陽から地球に届く電磁波は、地球全体をまんべんなく温めるわけではない。地球は自転していて、アルベドも場所によって違うからだ。この事実が、気象に直接の影響をおよぼす。地球の気候は、本来はきわめて長い時間をかけて変わっていくものだ。気候の変化は、地球の公転軌道がゆっくり、わずかずつ変わっていくことと、明確な関係がある。

水の循環と炭素の「速い循環」（ボックス 2.2）は、水蒸気、二酸化炭素、メタンの３種類の温室効果ガスと関連していて、大気の現象に影響を与える。

海の循環は、表層の流れも深層の流れも、膨大な量の熱を地球全体に運び、気象や気候をおおきく左右する。この循環は大気に影響を与え、そして大気から影響を受けている。

第3章

わたしたちの空気

風の姿かたちは、あまりにかすかで目には見えない。その言葉は難しくて、わたしたちの心に届かない。そしてその声も、たいていはあまりにかぼそくて、聞くことはできない。

ジョン・ミューア

大気の成分と気象は、切っても切れない関係にある。この章では、その関係を科学的に解きほぐしていこう。大気の流れは、熱の流れでもある。海流が熱を運ぶのとおなじことだ。そしてまた、大気の流れが海流を生み、海域により海面水温が違うことが、風をつくりだす。大気と海のあいだには、おたがいの動きが影響を与えあう複雑なフィードバックがある（ここに陸が絡むともっと複雑になる）。そして、この大気の「動き」が、まさに気象なのだ。第2章で、わたしたちは海に飛びこんだ。こんどは空に舞い上がろう。

成分と構造

いまから34億年ほどまえの火山活動の結果、地球の大気に窒素が生まれた。現在では大気の78.08% が窒素だ。いま大気の20.95% をしめる酸素は、24億年まえに急増した生命がつくりだした。

わたしたちが吸っている空気で3番目に多いのは、アルゴンという「希ガス」（ヘリウムやネオンとおなじように他の物質と反応しにくい）の一種で、陸地の岩石から出てくる。大気の0.93% をしめている。アルゴンは、海水にもごくふつうに含まれている。

つぎに多いのは水蒸気だ。海などの地球表面から蒸発したり、植物の葉から蒸散したりして大気に加わる。他の気体とは違い、水蒸気はそのほとんどが低い高度にだけ存在している（ボックス3.1）。大気中に含まれる量が変

ボックス3.1
潜熱

大気に含まれる水分の99% 以上は、大気のもっとも下の層、すなわち対流圏に存在している。そのうちの99% は、水蒸気という気体の形をとっている。残りは雲のなかの水滴や雨、霧だ。

気象学にとって、水蒸気は、いくつかの理由でとても重要だ。そのなかでもっとも重要なのは、水蒸気が大気全体に膨大な量の熱を運ぶという点だ。この熱には2種類ある。ひとつは、わたしたちが熱として感じることのできる「顕熱」で、もうひとつは、空気を構成する分子のなかに閉じこめられている「潜熱」だ。潜熱は、地表付近でおきる気象を支配し、決定しているといってよい。たとえば、あとでお話しするように、台風にエネルギーを与えているのも、この潜熱だ。

ここで、「気化熱」(「蒸発熱」ともいう) とよばれる重要な量について触れておこう。気化熱とは、ある物質を液体の状態から気体の状態に変えるのに必要な熱量のことだ。わたしたちが暮らしているこの1気圧のもとで、1 kg の水を水蒸気に変えるために必要な気化熱は、2260 kJ (キロジュール)†である。

潜熱の重要性をきちんと頭に入れるため、つぎのような例を挙げてみよう。1 kg の水を加熱し、すべてを水蒸気にするときに必要なエネルギーを考える。最初は室温の15°C だった水を「沸点」(1気圧のもとでは100°C) まで加熱し、それをおなじ温度の水蒸気に変えるのだ。

もちろん、水は沸点より低い温度でも蒸発するが、沸点に達すると、その物質はもう液体でいることはできず、すべてが蒸発することになる。というか、そのように定義した温度が「沸点」なのだ。多くの物質には固有の沸点がある (ある気圧のもとで液体として存在しうる最高温度だ)。

1 kg の水の温度を15°C から100°C まで上げるには、356 kJ の熱が必要だ。この熱は、わたしたちが熱として感じることのできる「顕熱」だ。この100°C の水を100°C の水蒸気に変えるには、さらに2260 kJ の熱が必要になる。こちらが「潜熱」だ。合計で2616 kJ のエネルギーを投入したことになるが、そのうちわたしたちが熱として感じることができるのは356 kJ だけで、残りは水蒸気のなかに閉じこめられているわけだ。

水蒸気が凝結して液体の水に変わるとき、水蒸気はこの潜熱を放出する。もし雲のなかで凝結がおきると、まわりの空気は加熱されて温度が上がることになる。第2章で、地球表面には1年間で50万 km^3 の降水があることをお話しした。もし、大気中の水蒸気量がほぼ一定に保たれているとすれば、これとおなじ量の水が蒸発していることになる。計算してみると、1年間に1,130,000,000,000,000,000 kJ のエネルギーが、潜熱として大気に運びこまれている。このエネルギーは3万6000 GW (ギガワット、「G (ギガ)」は10億倍を表す接頭語) の電力を使っているのと同等で、これは全人類が使っている電力の2倍である。

†訳注「ジュール (J)」については、第1章の注釈＊16を参照。

わりやすいのも、他の気体にはない特徴だ。全体としてみれば、体積にして全体の 1% くらい、重さにするとその 4 分の 1 くらい。しかし、地域によっておおきく変わり、砂漠や極域の寒い地域のほとんどゼロから、熱帯雨林の上では 4% にもなる。

大気に含まれている残りの成分は、それぞれきわめて微量だ。二酸化炭素、メタン、オゾン、窒素酸化物、水素、ヘリウム、そしてその他の希ガスである。

この微量気体のリストのうち二酸化炭素（全体の 0.04% だ）に始まる四つの気体は、量が少ないとはいえ、気象や気候にとって、とても重要だ。なぜなら、いずれも温室効果ガスだからだ。これらがなぜ、どのように重要なのかは、まもなくお話しすることになるだろう（もっともなじみ深くて重要な温室効果ガスである水蒸気のことも、忘れないように）。

このようなさまざまな気体の混合物、つまり、わたしたちが吸っている空気は、太陽からやってくる短波放射を吸収し、それを長波放射としてふたたび放出する。それが気候や気象に影響を与えている。

いくつもの成分がまじってできている気体が短波放射をどのていど吸収するか（これを「吸収スペクトル」という）は、含まれている成分によって変わってくる。もし別の成分でできている空気があれば、吸収スペクトルは地球とは違い、気候も別物になるはずだ。

地球大気の成分も時代とともに変わってきた。その結果、気候もずいぶん変化した。もっとも、ここ 2 億年ほどは、大気の成分はほとんど一定であるにもかかわらず、地球の気候はなんども変化している。ということは、驚くほどのことではないが、大気の成分だけで地球の気候が決まるわけではない。

水蒸気とオゾン（あとでお話しする）を除き、これらの成分は大気全体に偏りなく広がっている。例外は、いちばん高いところにある大気層なのだが、ここの空気はとても薄くて気象に関係しないので、わたしたちの興味の対象外だ。大気の層を高度の低いほうから並べると、つぎのようになる。

・対流圏（高度 0～12 km）
・成層圏（12～50 km）
・中間圏（50～80 km）
・熱　圏（80～700 km）
・外気圏（700 km 以上）

大気の水分のほとんどは対流圏に含まれており、また気象のさまざまな現象も、この対流圏のなかでおきる。それどころか、大気そのものが、ほとんどこの薄い層のなかにある。物理の知識を使って理論的に計算してみると、大気の密度は、高度とともに最初は急激に小さくなり、しだいに、徐々に小さくなっていくようになる（実際の大気もこれに近い）。もうすこし具体的にいえば、大気の密度は、地表から 5.5 km 離れるごとに半分になっていく。

この計算をもとにすれば、重さでいえば大気の 78% が「対流圏界面」（対流圏の上面）より下に存在し、対流圏と成層圏に存在する大気は、全体の 99.8% にもなる。したがって、大気の熱も、ほとんどすべてがこのふたつの層に含まれており、わたしたちの興味の向かうさきは、ここだけだといってもよい。

大気の総重量は 5,000,000,000,000,000 トン以上ある。大気中の水分は、これの 1% のそのまた 4 分の 1、すなわち 13 兆トンにも満たないわずかな量だ。そのほとんどが対流圏にある。大気の温度は高度とともにふつう低くなるが、それは、大気中の水分が地表からの長波放射を吸収して熱に変えているからだ。

さきほどお話ししたように、大気の密度は、高度とともに地表近くでは急激に、それより高いところでは徐々に小さくなっていくが、気温の下がり方は、そうはなっていない。地表近くでは、高度が 1 km 高くなるごとに約 6.5°C の割合で気温は下がる。この割合は「気温減率」とよばれている。第 8 章でお話しするが、この気温減率は、大気の安定度*1 や、熱せられた大気がどのように動くのかを決めるときに、とても大切な量である*2。

さきほど、対流圏の上面、つまり対流圏界面は高度 12 km だとお話しした。だが、ひとつ、大切なので覚えておいてほしいことがある。この高度は、緯度によって違う。熱帯以外では、季節によっても違う。夏は高く、冬は低くなる。赤道では高度 18 km にもなるが、極域での高さは 8 km しかない。

対流圏界面は、その下の対流圏と上の成層圏の境目だ。成層圏の特徴は、高度が増すほど気温が高くなることだ（図 3.1）。対流圏とはまったく違うこの特徴は、どのようにして生まれるのだろうか。

オゾン（O_3、あまりなじみのない酸素の一形態）は、そのほとんどが成

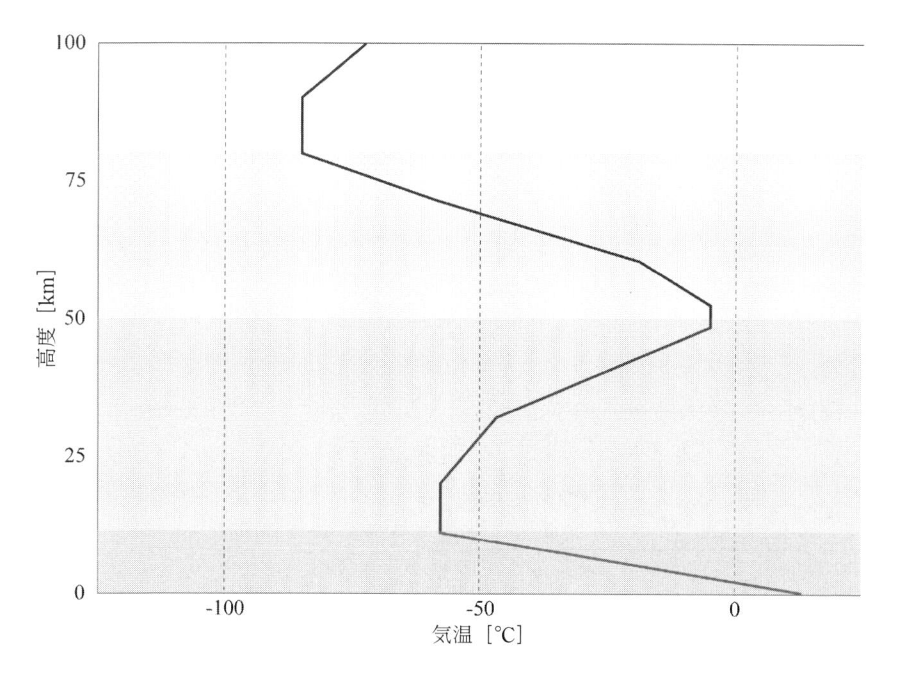

図 3.1　気温の高度分布。高度の低いほうから四つの層、すなわち対流圏、成層圏、中間圏、熱圏を、背景の陰で表している。対流圏では高度が増すとともに気温が直線的に下がり、成層圏では逆に上がっていることに注意。

層圏にある。オゾンは太陽から来る紫外線（UV）を吸収する*3。つまり、オゾンを温める熱は、下からではなく上から来る。そのため、成層圏では上空ほど気温が高くなるのだ。

高度が増すほど気温が高くなるこの現象を「気温の逆転」という。気温が逆転していると、大気は安定する。これについては第８章でお話しする。

成層圏では気温が逆転しているため、実際に、成層圏と対流圏の大気はまじりにくい。対流圏で上昇してきた大気の流れにとって、対流圏界面は「ガラスの天井」のようなものなのだ。対流圏の暖かい空気は、ふつう対流圏界面を越えて上昇することはない*4。雲は対流圏のいろいろな高度で生まれるが、成層圏にまで達することは、まずない。対流圏と成層圏の境目付近にはジェット気流（空気の高速の流れ）がある。これについても、のちほどお話ししよう。

成層圏より上は、すくなくとも気象に関するかぎり、あまり面白いものではない。中間圏は、大気のなかでもっとも気温が低い。熱圏では北半球でも南半球でもオーロラが発生するが、オーロラは、この本で扱う地球の気象というよりも、むしろ宇宙の現象だ。もっとも、熱圏のうち高度の低い「電離層」とよばれる部分では、わたしたちに関係の深い現象がおきている。そこでは大気が「電離」されてプラスやマイナスの電気を帯びており、電波を反射するのだ*5。

熱圏の上にある外気圏では、大気の分子どうしは何 km も離れていて、その間は、まさにすかすかの宇宙空間、そう、つまりここは宇宙そのものなのだ。こうして地球の大気が薄まって宇宙になっていくことをはっきりさせるため、公式には、高度 100 km の「カーマン・ライン」より上を宇宙とよぶことになっている。

吸収と放射

太陽からくる電磁波が、どの波長でどれくらい吸収されるかを示す「吸収スペクトル」は、大気がどのような成分でできているかで決まっている。わたしたちにとって興味があるのは、地球の大気がどの波長に対して「不透

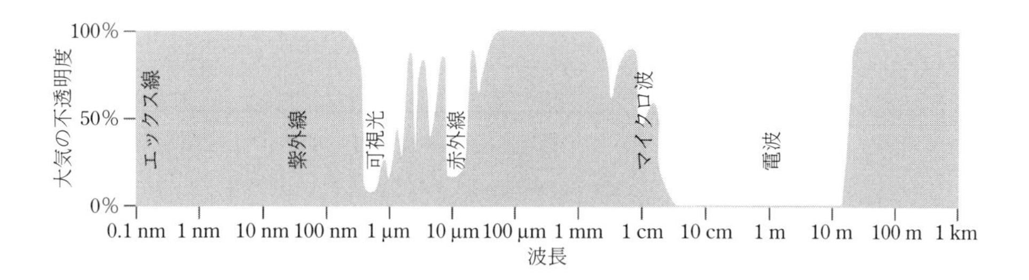

図 3.2 電磁波に対する地球大気の不透明度。横軸は電磁波の波長。不透明度 0% は、やってきた電磁波がすべて地表に届くことを意味している。不透明度 100% は、途中で散乱されたり吸収されたりして、地表にまったく届かないという意味。〔ウィキメディア・コモンズ（https://commons.wikimedia.org/wiki/File:Atmospheric_electromagnetic_transmittance_or_opacity.jpg）にある米航空宇宙局の“Atmospheric Electromagnetic Transmittance or Opacity”より〕

明」なのか、つまり、どの波長の電磁波が大気に吸収されてしまって地表に届かないのかという点だ（図 3.2）。

この不透明さは、大気の成分それぞれが吸収する電磁波の総和で決まる。さまざまな波長にわたって、もっともよく吸収するのは水蒸気だ。そのほか、二酸化炭素やオゾンなどの温室効果ガス、そして酸素も電磁波を吸収する。

紫外線のほか、エックス線のように紫外線よりさらに波長が短い電磁波（エネルギーが高いので生物にとっては有害だ）のほとんどが、地表に届くまえに吸収されている点にも注意しておこう。地表に届く電磁波のうち、もっとも波長が短いのは「可視光」だ。可視光は、あまり吸収されずに地表にたくさん届く。だから、おそらくわたしたちの目は、この可視光を利用するしくみになっている*6。

第 2 章の図 2.3 で見たように、地球の表面に届く太陽からの「短波放射」は、大気の上端に届いている電磁波にくらべて、かなり少なくなっている。「アルベド」（電磁波が反射される）や吸収のせいだ。大気によく吸収される電磁波の波長は高度によって違っていて、それが温室効果と関係している。温室効果については第 1 章ですこしお話ししたが、ここでさらに詳しく説明しておこう。

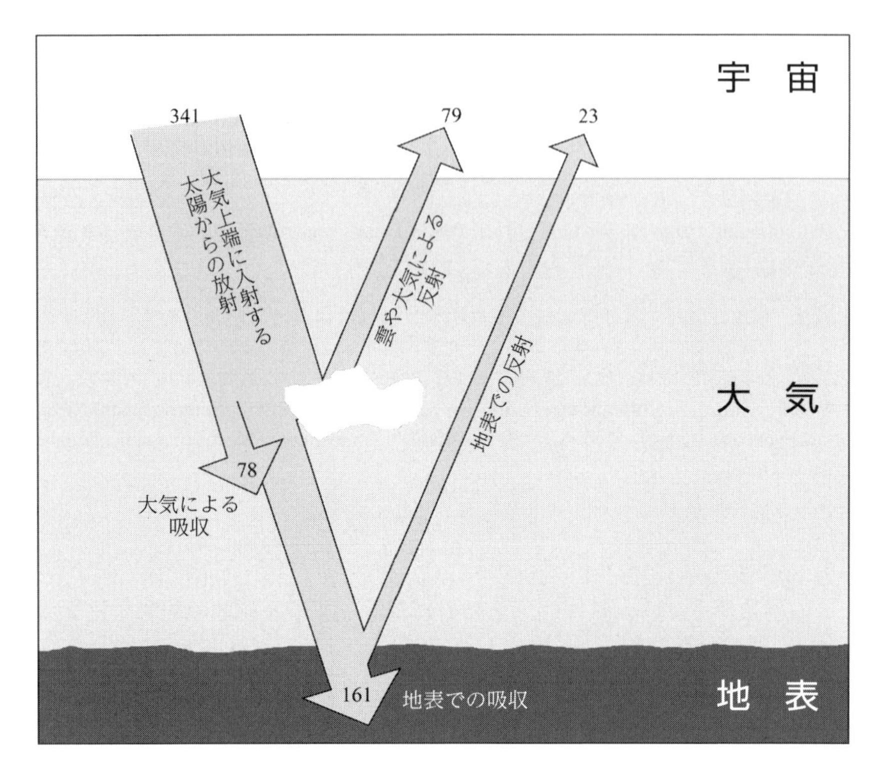

図 3.3　地球の大気や表面で吸収されたり散乱されたりする短波放射の平均像。数値は、1 m^2 あたりのワット数で表している。〔K. E. Trenberth, et al. (2009) より〕

地球大気の上端に太陽から届く短波放射のエネルギーは、第 2 章で計算したように、平均すると 1 m^2 あたり 341 W だ。この値は地球全体の平均であって、1 日のうちでも、緯度や季節によっても大幅に変わる。

このエネルギーが地球でどのように分配されるのかという点については、雲の影響も大きい。図 3.3 に示したように、1 m^2 あたり 102 W が、雲や地表で反射されて宇宙に戻っていく。残りが大気や地表で吸収され、第 1 章でお話しした「黒体」の法則にしたがって、宇宙に向けて放射される電磁波となる。

地球の表面や大気が関係する「長波放射」の量的な関係を、図 3.4 に示し

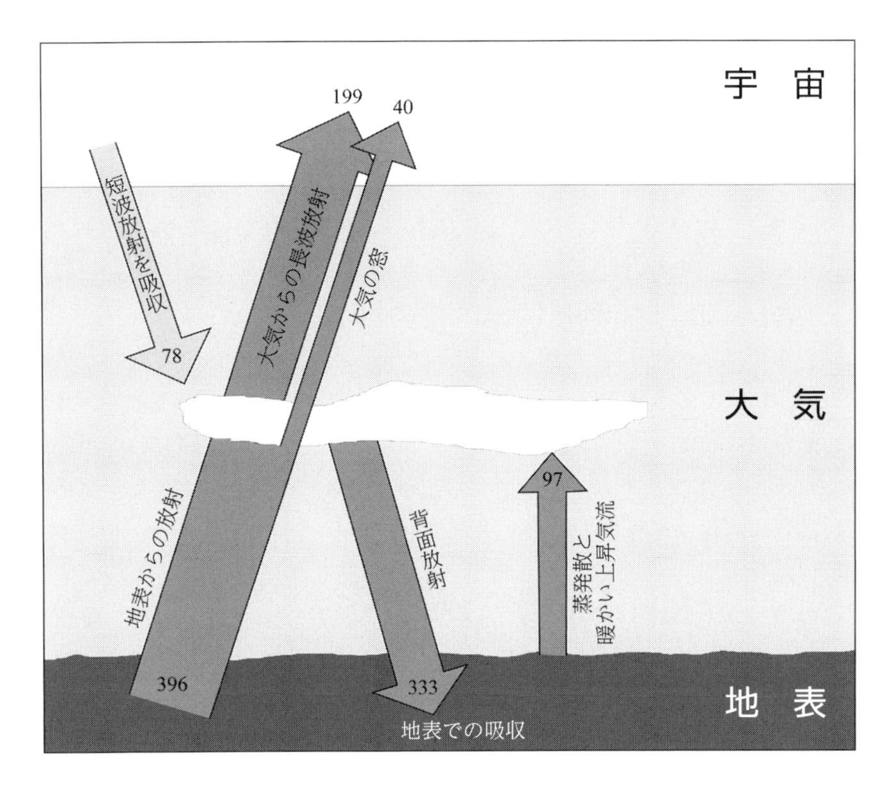

図 3.4 地球の大気や表面で吸収されたり散乱されたりする長波放射の平均像。数値は、1 m^2 あたりのワット数で表している。大気が吸収する短波放射（1 m^2 あたり 78 W）も考慮して計算すると、収支がほぼ釣り合っていることがわかる。地上から出た長波放射の一部は、大気に吸収されずに宇宙へ逃げていく。吸収スペクトルにみられるその波長域を「大気の窓」という。〔K. E. Trenberth, et al.（2009）より〕

た。大気の分子は、太陽から来た短波放射をそのまま吸収するし、地球の表面から出る長波放射も吸収する。大気を暖めるエネルギーの量としては、地上で暖められた空気が上昇してくることや、その空気の水蒸気に潜熱として含まれていることによるもののほうが、放射の吸収より多い。

黒体の理論によると、こうして吸収された熱は、大気の温度が上がりも下がりもしない熱的平衡の状態にあるならば（ここでは地球温暖化は無視しよう）、その全量が大気から放射されているはずだ。大気からの長波放射は、あるものは宇宙に逃げ、あるものは下に向かって地表が吸収する（図 3.4 の

「背面放射」だ)。

計算してみるとわかるのだが、大気が吸収するエネルギーと、大気がふたたび放出するエネルギーの量は、ほとんど等しい。これは、地表での吸収と放出についてもあてはまる。ただし、このときは、地表が短波放射で受けとる1 m^2 あたり 161 W のエネルギーを加えることも忘れないように (図 3.3)。入ってくる放射と出ていく放射の差は、1 m^2 あたりわずか 1 W だ。この差を、わたしたちは「地球温暖化」とよんでいるわけだ。

この 1 W というのは平均値であり、地球表面のアルベドや大気の不透明度（時刻によっても場所によっても変わる）がさまざまであることを考えれば、その平均をとって図 3.3 や図 3.4 をつくることがいかに難しいか想像がつくだろう。だが、それでもこの数字にあいまいなところはない。なぜなら、地球温暖化は現実のものだからだ。

地球温暖化については、第 4 章で詳しくお話しする。ここでは、エネルギーの収支が（ほぼ）釣り合っているという事実のほうが大切だ。なぜなら、その事実こそが、地球の表面と大気の層のあいだで、そして地球全体と宇宙のあいだで熱的な平衡が保たれていることを物語るからだ。エネルギーの出入りが（ほとんど）釣り合っているのだ*7。

対流圏でおきている大気の循環

大気が加熱される度合いは、地球上の場所によって違う。それが大規模な大気の流れ、つまり循環を生む。おなじことが海の流れについてもいえることは、第 2 章でお話しした。

大気と海は深く結びついている。大気は年間をとおして（ほとんどは北半球が冬になる季節だが)、2,200,000,000,000,000 W ものエネルギーを海から陸に運んでいる。1 m^2 あたり 15 W になる。

海と大気の流れには、似た点がある。いずれも、太陽から地球が受けた熱を、赤道から極の向きに運ぶ（その量は大気のほうがすこし多い)。コリオリの力の影響を受ける。両方とも層をなしている。

違う点もある。大気とは違い、海の流れは陸地にさえぎられる*8。海水は液体なので、気体である大気ほどは密度が変わらない。海のなかには、もちろん水蒸気は含まれていない。

低気圧と高気圧

大規模な大気の循環には、赤道が出発点になるものと、それより弱いのだが、北極や南極が出発点になるものがある。ここでは、まず赤道から話を始めよう。赤道域は、地球上の他のどの地域より太陽の熱をたくさん受けとるので、大気は暖められて上昇する。実際、赤道域の大気はしばしば、もうこれ以上はのぼれないという限界の高度（対流圏界面、「ガラスの天井」と説明した高度だ）まで上昇する。これが赤道域に生まれる地球規模の対流だ。

図3.5には、大気が上昇したり下降したりするようすが描いてある。この図で示したのは、いまお話しした赤道域の大規模な対流よりは規模が小さい

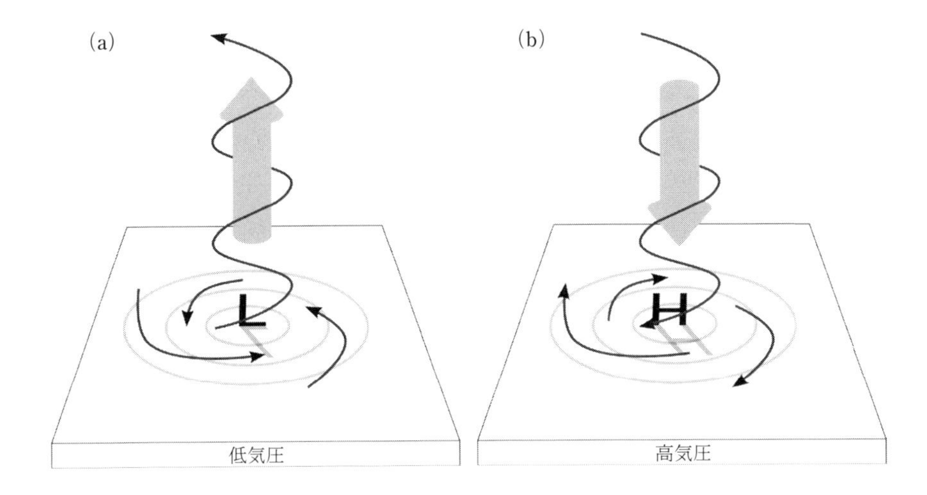

図3.5　低気圧と高気圧。(a) 上昇気流は、その下の地表に気圧の低い部分（L、そのまわりのグレーの同心円は等圧線）をつくりだす。差し渡しが数百kmになるような大規模な現象の場合、外から中心に向かう地表付近の風は、コリオリの力によって右に曲げられ（北半球の場合）、中心に渦を巻いて流れこむことになる。風が等圧線に沿って流れる場合が地衡流なので、地表付近の風は、地衡流の釣り合い（気圧とコリオリの力の釣り合い）からすこしずれていることになる。(b) 下降気流の場合には下に気圧の高い部分ができ、風の回転は逆になる。規模の大きな低気圧と高気圧には、地球をめぐる大気の循環のなかで、大気を上昇させたり下降させたりするはたらきがある。

が、コリオリの力がはたらくていどには十分に大きな大気の流れである。

大気が上昇すると、その下の地表は気圧が低くなり、まわりから暖かい空気を引きこむ（図3.5(a)）。引きこまれる空気の流れに対してコリオリの力がはたらくので、流れの向きは右に曲げられる（北半球の話だ）。そのため、この流れは、外側から中心に向かって渦を巻いて流れこむことになる。この大気の動きのシステムが「低気圧」だ*9。

下降する流れについても、事情はおなじだ。ただし、いろいろな向きが逆になる（図3.5(b)）。上空の冷たい空気が下降し、地表付近では気圧が高くなる。そのため、中心から外向きに風が吹き出し、その向きは右に曲げられて渦状の流れとなる。これが「高気圧」だ。浴槽の排水口にできる渦を思い浮かべればよいだろう*10。

これらの低気圧と高気圧は、テレビで見る中緯度付近の天気図に描かれている、あの低気圧、高気圧そのものだ。気象の話で大気が上昇する、下降するといった場合、これを指していることが多い。「地球規模」より小さい「総観規模」（1000 km くらいの規模のこと）でおきる現象としては、おもにこの低気圧と高気圧が空気を持ちあげ、そして下ろしてくるのだ。

ここではまず低気圧と高気圧を取りあげたが、これからは、赤道域の対流で始まる「地球規模」の流れのお話をしよう。地球の大気を運ぶエレベーターとコンベアー・ベルトのお話だ。

ハドレー循環

大気中を上昇する大規模な気流がみられるのは、赤道沿いに東西に広がる「熱帯収束帯」である。ここではたくさんの低気圧が発生して、大気を天高く持ちあげる。上昇した空気はしだいに冷やされ、凝結して雲になり、ときには嵐を引きおこす。詳しくは第7章でお話しする。熱帯収束帯では大量の雨が降り、熱帯雨林ができる*11（図3.6(a)）。

熱帯収束帯では、上昇した空気をおぎなうように、その北側と南側から赤道に向けて暖かい風が流れこんでくる。北から南に吹いてくる北半球のこの暖かい風に対しては、コリオリの力がはたらいて、その進行方向を右に曲げ

(a)

(b)

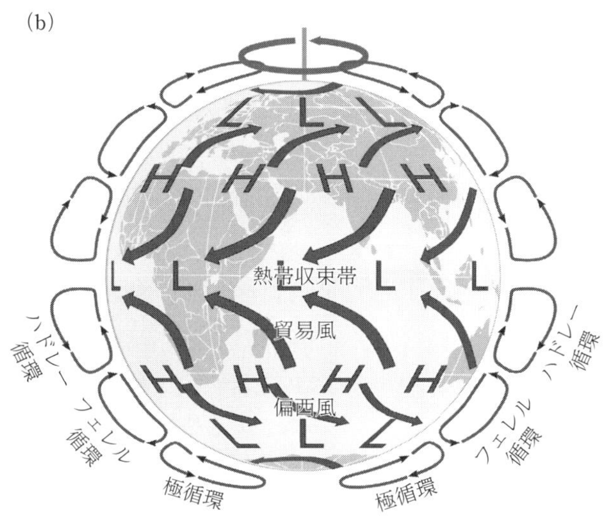

図 3.6 大気の循環。(a) 熱帯収束帯は、この衛星画像では東西に延びる白い雲の連なりとして見えている。(b)「ハドレー循環」「フェレル循環」「極循環」は、それぞれ地球をドーナツ状に取り巻いて、図のように流れている。これらの循環により、熱帯域の熱が極域に運ばれる。ハドレー循環と極循環は温度差によって生まれるが、その間にあるフェレル循環は、中緯度でしばしば発生する大気の乱れによって運ばれる熱が動かしている。循環が下降、上昇することで、地表付近にはそれぞれ気圧の高い部分 (H) と低い部分 (L) が生じる。コリオリの力を考えれば、北半球と南半球で西向きの貿易風が吹く理由、そして中緯度で西から吹く「偏西風」や極域の東風が吹く理由がわかるだろう。図に矢印で示したのは地表付近を吹く風の向きで、対流圏界面に近い上空を吹く風の向きは、中緯度を除き、おおむね地表と反対である。赤道沿いの熱帯収束帯では雨が多く、ハドレー循環と

フェレル循環の境目にあたる大気の下降域では、砂漠が発達する。〔(a) の図は、米海洋大気局 “The Intertropical Convergence Zone,” Earth Observatory（http://earthobservatory.nasa.gov/IOTD/view.php?id=703）より〕

る。つまり、風は、すこし東から西に向かって吹くことになる。南半球で北に向かってくるこの暖かい風に対しては、それを左に曲げるコリオリの力がはたらく。力の向きは逆だが、やはり北半球とおなじ東から西に向かう風となる。こうしてできたのが、両半球の貿易風だ。貿易風のようすは、図 3.6 (b) に示しておいた。

赤道の真上ではコリオリの力がはたらかないので、風向きが一定でない、ゆるい風が吹く。これに、しばしば突風がまじる。帆船の時代には、この一帯は「赤道無風帯」として知られていた。ここでは船が進めなくなってしまうのだ。

熱帯収束帯で上昇した気流は冷え、対流圏界面近くの高い高度に達したのち、南北に分かれていく。それぞれが北と南に流れていくと、やがて、より暖かくて軽い大気のなかに入っていくことになり、そこで下降気流となる。こうして循環が完結する。

地表付近ではコリオリの力が風を西に向けるので、大気の循環は南北方向の環状の流れにはならず（図 3.6(b)）、実際には、らせん状に流れる。ワインの栓抜きのようならせんが、西に進むかのように地球を取り巻いているのだ。らせん状に循環しながら西に流れていくこの複雑な流れは、赤道の南北にある。ちょうど、赤道をはさんで南北に、ドーナツを東西に重ねて並べたようなものだ。この循環を、「ハドレー循環」という。この循環の存在にはじめて気づいた、18 世紀の英国の気象学者にちなんだ名だ。

ここまでの説明では、ハドレー循環の流れが、上空で南北のどの緯度まで行って下降するか、つまり、ハドレー循環が赤道からどれくらいの範囲におよぶのかについては触れていない。実際には、北緯と南緯それぞれ 30 度くらいまでが、ハドレー循環の範囲だ。もし地球が自転していなかったら、ハドレー循環は極域までおよぶはずだ。だが、自転している地球上では、そうはならない。なぜなのか。

ここでは、北半球を例にして考えてみよう（南半球についても、さまざまな向きを逆にすれば、おなじ話が成り立つから）。赤道域で上空に達した大気の流れは、冷えながら北に向かう。そのとき、右に曲げられる力を受ける。その理由は——もう言わなくてもわかるだろう。

ひとつだけ、コリオリの力は赤道から離れるほど強くはたらくという特徴を、思い出しておこう。コリオリの力がもつこの性質のため、上空を北に向かう流れは、北に行けば行くほど、東に向かうスピードが速くなる。スピードが増した大気の流れは不安定になり、スムーズな流れが渦だらけの流れに変わってしまう。わたしたちが住む現在の地球では、それが北緯30度でおきる。この緯度がハドレー循環の北限になる*[12]。

別の考え方もある。もういちど、赤道域の大気が対流圏界面の近くまで上昇し、北に向かったと考えよう。この流れは、しだいに「ぎゅうぎゅう詰め」になる。北に行くほど経線の間隔が狭くなるからだ。その結果、行き場を失った大気は下降することになる。

30度の緯度で下降する気流は、熱帯収束帯で上昇するとき水分を雨として落としてきたので、乾燥している。つまり、ここには乾燥した空気が下りてくる高気圧が生まれることになる。世界中の砂漠がこの緯度帯にあるのは、そのためだ。この緯度帯は、高気圧で天気がよく、向きの定まらない弱い風が吹いており、かつては「馬の緯度」とよばれた*[13]。

ハドレー循環がおよんでいる「30度」という緯度は、過去32年間の観測によると、より高緯度側にずれてきている。北半球でも南半球でも、ハドレー循環が大きくなってきているのだ。エネルギーも増えてきている。最近の観測によると、ハドレー循環の「運動エネルギー」（動きにともなうエネルギー）は198兆Wで、毎年5400億Wずつ増えている。この増し分は、地球温暖化によるものだ。

その他の循環

「極循環」は、その名のとおり極域にある大規模な循環で、温度差によって駆動される（ミルクを落とした熱いコーヒーでおきる循環を思い浮かべてほしい)。その意味では、ハドレー循環によく似ている。低緯度から高緯度にエネルギーを運ぶという点もおなじだ。

北極の上空では（南極でもおなじことだが)、空気が冷たく重くなり、下降気流が生まれる（だから極では地表の気圧が高い)。地表に達した下降気流は南に広がり、中緯度に進むにしたがって暖かくなる。北緯 60 度くらいまでくると、この流れは上昇に転じ、上空では、南北の向きに生じた気圧の差に動かされて北極に戻っていく。

高緯度ではコリオリの力が特別に強くはたらくので、地表付近を南に向かう流れは、西向きに大きく曲げられることになる。これが北極のまわりを流れる西向きの風だ（図 3.6(b))。

19 世紀の米国の学校教諭の名がつけられた「フェレル循環」は、ハドレー循環と極循環にはさまれている。緯度でいうと 30 度から 60 度の間だ。図 3.6(b) を見るとわかるように、フェレル循環で大気が流れる向きは、ハドレー循環、極循環とは逆だ。

フェレル循環は、他のふたつの循環のように気温の南北差で動かされているのではない。中緯度のあちこちにある大気の乱れが運ぶ熱に反応しているらしい。観測によると、フェレル循環を動かすためには、277 兆 W の運動エネルギーが必要だ。

フェレル循環のなかの大気の動きは、他の循環より複雑だ。図 3.6(b) ではわかりやすい単純な流れとして示しているが、これは、そのまま受けとるわけにはいかない。長い期間の平均をとるとこのような流れになるということであって、ある瞬間に、こうした流れができているわけではない。

フェレル循環の地表近くを吹く風はやや東向きに、上空では西向きになっている。さらに複雑なのは、フェレル循環があるこの緯度帯を特徴づけている「渦」である。この渦の実体は低気圧や高気圧であり、米国の東海岸や英国の海岸などに変わりやすい天気をもたらしている直接の原因である。

低気圧や高気圧は、フェレル循環のなかで空気がかきまぜられることで生まれる。とくに、つぎの節でお話しするジェット気流が大きく蛇行しているときに、発生しやすい。

地球の熱を赤道域から極に向かって運ぶハドレー循環や極循環とは逆に、フェレル循環は、熱を高緯度から低緯度に運ぶ。すべての循環を合計すると、6,000,000,000,000,000 W の熱が極向きに運ばれている。この熱のなかには、たとえば暖かい空気の流れのように感知できるものもあるが、ほとんどは、水蒸気に閉じこめられた「潜熱」として移動する。

このように、大規模な大気の流れをハドレー循環、フェレル循環、極循環の三つで説明するのは、流れの「平均像」を示すためだ。その意味では、日々の気象にももちろん関係はあるのだが（上昇気流という「平均像」をもっている赤道では、日々、雨が降る）、むしろ気候と関係が深い。

フェレル循環にかぎらず、長い期間の平均をとると、大気の流れは単純になる。だから、図3.6(b) のような流れの図を、あまり額面どおりに受けとらないでほしい。この図はたしかに正しいのだが、ある瞬間にカメラで風を撮影することができたとしても、この図のように大気が流れていることは、まずない。いつも吹いている貿易風や、熱帯の雨でさえ、フェレル循環とおなじように、ある期間の平均をとらなければ見えてこないこともある。

空気や水のような「流体」の動きは、本来が複雑なものだ。たとえ、それを囲う「入れ物」との境界がまったく単純な場合、たとえば壁に凹凸のないまっすぐで滑らかな水路を水が流れるような場合でも。ところが、わたしたちの地球は回転楕円体であり、大気や海との境界は地形で込み入っている。流れがめちゃめちゃになるのも、無理はない。

地球には、北半球と南半球のそれぞれに、三つずつの循環がある。だが、他の惑星もこうなっているわけではない。地球にしても、過去には南北の温度差や大陸の分布がいまとは違っていて、循環の数が違っていた可能性がある。「三つの循環」は不変なものではない。そして、これですべてがきれいに説明できるわけでもない。

この「三つの循環」で、地表近くの風や熱帯域に始まる循環のパターンは、うまく説明できる。しかし、中緯度の対流圏で上空にどのような風が吹いているかは、この考え方ではじゅうぶんに説明できない。これについても、研究は進行中だ*14。

ジェット気流

毎日の（とくに冬の）天気予報を見ていれば、ジェット気流という名前は聞いたことがあると思う。ジェット気流は、上空の高いところを西から東に向かって吹いている風の帯だ。帯の長さは数千 km、幅は数百 km。だが、厚さは数 km しかない。

地球上には 4 本の主要なジェット気流がある。これ以外のジェット気流もみられることはあるのだが、ここでは、この代表的な 4 本にかぎって話を進めていくことにしよう*15。

ここで扱う代表的なジェット気流は、フェレル循環の境界付近（ふつうは北緯と南緯の 30 度と 60 度）にあり、高度は対流圏界面のすぐ下だ。

「寒帯前線ジェット気流」(「寒帯ジェット気流」ともいう）は極循環とフェレル循環の境目、高度 10 km のあたりを流れ、風速はおよそ時速 250 km になる。

フェレル循環とハドレー循環の境目を流れる「亜熱帯ジェット気流」は、もうすこし高い高度 12 km くらいを流れており、寒帯ジェット気流より流れはすこし遅い。

ジェット気流は地衡流である。亜熱帯ジェット気流は、流れの速い部分が寒帯ジェット気流ほどには中心部に集中していない（ぼやけた流れということだ)。その理由はこれからお話しする。

寒帯ジェット気流も亜熱帯ジェット気流も、地表の気象に影響を与える。その影響は、流れがはっきりしていて、しかも地表にすこし近い寒帯ジェット気流のほうが大きい*16。

いまお話ししたジェット気流の位置や風速は、典型的な一例にすぎない。これからしばらく説明していく内容について、ここでまず強調しておきたいことがある。ジェット気流の風速、そしてとくに位置は、きわめて変動しやすいという点だ。ジェット気流の位置は、夏は赤道から遠く、冬には赤道近くにといった具合に南北に動く。寒帯ジェット気流は、亜熱帯ジェット気流と合体してしまうこともある。ジェット気流は大気循環の境目にあるので、それが動くということは、大気の循環も南北に動くということだ。

(a)

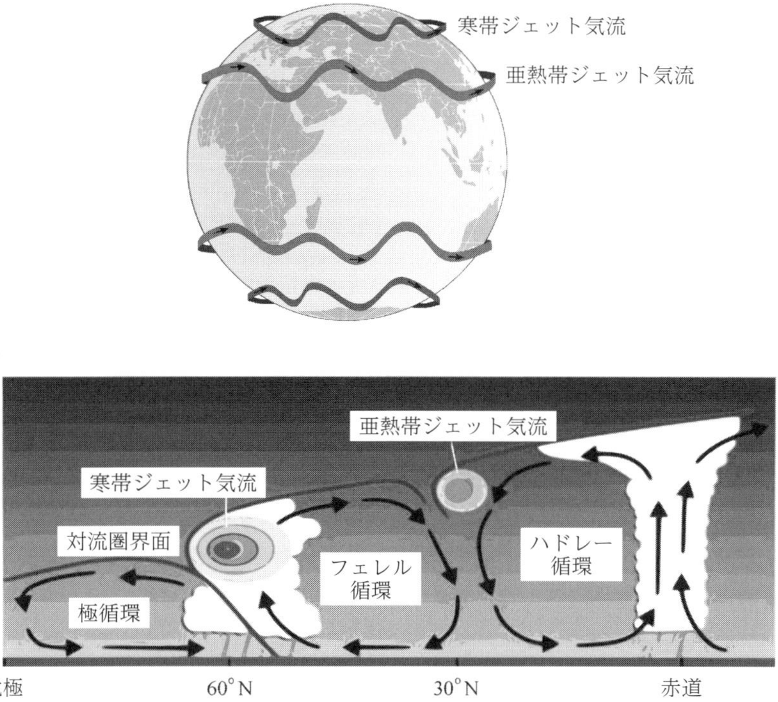

(b)

図 3.7　ジェット気流の説明図。(a) 4 本の代表的なジェット気流が、対流圏界面のすぐ下にあたる高い高度を、西から東に流れている。寒帯ジェット気流は、亜熱帯ジェット気流より幅が狭くて速い。これらのジェット気流は、地球をめぐる三つの大気循環の境目にできる。流れの道筋は、実際には変わりやすい。(b) ハドレー循環、フェレル循環、極循環の模式図。北半球を例に、横から（西側から）見た図で示している。寒帯ジェット気流と亜熱帯ジェット気流も描き入れてある。上昇気流がある場所では地上に低気圧ができ、雨雲は対流圏の最上部に達していることにも注意。ジェット気流は西から東の向きに、この図では、紙面を手前から向こうに貫く向きに流れている。〔米国立気象局のサイト (http://www.srh.noaa.gov/jetstream/global/jet.html) より〕

図3.7(a) にあるように、ジェット気流は、地球のまわりを流れながら蛇行する。この蛇行をつくりだす「ロスビー波」*17 は波長が長いので、ジェット気流の蛇行の数は、気流ひとつあたり4~6個くらいになるのがふつうだ。蛇行の数やその振れ幅は、あるていどおおきな大気現象にとっての特徴的な時間の長さ、たとえば1週間くらいの時間スケールで変化する*18。

ジェット気流ができるしくみは、よくわかっている。南北の気温差とコリオリの力が協力してつくりだす。赤道で上昇した気流が極に向かうことは、すでにお話しした。この流れにはたらくコリオリの力と、南北の気温差による気圧差が釣り合うと、地衡流になる。これが東に向かって吹くジェット気流だ。

図3.7(b) からわかるように、対流圏界面の近くに位置する寒帯ジェット気流はとても強い流れで、その高度は変動しやすい。このふたつの事実は、たがいに関連している。その理由を、以下で説明しよう。

図3.8(a) を見てほしい。極循環の冷たくて密度の大きい空気が、それに接したフェレル循環の暖かくて軽い空気の下に潜りこんでいる。これが「寒帯前線」*19 とよばれる構造で、この緯度では、だいたいいつもこうなっている。

この図からあきらかだが、地表では、冷たい空気と暖かい空気の境目であるこの寒帯前線をまたいで、急に気温が変わる。こんどは、上空の対流圏界面の高度を考えてみよう。対流圏界面の高度とは、対流圏の上端の高さだ。この高度は、その下にある対流圏の平均気温が高いほど高い。平均気温が低いと、高度も低い。気温が高いほど対流がさかんにおき、その対流活動が対流圏界面を押し上げるからだ。

寒帯前線では冷たい空気と暖かい空気が接しているので、対流圏の平均気温は、寒帯前線が南北にちょっとずれただけでも、おおきく変わる。すると、対流圏界面の高さも、おおきく変わる（図3.8(a)）。つまり、ジェット気流は、対流圏界面の高さが急に変わりやすいところを流れていることになり、したがって、その高度も変わりやすいのだ。

ときには、対流圏界面が、フェレル循環と極循環の境目に巻きこまれてし

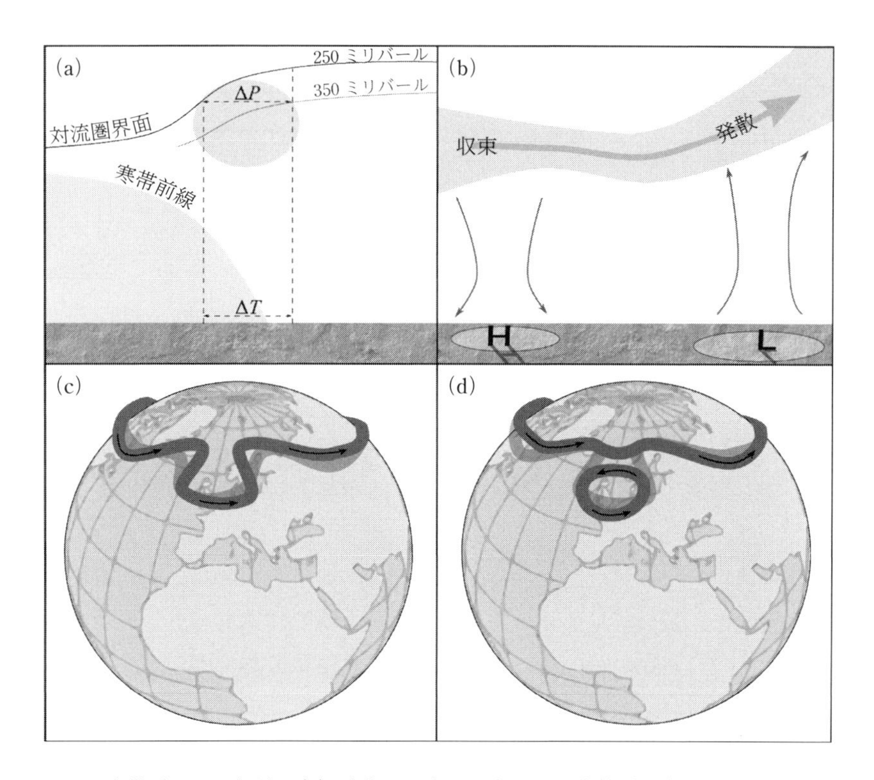

図 3.8 寒帯ジェット気流。(a) 地上の 2 点間に大きな温度差 (ΔT) があると、上空では大きな圧力差 (ΔP) が生まれる。対流圏界面の気圧は、標準的な値である 250 ミリバール（地上気圧の約 4 分の 1）にしておいた。この圧力差が大気を極方向に押す力となり、その力がコリオリの力と釣り合うことで、一定方向に流れる地衡流、すなわち寒帯ジェット気流が維持される。グレーの楕円がジェット気流を表している（この図では紙面を手前から向こうに貫く向きに流れている）。(b) ジェット気流が「収束」すると下向きの大気の流れが生まれ、地上には高気圧 (H) が発生する。同様に、「発散」する位置の下には低気圧 (L) が発生する。(c) 寒帯ジェット気流の蛇行の幅が大きくなると、極側の冷たい空気が (d) のように渦として切り離され、フェレル循環のなかの低気圧になる。このような渦は、フェレル循環の領域でしばしば発生している。

まい、ジェット気流の位置は、突然といってよいほど急に変わってしまうこともある（図 3.7(b)）。このとき、対流圏の暖かい空気と、その上の冷たい成層圏の空気は混じりあう。

寒帯ジェット気流が亜熱帯ジェット気流より強い理由も、この寒帯前線に注目するとわかる。寒帯ジェット気流が吹くこの寒帯前線のあたりでは、南北の温度差が大きい（図3.8(a)）。そのため、ジェット気流の成因である対流圏界面付近の南北の圧力差も大きくなっている。

寒帯前線は東西の方向に延びているので、この圧力差は上空の空気を極のほうに押しやることになる。極に向かって動いていくこの空気を、コリオリの力が東のほうに曲げる。コリオリの力は緯度が高いほど強くはたらくので、亜熱帯ジェット気流ができる緯度より、寒帯ジェット気流の緯度のほうで強い。そして、寒帯前線の上空で北に向かおうとする空気の流れが完全に東向きに流れるようになったとき、流れは地衡流となり、それがすなわち寒帯ジェット気流である（図3.8(a) では、紙面を手前から向こうに貫く向きだ）。

強い寒帯ジェット気流ができるには、三つの要素が必要だ。南北方向のおおきな気温差。強いコリオリの力。それと、上空では空気どうしの摩擦があまりはたらいていないという点だ。南北の温度差は、冬のほうが大きい。冬にジェット気流が強いのは、そのためだ。

大切なのは、ジェット気流と地上の気象が連動していることだ。地上の気温が書かれた天気図を見ると、寒帯前線の位置がわかり、その上空にはジェット気流が流れていると判断できる。ここはまた、等圧線の間隔がもっとも狭くなっているところでもある。

天気予報を見て、寒帯ジェット気流がここ数日のうちにあなたの頭の上を北から南に通り過ぎそうなら、あなたのいる場所をおおっている循環は、フェレル循環から極循環に変わることになる（北半球に住んでいる場合だ）。寒さが近づいているのだ。

ジェット気流は、場所によって高度を変えながら地球のまわりを回っている。高度が上がったり下がったりすると、気流の密度は変わり、流れの断面積も変化する。図3.8(b) でわかるように、ジェット気流が「収束」（気流がしぼられる）したり「発散」（気流が広がる）したりすると、その下の空気に上下方向の動きが生じ、それが地上気圧の高い領域と低い領域を生む。

図3.8(c)と(d)には、ロスビー波の影響が描かれている。ジェット気流の蛇行の一部を形づくっていたロスビー波（この場合は冷たい渦だ）がジェット気流から切り離され、独立した北大西洋の低気圧になっている。寒帯ジェット気流でしばしばおきるこの現象が、この緯度帯の天気が不安定な原因にもなっている。図3.8(d)の低気圧は、ちょうど英国をおおっている。

寒帯ジェット気流の蛇行は、まるで水の流れに水滴がぽたぽたと落ちるように、フェレル循環に渦を落としているわけだ。この渦が、中緯度の高気圧や低気圧となる。そのため、温帯の天気は、赤道付近や極域にくらべて不安定で変化しやすく、予報も難しいのだ。

エルニーニョがおきている年は、亜熱帯ジェット気流の位置が例年と違う。驚くべきことに、大気の流れと海は結びついているのだ。

海の深いところの流れがエルニーニョに影響しているというお話は、すでにした。そして、はるか上空のジェット気流がエルニーニョの影響をうけ、逆にエルニーニョに影響を与えている。つまり、エルニーニョという現象は、海の深いところの流れと上空の大気の流れがたがいに影響しあっていることを物語っているのだ*[20]。

大気の成分、そして層をなしているという大気の構造は、太陽からの短波放射が地表に届く量や、どのような種類の電磁波が地表に届くのかといった点に影響を与えている。この放射で温められた地表の熱は、長波放射として宇宙へ放出されたり、大気中の水蒸気に含まれる潜熱として運ばれたりする。

太陽による加熱の量は地球上の場所によって違い、その違いが大規模な大気の流れを生む。その結果が、北半球と南半球にそれぞれ三つずつある大気の循環である。循環する大気の流れにはコリオリの力がはたらき、貿易風やジェット気流といった大規模な風をつくりだす。

第4章

変化する地球

この英国の気候を、わたしは命あるかぎりほめたたえるだろう
——たとえそのために死ぬことになったとしても。

G・K・チェスタートン

地球の気候は、それが最初に現れたときから、ゆっくりと変化を続けてきた。この章では、なぜ気候は変化してきたのか、その理由を地球物理学的にお話ししていこう。わたしたち人間がこの気候変化に与えた最近の影響についてもざっとおさらいし、その結果を含めてさらに理解を深めていこう。

この章では、統計的な考え方の複雑さ（人によっては「手ごわい相手」というかもしれない）にも、すこし触れていこう。気候は「平均値」なのだが、それならば気候が変化する、すなわち平均値が変化するとは、どういうことなのだろうか。日々の天気のような現象を、そう、たとえば30年にわたって平均すれば､それが気候になる。その気候が、何十年も何百年もかけて変わっていく。平均する期間が、何千年､あるいは何百万年という長さにわたることもあり、その場合は気候そのものの意味合いが変わってくる*1。

統計については、第5章と第6章でもまた出てくる。ここでは気候のモデル*2 にからめて、すこし触れるだけにしておこう。詳しい話はそれからだ。

地球を温室にたとえると

大気の温室効果を物理的に理解するには、まず、温室のしくみを物理的に考えてみるのがよい方法だ。温室効果については第1章でも触れたが、温室の物理ととてもよく似た点がある。温室効果の代わりに温室を考えることは、両者に違う点もあることさえわきまえておけば、とても役に立つ。

さて、いまあなたは、寒いけれど日はよく当たるところに住んでいるとしよう。たとえば、米国西部の大盆地グレイト・ベイスンや中央アジアのゴビ砂漠のような、標高の高い乾燥地帯がよいだろう。いまは冬。あなたはなにか特別な理由で、熱帯で育つハイビスカスのような繊細な植物を育てたいと思った。花壇のまわりには花を風から守るために囲いをつくり、水やりの装置も設置した。

問題は、まわりの気温だ。気温は、太陽から届く短波放射と、黒体とみなす地面から出ていく長波放射との釣り合いで決まる。もし囲いの上部をガラス板でふさがなければ、花壇の温度はまわりとおなじ、そう、たとえばマイナス 3°C という感じになるだろう。これでは、ハイビスカスはだめになってしまう。

では、囲いの上部にガラス板をのせてみよう。すると、放射のバランスが変わる（図 4.1(b)）。話を簡単にするため、ガラスは太陽からの短波放射を完全に通し、地面から出ていこうとする長波放射は完全に吸収するとしよう。ガラスについてのこの仮定は、現実ばなれしているわけではない。さらに、ガラスは光を反射せず、赤外線に対しては完全に黒体としての性質をもっていると仮定する。つまり、吸収したエネルギーは、すべて放出する。

こうしておいて、放射のエネルギーがどのようにバランスするかを計算すると（計算に興味がある人は巻末の付録を見てほしい）、花壇の地面は絶対温度*3 にして 19% 上昇し、48°C になる。ハイビスカスにとっては天国だ。

このように、ガラス板の下にできた「温室」を考えると、大気の温室効果は、とてもわかりやすくなる。ガラス板が大気だ。太陽からの放射のほとんどを（このガラス板ではすべてを）透過し、地上からの長波放射はすべて吸収する。花壇の表面だけでなくガラス板も黒体なので、両方から電磁波が放出される。

このエネルギーの出入りが釣り合って一定の温度になるには、ほんとうは、ガラス板に接しているはずの空気の温度も上がって、ガラス板とおなじにならなければならない。ここが、このガラス板による説明が現実とは違う点だ。いまのガラス板の説明では、ガラス板が大気であって、本来なら温度

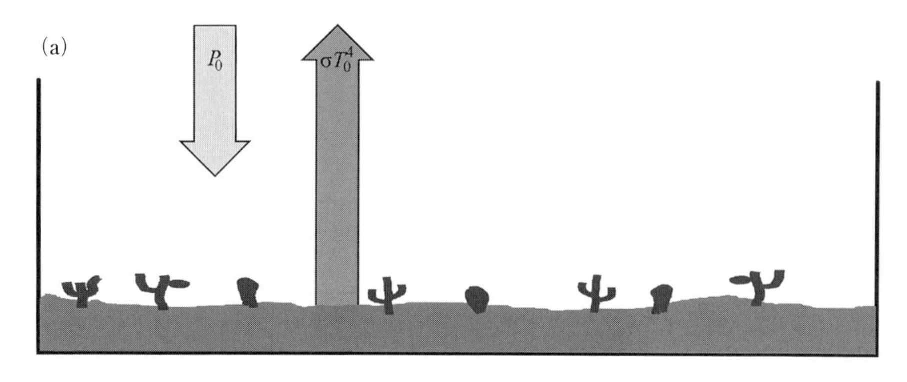

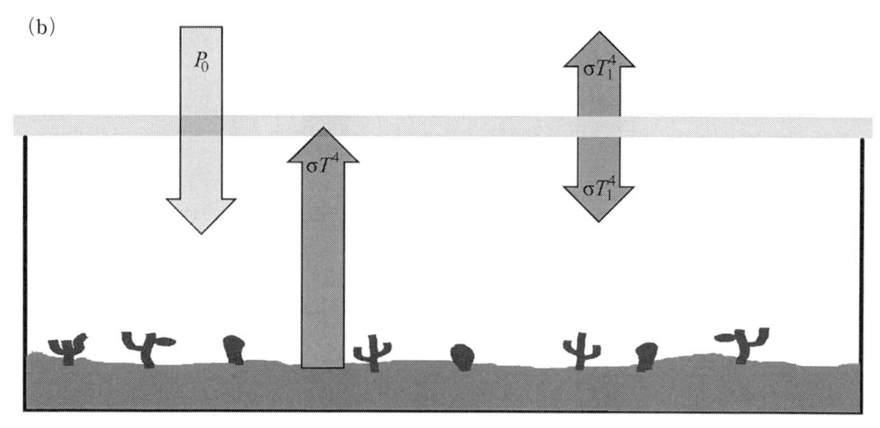

図 4.1　単純化した温室。(a) 太陽からくる短波放射のエネルギー P_0 が、地面から出ていく長波放射のエネルギー $\sigma T_0{}^4$ と釣り合っている ($P_0=\sigma T_0{}^4$)。地面は完全な黒体で、吸収するエネルギーと放出するエネルギーが等量であると仮定している。P_0 がわかれば、T_0 を計算で求めることができる。(b) 完全な黒体であると仮定したガラスの板で、上面をふさぐ。地面に入るエネルギー ($P_0+\sigma T_1{}^4$) と出ていくエネルギー (σT^4) は等しく、また、外から温室にやってくるエネルギー (P_0) と出ていくエネルギー (σT^4) も等しい。(a) (b) を考え合わせると、$T_1{}^4=T_0{}^4$、$T^4=2\,T_0{}^4$ となる。

が上がるはずの温室の空気の存在は考えていない。温度が上がっているのは花壇の表面だ*4。

これまでのお話では、ガラス板（つまり大気）は、太陽から吸収するエネルギーと等量のエネルギーを放出することになっていた。ガラス板を黒体だと仮定したからだ。これは自然な仮定だと思ったかもしれないが、じつは、大気を単純な温室に置き替えるための便法であって、図 3.3 や図 3.4 でみたように、現実の大気ではそうなっていない。この点については、もうすこしあとで、別の例を使ってお話ししよう。

付録に載せておいた計算でも、ガラス板は上下におなじ量だけ放射エネルギーを出すと仮定してある（そう考えない理由がないから）。だが、現実は、やはりこれとも違う。大気が放射するエネルギーの半分以上が、背面放射として地面に戻ってくる（図 3.4）ことを、このすぐあとで説明する。

ガラス板をのせたさきほどの温室の上に、もう 1 枚、ガラス板をのせたと考えてみよう。ただし、2 枚のガラス板は接していないとする。それぞれが別の黒体として、エネルギーを吸収、放出する。

これについても、付録にあるように、最初の温室とおなじように計算できて、その結果は、上のガラス板はまわりとおなじマイナス 3°C、下のガラスは 48°C、そして地面の温度は 82°C にもなる。上側のガラス板を地球大気の上端の代わりにして、そこでの大気の温度を代表させてしまっているという点は、ほんとうの大気の温室効果を説明するものとしては正しくないが、地面の温度がガラス板の温度より高いという結論は正しい。

ここでは、下側のガラス板（下層の大気の代わりだ）の温度が、上のガラス板と地面の温度の中間になるという結論も得られている。これも正しい。

大気や地表面の熱の出入りを、こんどは温室ではなく、外に止めてある自動車を例にして考えてみよう。

暑い日に、窓を閉め切って止めてあった車のなかにいた人が亡くなるという悲しいできごとが、いやになるほど頻繁にニュースになる。ショッピングセンターの駐車場に止めておいた車が、その典型だ。車内は黒体の放射による熱で暑くなり、高温に弱い赤ちゃんやペットなどが命を落とすのだ。

この車の例えは、温室より現実的かもしれない。車内の温度がより高くなるからではなく（付録にあるような金星の激しい温室効果については、これでもよいのだが）、車だと窓を開けることができるからだ。窓を開ければ熱い空気が逃げだし、温室効果による温度上昇が緩和される。

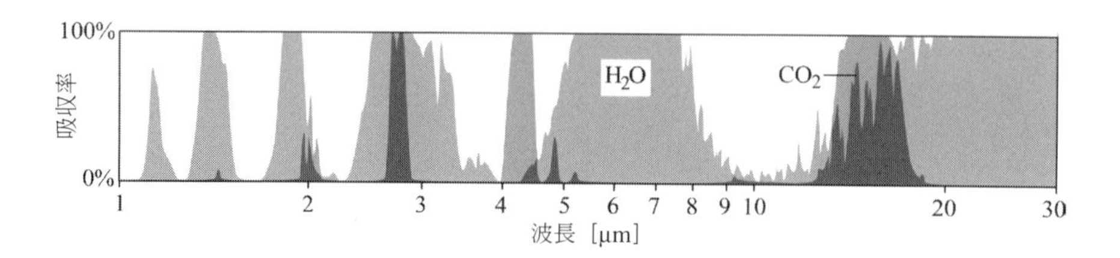

図 4.2　大気の吸収スペクトルのうち、波長が 1～30 μm の長波放射の部分を拡大した図。さまざまな波長について広く放射を吸収する水蒸気が、8～15 μm については吸収していないことに注意。この波長域の一部は二酸化炭素が吸収している。

窓といえば、大気にも「窓」がある。図 4.2 に示した大気の吸収スペクトルは、図 3.2 にある大気の吸収スペクトルのなかで長波放射の部分を拡大したものだ。ここで注意してほしいのは、水蒸気が、8～15 μm の波長の長波放射をほとんど吸収しないことだ。この波長の一部は二酸化炭素が吸収しているとはいえ、地面から放射されるこの波長域のエネルギーは、そのまま宇宙へ逃げていく。これが図 3.4 で示した「大気の窓」だ。

開けた車の窓から熱が逃げていくという例えは、ずいぶん粗っぽいものではあるが、すくなくとも窓のおかげで、放射以外に空気の流れが熱を持ち去る効果を表現することができる。どんな波長の熱でも、窓から外に運びだしてしまうのだ*5。

もっと現実的な熱の出入りを考える地球大気のモデルに話を進めるまえに、もうひとつだけ、簡単な例を出しておこう（図 4.3）。

こんな惑星を考えてみる。この惑星に大気はあるのだが、表面のごく近くにしかないので、その大気の温度は高度によらず一定だとする。そして、地面も大気も、その惑星に熱を届ける恒星からの放射を反射しないとする。

地面は完全な黒体だと仮定しよう。つまり、やってきた放射のすべてを吸収し、それと等量のエネルギーを放出する。大気については、黒体ではなくて「灰色体（はいいろたい）」だと仮定する。やってきた放射の一部だけを吸収するのが灰色体だ。図 4.3 でいえば、恒星からきたエネルギーから「a」という割合だけを吸収し、また地表からきたエネルギーの「A」という割合を吸収する。

この惑星が、その温度が一定に保たれている熱的な平衡状態にあるとすれ

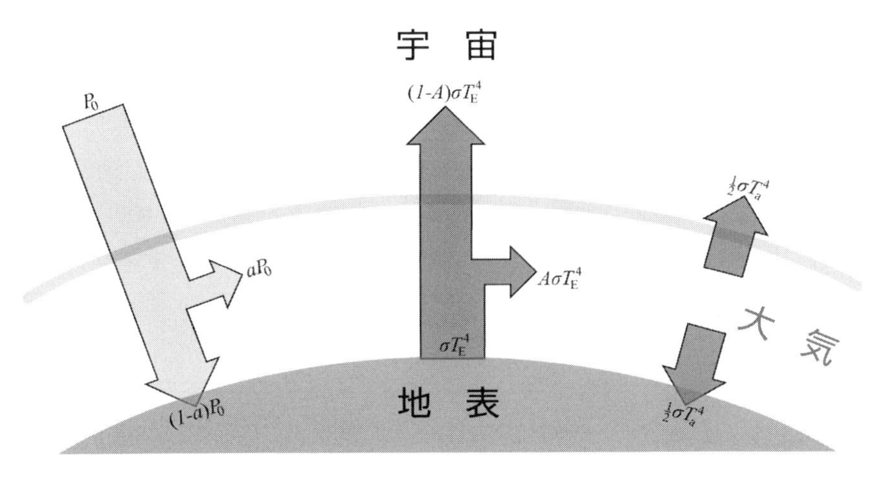

図 4.3 薄い層の大気をまとった惑星でのエネルギー収支。上空からやってくる短波放射のエネルギー（P_0）が大気や地表に届き、長波放射として宇宙に戻っていく。地表は黒体であると仮定している。その上の大気は灰色体だ。入ってくる短波放射のうち a（吸収率）の割合が、長波放射については A の割合が、大気に吸収される。この大気は層が薄いため気温はどこも一様で、地表へも宇宙へもおなじ量の長波放射を出している。図 4.1(b) のガラス板とおなじだ。具体的な計算方法は、付録で説明しておいた。（訳注：T_E は地表の温度、T_a は大気の温度、σ はシュテファン・ボルツマン定数とよばれる値）

ば、大気の上端でも、そして地表でも、入る熱と出る熱はおなじ量になっているはずだ。計算は付録にまわしたが、このような惑星の場合、もし「a」より「A」が大きければ、すなわち、大気が恒星からの短波放射より地面からの長波放射のほうをよく吸収するならば、地表面の温度は、最初にガラス板のない単純な温室で考えた地表面の温度 T_0 より、高くなる。そして、この地表面付近の大気の温度は、T_0 の 0.84 倍から 1.19 倍までのどこかの値をとることになる。どの値になるかは、「a」や「A」の大きさによって決まる。

つまり、惑星表面の大気温度は、状況によっては、完全な黒体を仮定した場合にくらべてマイナス 16%～プラス 19% の範囲で変化しうる。この例でわかるのは、大気の温度は、状況によっておおきく変わる可能性があるということだ。最初の温室の例では、地表の温度は T_0 に決まっていて、変わる余地がなかった。これは、話を簡単にするため、大気による放射の吸収を考えず、完全な黒体である地表面だけを仮定して計算したからだ。

地球のエネルギーバランスモデル

ここまでのお話で、熱の出入りが一定になった熱的平衡の状態にある惑星と大気について、そのエネルギーの収支を計算するコツがわかったと思う*6。この節では、その計算を地球にあてはめてみよう。いままでの単純化した温室や、わずかばかりの大気をまとった惑星から、すこし現実的な地球に近づいてみるわけだ。具体的には、図 3.3 や図 3.4 で示したさまざまな放射に関係する性質を、省略せずに考えていく。

それにしても、やはり単純化したモデルであることに変わりはないので、計算結果はおおよそのものとして理解しなければならないし、出てきた数値をあまり真に受けてもいけない。なんだか言い訳が先行しているようだが、これから説明するこのモデルは、じつはよくできている。

図 4.4 を見てほしい。大気に出入りする放射を描いてある。太陽からやってくる放射の一部は反射されて宇宙に戻っていく。大気の吸収率も現実的なものを考える。このモデルで無視しているのは、図 3.3 にあった地表での反射と、暖かい空気の動きや蒸発、蒸散にともなう熱の移動（つまり、放射によらない熱の移動）だ。

太陽からくるエネルギーは、平均すると 1 秒間に 1 m^2 あたり 341 W（P_0）になっているとしよう。ここで重要なのは、大気はどこも一様だとは考えていない点だ。大気の上面と下面の気温は違うと考えているのだ。ここでいう「下面」は、地表に接している部分ではなく、対流圏の中ほどにあると考えてほしい。この部分にある雲や大気が、地表に向かって長波放射を出す。大気の「上面」は、上空にある雲の上面で、ここから反射と長波放射でエネルギーが宇宙に戻る*7。

地表と大気からなるこのシステムが熱的な平衡状態にあるとすると、大気に流れこむエネルギーとそこから出ていくエネルギーは等しい。地表面についても同様である。つまり、エネルギーのバランスがとれていて、温度の変

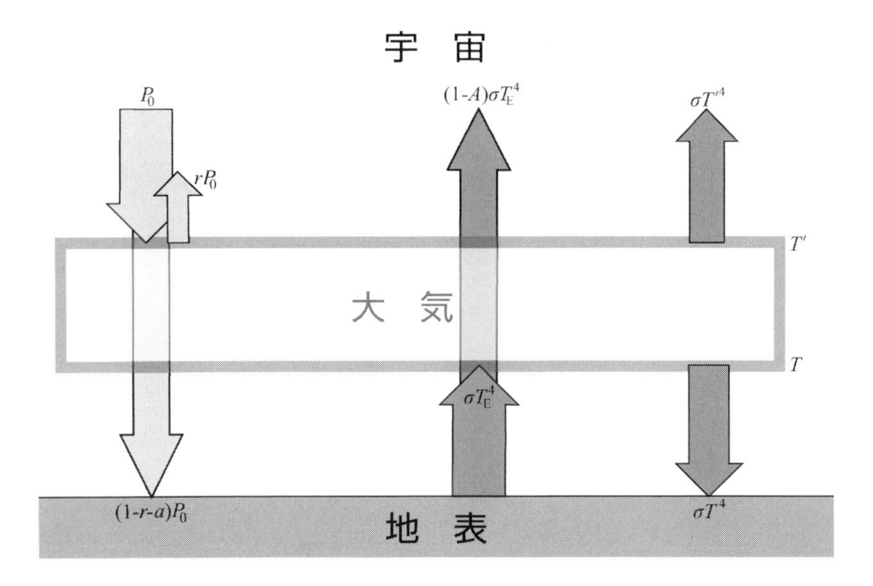

図 4.4 地球と大気のあいだを出入りするエネルギーの釣り合いを示すモデル。上空からきた短波放射は大気によって反射、吸収され、残りが地表に届いて吸収される。地表から上空に向かって放出される長波放射は、その一部が大気に吸収され、残りは透過して宇宙に逃げる。大気は、吸収したエネルギーを、長波放射としてふたたび放出する。このモデルでは、大気の上面と下面とで温度が異なるため、宇宙に向かう上向きの放射と地表に向かう下向きの放射の量が違う。（訳注：P_0 は上空からくる短波放射のエネルギー、T_E は地表の温度、T は大気下面の温度、T' は大気上面の温度、a は短波放射の吸収率、A は長波放射の吸収率、r は反射率、σ はシュテファン・ボルツマン定数）

化がない（だから「エネルギーバランスモデル」だ）。

計算方法は付録にまわすとして、ここでは結果だけを紹介しておこう。短波放射に対する現実的な大気の吸収率（$a=0.23$）と長波放射に対する吸収率（$A=0.90$）、短波放射を宇宙に反射して戻す割合を示す反射率（$r=0.30$）を使うと、大気の下面の温度（T）はマイナス19°C、上面の温度（T'）はマイナス40°C になる。このモデルによって、高度が増すほど冷たくなっているという大気の性質が表現されたのだ。

また、大気の吸収率、反射率の大小によって、地表の温度が変わってくることもわかる。A が大きくなる（たとえば温室効果ガスが大気中に増える）ほど、そして r が小さくなる（たとえば雲が減る）ほど、地表の温度は上がる。

この結果を「気温減率」(地表面付近の大気では、高度が1 km 増すごとに気温が6.5℃ずつ下がるということ）の目で見直すと、もうすこしその意味がよくわかるし、すくなくとも、かなり現実的な計算結果になっていることがわかるだろう。この計算で導かれた大気上面の温度は高度8.6 km に、下面の温度は5.4 km に相当する。

これは、ごく妥当な高度といってよい。8.6 km といえば対流圏の上端である対流圏界面に近く、5.4 km は、対流圏の中間くらいの高さだ。

この計算では、大気の上面より下面の温度が高かった。それが、図3.4にあった「背面放射」(大気から地表に向けて放出される長波放射）が、宇宙へ向かう上向きの放射より多い理由だ。温室モデルや大気の層が薄いモデルでは、大気から上方と下方に向けて放射される放射の量は等しいものと、あらかじめ仮定しておいた。いま新しく紹介したモデルでは、それとは違って、実際に上向き、下向きの放射量を計算し、その結果として、下向きの放射のほうが多いことがわかった。付録に示した計算によると、下向きの放射は19% 多い。

実際の背面放射は、この計算結果より、はるかに多い。図3.4を見ればわかるとおり、地上へ向かう長波放射の量は、宇宙へ逃げるものより67% も多いのだ。その意味で、このモデルは地球のエネルギー収支を完全にとらえているとは言い難いが、これだけ単純化していることを考えれば、それも無理はないだろう。

雪玉地球

単純なエネルギー収支モデルのお話は、もうこれでおしまいにしよう。ここからは、状況をもうすこし複雑にして、より詳細で現実に即した理解を目指すことにしよう。

だが、そうすると、説明は、これまでのように簡潔で一目瞭然というわけにはいかなくなる。そこに含まれる物理は複雑になるし、数式も数が増えて複雑になる。したがって、これまでのように簡単な筆算で答えを求めることはできない。大量の計算をこなす必要があるので、このさきはコンピューターに頼ることが増えてくる。

地球や大気のエネルギー収支を表すもっとも単純なモデルは、ゼロ次元のモデルである。大気をまとった地球をひとつの「点」と考え（上下方向にも水平方向にも広がりを考えない）、エネルギーの出入りに関係する係数も、アルベドと吸収率といった、ごく少数のものだけにしておくのがふつうだ。

地表と大気を上下に分けたモデルについては、これまでにお話しした。上下方向に、次元をひとつ足したわけだ。これを1次元のモデルという。もっとも、この「1次元」という言葉は、「ある特定の線上でいくつかの異なる値を考える」という意味であり、その線が上下方向とはかぎらない。これから実際に、南北方向についての1次元モデルを考えていく。

これまでにお話しした1次元モデルは、地面の上に大気があり、大気も1層か2層、あるいは広く全体を代表する塊として表現される、粗くて単純なものだった。そのさきにあるのは、当然のことながら、大気の層をもっと細かく分け、それぞれの層に異なる性質（吸収率など）をもたせるという考え方だ。そうすることで、上下方向の大気の変化が、より詳細にわかるようになる。

ただし、ここでこれからお話しする1次元モデルでは、地球の形を考慮に入れた、別方向の1次元を考えている。

これからのお話で、上下方向ではなく南北方向の1次元を選んだ理由を、ここで説明しておこう。

すでに述べたように、地球は球形なので、太陽から受けるエネルギーは緯度によって違っている。緯度によってアルベドも違う。極域をおおう氷は、岩や海より太陽光をよく反射するからだ。加熱の程度が緯度により異なっていることで、海には海流が、大気には空気の流れが生じ、それが熱を低緯度から高緯度に運ぶ。気候にも、興味深い現象が生まれる。

地球と大気を南北方向の1次元に単純化したモデルでは、地球を南北に並ぶいくつかの「小部屋」に分けて考えることになる。小部屋ごとに違っているのは、太陽から受けるエネルギーの量やアルベドだけではない。小部屋どうしで伝えあう熱の量も違ってくる。

小部屋の数が増えてくれば、それをモデルで表すために、1次元の線上にたくさんの地点を設けて数値を計算しなければならない。小部屋の数がすこし増えただけでも、扱うべきデータの量は格段に増え、データの処理が追いつかなくなる。そこで、それぞれの小部屋ごとに決まっている放射やアルベド、吸収率といった「静的」（本来もっている性質）な定数のほかに、熱の移動量のような「動的」（現象の結果）な量も、計算を簡略化するために定数として考える必要がでてくる。詳しいことは、第5章でお話ししよう。

1960年代に、旧ソ連の気候学者ミハイル・ブディコは、太陽からくる放射の強さの変化が地球の気候に与える影響を研究した。とくに注目したのは、地球の氷期との関係だ。1次元モデルを使ったブディコの研究で、気候に関係する物理はとても複雑で「非線形」*8な性質をもっていること、そして、「フィードバック」の過程が重要であることが浮き彫りにされた。

遠いむかし、太陽の輝きはいまより弱かった（放射の量が少なかった）。ブディコの研究があきらかにしたのは、太陽からくるエネルギーが変化したとき、地球の平均気温はどう変わるのかという点だ。

ここでいう「エネルギーの変化」は、太陽黒点の増減にともなう0.1%の変化というような小さなものではなく、はるか過去を考えた場合の大幅な変化だ。いまから40億年まえ、太陽から放射されていたエネルギーは、いまより30%も少なかった。28億年まえには、それが現在の85%の量まで増えていた。遠い将来には、太陽はもっと大きく、明るく、そして温度も高くなる。

太陽からくるエネルギーがこのように大幅に変化した場合、地球の平均気温はどうなるのだろうか。1次元モデルで得た答えが、図4.5にある。

最初、太陽の光は弱くて、黒体としての地球表面の温度は0°C以下になっている。水は凍ってしまって、地球の表面はすべて雪や氷に閉ざされている。これが「雪玉地球（スノーボール・アース）」とよばれる状態だ。

太陽の輝きがすこしずつ増してくると、地球の温度も上がってくる。ここ

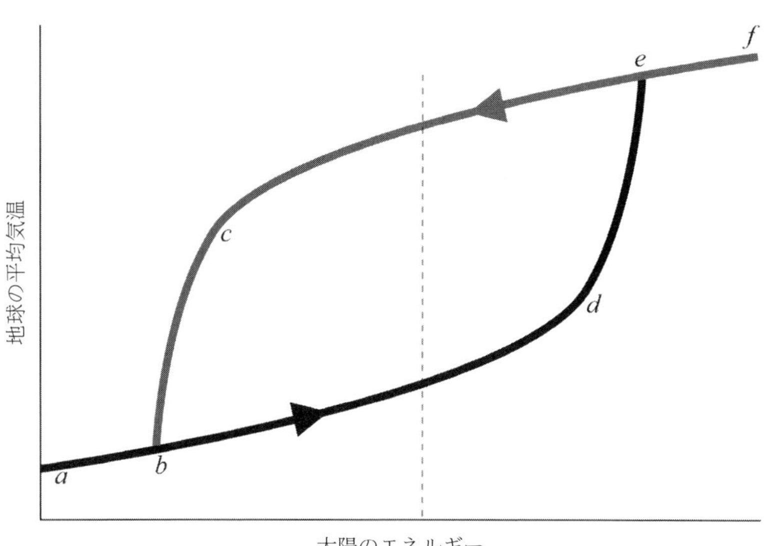

図 4.5 太陽エネルギーの変化に対する地球の平均気温。ブディコの1次元モデルによる。この図は重要な特徴だけを示すもので、細かいことは省いてある。太陽がエネルギーを増していくとき、地球の気温は *abde* の曲線にしたがう。冷えるときは、その逆の経路はたどらず、*fecba* の順に動いていく。雪や氷が地球をおおう広さは正のフィードバックにより急速に変わる。本文でも説明したように、この急な変換は、*cb* 間と *de* 間でおきている。現在は、縦の点線の位置。

までは驚くにあたらない。しかし、さらに太陽のエネルギーが増えてくると、エネルギーがすこし増えただけで、温度はおおきく上昇するようになる。そのようすを示すのが、図 4.5 にある下側の黒い線だ。

そのとき、地球ではこんなことがおきている。地球の温度が上がれば、まずエネルギーをたっぷり受ける赤道付近から氷は解け、赤道域のアルベドは下がってくる（反射率が低くなる)。すると、熱をより多く吸収するようになり、気温の上がり方は急になる。これは、変化が変化を加速する「正のフィードバック」のよい例だ。温度が上がればアルベドが下がり、その結果、熱の吸収率が上がり、それが温度の上昇を加速する。こうして、図 4.5 にみられる急激な温度上昇が生まれる。

やがてある時がくれば、氷はすっかり解けてしまい、この正のフィードバックもおしまいになる（図 4.5 の *e*)。そこからさきは、以前とおなじように、太陽の放射が強まるにつれて、すこしずつ地球の平均温度が上がっていくことになる。

ここからが驚きだ。地球を温めて氷をすっかり解かした太陽のエネルギーが、こんどはすこしずつ減ってきたとしよう。このモデルによると、地球の温度は、さきほどエネルギーが増えてきたときの経路を逆にたどって低下していくわけではない。別の経路をたどるのだ（図4.5の上側のグレーの線）。

その理由も、さきほどとおなじ「正のフィードバック」だ。太陽からのエネルギーが減っていくと雪や氷が増えていくのだが、そのとき、まずは極域で増え、すこしずつ赤道域に広がっていく。雪や氷が増えてくると、アルベド（反射率）が上がって地球が吸収できるエネルギーは減るので、温度の低下が加速される。図4.5の上側の線で示したように、地球の温度は、最初はゆっくり、それがしだいに加速して、あるところからは急激に低下する。

地球の温度がどれくらいの速さで変化するかは、表面がどれくらい雪や氷でおおわれているかで決まってくる。そのため、温度が上昇中の場合と下降中の場合とで、温度の変化は別の経路をたどることになる。このように、現在の条件がおなじでも、過去にどのような状態を経てきたかで現在の状態に違いが生まれる現象を、物理学の言葉で「履歴現象」という。これは、複雑な非線形現象のフィードバックに、しばしば現れる。ブディコは気候研究の早い段階で、その物理的な側面がもつ複雑さを簡単なモデルで示したわけだ。

地球の温度の決まり方に履歴現象がみられたということは、つぎのことを意味している。図4.5をみるとわかるように、太陽の放射エネルギーが特定の範囲にあるとき（bからeまで）、それによって決まる地球の温度としては2通りの可能性がある。もし地球が冷えていく途中なら（雪や氷が増えていくときだ）、温度変化は図4.5の上側の曲線をたどり、温まる途中なら(雪や氷が減っていくとき)、下側の曲線をたどる。この履歴現象が、地球の状態にとても重要な結果をもたらすことになる。その話は、これからゆっくりしていこう。

すべてが変わる

その重要な結果として最初に紹介したいのは、ブディコの計算結果にあらわれた「若くて弱い太陽のパラドックス」である。図 4.5 を、もういちど見てほしい。図の b と e のあいだで変化する太陽からのエネルギーは、現在の太陽エネルギーの 30% にもなるほど大きなものだ。

地球は過去にすくなくとも 2 回、雪玉地球か、それにきわめて近い状態になったことがあるらしい（最近のものは 6 億 5000 万年まえ）。もしそうだとすれば、わたしたちがいるのは、雪玉地球から脱する途中にあたる図 4.5 の下側の曲線の上、ちょうど縦の点線と交わっているあたりだ。だが、この部分は、d から e にかけておきる急激な温暖化の手前なので、わたしたちは、いまだに雪玉地球の状態にいるはずだ。雪玉を解かすには、大量の熱が必要だ。いったん雪玉地球になってしまうと、そこから脱するのはたいへんなのだ。

それにもかかわらず、いまわたしたちがいる完新世という時代には、地球に雪や氷がほとんどない。こんなことって、ありうるのだろうか。太陽からくるエネルギーは過去にくらべて増えてはいるが、ブディコの計算によると、雪玉を解かすにはまったく足りない。だから「パラドックス（矛盾）」なのだ。

ブディコのモデルに間違いがあるのではないが、このモデルで考えているのは、太陽からのエネルギーと地球のアルベドだけだ。地表の温度を急上昇させる要因はほかにもある。そのお話をするまえに、ひとつだけ指摘しておきたいことがある。

さきほど、雪玉地球の雪や氷を解かすには、現在の太陽エネルギーでは足りないとお話しした。だが、このパラドックスは、じつはそんな生やさしいものではない。地球上には何十億年もまえから液体の水があったことがわかっている。そのころの太陽の輝きは、いまよりはるかに弱かった。そのエネルギーでは、本来なら水を液体の状態に保てるはずがない。ましてや、雪や氷を解かすことなど、論外なのだ。

過去と現在の地球に、なぜ水が液体の状態で存在するのかを説明できる考え方は、いくつかある。実際には、いくつもの要因が複合的にはたらいて地球は雪玉状態から脱することができたのだろうが、そのどれが正解なのかについては、いまだに議論が続いている。おもな要因をつぎに挙げてみるが、どれがお好みだろうか。

1. 地球が誕生してまもないころは、月は地球にもっと近かった。これは第2章でお話しした。ということは、地球に潮汐を引きおこす月の力はもっと強かったはずで、潮汐によって発生する熱も、いまより多かった。
2. 地球の内部では、いまよりもっとたくさんの放射性物質が崩壊して、熱をだしていた。現在は、放射性物質はすでにかなり崩壊してしまって、量が減っている。第1章を参照。
3. 初期の大気にはいまよりたくさんの二酸化炭素が含まれていて、それが強力な温室効果を発揮していた可能性はある。地球が雪や氷におおわれていれば、炭素の循環がうまくいかなくなるので、大気中に二酸化炭素が取り残される。
4. 雪玉状態になるまえの地球のアルベドが現在より小さく、地球がじゅうぶんに熱を吸収していた可能性がある。
5. 火山活動が若い地球を強力に温めていた可能性もある。ただし、現在は、火山活動は地球の気温を下げる方向にはたらいている。
6. むかしは、地球が太陽のまわりを回る公転軌道の変化が大きく、地球に届く熱の増減がいまより大きかったかもしれない。
7. 地球表面をおおうプレート*9 の運動は、大陸をゆっくりと移動させる。かつては、大陸が赤道付近に集まっていて、いまよりたくさんの熱を吸収していたかもしれない。

いま挙げた天文学、地質学に関連した要因については、ここではもうこれ以上は説明しない。参考文献を参照してほしい*10。ただひとつだけ、火山についてはお話ししておこう。火山活動は、最近でも一度ならず地球の気候に影響を与えているし、気候のしくみにとっても重要な側面を物語ってくれるからだ。

火山の噴火で地球のマントルや地殻からまき散らされる大量の灰やガスは、高く成層圏にまでのぼり、広範囲に広がっていく。火山の噴火は、現在でもしばしばおきている。図 4.6 に写真で示した噴火は、いまこの原稿を書いている週のはじめにおきたものだ。とくにどうという噴火ではないが、この写真から、火山噴火の影響をうかがうことができる。

まず、噴出物は、かんたんに雲の高さまで上昇するということだ。大きな噴火だと、数十億トンもの噴出物が対流圏に、そして成層圏にまで達する。

つぎに、噴出物は太陽からの光をさえぎってしまう点だ。気候への影響を考えるうえでは、この点がもっとも重要だ。濃い噴煙というよりも、むしろ、成層圏で引きおこされる化学反応が太陽の光をさえぎる。その結果、地

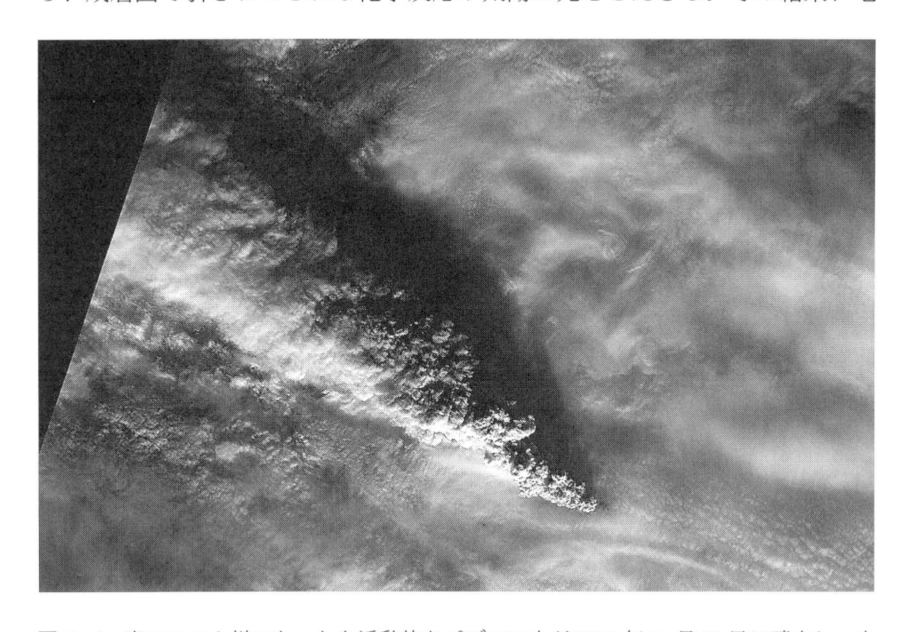

図 4.6　米アラスカ州のもっとも活動的なパブロフ山が 2014 年 11 月 15 日に噴火し、火山灰を 9 km の高さまで噴きあげた。濃い噴煙は空気の動きにも影響を与えた。〔米航空宇宙局のサイト（http://earthobservatory.nasa.gov/NaturalHazards/view.php?id=84747）より〕

表に届く太陽のエネルギーが減ってしまうのだ。図4.6の写真では、噴煙に太陽光が当たって輝いている。つまり、火山が噴火すれば、噴煙で太陽の光が強く反射されて、アルベドが即座に上がることになる。

噴火による噴出物は数百 km^3 にもなり、巨大な噴火で噴出物がいったん成層圏にまで達すると、それが地球全体に流れていく。1991年にフィリピンのピナツボ山でおきた噴火では、火山灰が高度19 kmの成層圏にまで達し、世界の平均気温を2～3年にわたって0.4°C下げた。ジャワ島とスマトラ島のあいだのクラカトア（現地語ではクラカタウ）で1883年におきた「超巨大火山」の噴火（1000 km^3 以上の噴出物を放出する噴火）では、火山灰が上空のジェット気流に乗って世界中に運ばれた。これが、科学者たちがジェット気流の存在に気づくきっかけになった。それからの5～6年は、世界中で降雪が多かった。

歴史に残る天候不順のなかには、地球の反対側でおきた火山噴火が引きおこしたものもある。ヨーロッパや北米の1916年は「夏のない年」で、農作物が育たず、人々の生活におおきな影響がでた。その前年にはインドネシアのタンボラ山が噴火しており、世界の平均気温が0.4～0.7°Cほど低下した。1600年にペルーでおきた噴火でも気候は変化し、ロシアに凶作と飢饉（ききん）をもたらした。535～536年に世界各地でみられた異常な天候も、やはり火山と関係があるらしいことが、最近になってわかってきた*[11]。

先史時代にも巨大な噴火があったことが、地質調査からあきらかになっている。かつての火口がトバ湖になっているスマトラ島の火山は7万2000年まえに噴火をおこし、その後の6年間は、地球の気温が1°C下がったらしい。

火山の噴火が気候に与える影響は、大気の組成によって違う。噴火で放出される火山ガスには、二酸化硫黄、二酸化炭素、水素が含まれている。地球が誕生してまもないころ、つまり太陽がまだ若くて輝きが弱く、地球が雪玉地球になりかねなかったころは、火山の噴火によって地球はずいぶん暖められたかもしれない。

そのころの大気はおもに窒素でできていて、酸素はほとんど含まれていなかった。そのような大気だと、噴火ででた水素ガスは窒素と結びついて、強力な温室効果ガスになる。黒っぽい火山灰が上空を舞って、熱を吸収した可能性もある。地球初期の火山は地球を暖めていたかもしれないというのは、そういうことだ。

現在の大気では、噴火で出た水素は大気中の酸素とすぐに結びついて水蒸気になる。二酸化炭素が放出されれば、地球の気温にも変化がみられると思うかもしれないが、その放出量は少ないので（米航空宇宙局によると、人間の活動ででる量の 100 分の 1 くらい）*12、気温の変化は検出されていない。

二酸化硫黄は、地球を冷やす。放出された二酸化硫黄は、太陽光をあびて大気中の水分と結びつき、1 か月もたたないうちに、硫酸の水滴となる。この水滴は太陽の光を反射しやすく、大気のアルベドを上げる。そのため、地表に届く短波放射は減り、気温が下がる。対流圏の二酸化硫黄は、雨によってすぐに地上に落ちてしまうが、成層圏に達した二酸化硫黄は、そこに 2 年くらいとどまる*13。

おなじ量で比較すると、二酸化硫黄が気温を下げる効果は、二酸化炭素が気温を上げる効果よりはるかに強い。二酸化硫黄を成層圏にまいて、地球温暖化を人工的に抑制しようという考え方があるのも、そのためだ。

火山が気候に与える影響はとても大きく、いまも続いている。ガスや灰を大気中に噴き上げている活発で規模の大きい火山は、いくつもある。ハワイ島のキラウエア山は 1983 年以来、ずっと活動を続けているし、バヌアツ共和国のヤスール山は、ときどき休みながらも 800 年にわたって活動中だ。シチリア島のエトナ山は、古代から活動している。

このように継続してガスや灰が放出されているなかで、すでにお話ししたような超巨大火山の噴火もおきる。将来の気候を予測しようとしている気候学者にとって、この巨大噴火は難問で、しばし思考停止に陥ってしまうほどだ。この巨大噴火のように、重要であり、しかし予測不能な現象を、どのように予測に取りこめばよいのか。この点には第 5 章できちんと取り組むが、そのまえに、3 次元の気候モデルについてお話するつぎの節でも、もうすこしだけ細かく触れておこう。

大循環モデル

未来への小さな一歩

「大循環モデル」(General Circulation Model、GCM) というのは、風や気温といった大気の状態、水温や流れなどの海洋の状態を、地球全体にわたって３次元で計算するための数式の集まりである。これまでなんどか付録で計算したような「静的」なエネルギーバランスモデルと違い、物理学の法則を使って空気や海水の動きまで扱うことのできる「動的」なモデルである*14。

ブディコの１次元モデルでは、地球をおおっている氷のきわめてゆっくりとした変化を考えたが、これは、エネルギーの出入りが釣り合った状態をいくつも連続して考えていく静的なモデルだ。動的なモデルである大循環モデルは、それとは違う。まったくの別世界とはいわないまでも、別の部類のモデルなのだ。

大気や海水などの流体をあつかうために解いていかなければならない数式は、悪名高い (解くのが難しいという意味だ)「ナビエ・ストークスの方程式」だ。もはや紙と鉛筆で解くことはできず、コンピューターに計算させるほかない (これを「数値的に解く」という)。しかも、地球は球形で自転しており、大気や海水が入っている「器」である陸や海底の地形は、とても複雑だ。こんな状況で方程式を解かなければならない。

まとめておくと、難しい方程式を数値的に解くことにより、空気や水の動きを３次元的に求めるのが、大循環モデルである。ここでいう「３次元」とは、緯度方向、経度方向、そして地表からの高さ (もちろん海の深さも) のことだ。したがって、大循環モデルでは、大気や海水の全体が縦、横、高さをもつ小さな「サイコロ」に分割され、それが海底から大気の上端まで積みあがっている、そういう状態の地球を考えることになる。

このそれぞれのサイコロに、どれくらいの大気や海水が流れこむかが、方程式を解くことでわかる。コンピューターの性能が向上し、小さなサイズのたくさんのサイコロについて計算できるようになった結果、大循環モデルの計算精度も上がってきている。

ここで、サイコロのサイズについて、もうすこしお話ししておこう。大循環モデルのようにコンピューターで方程式を解いていく「数値モデル」の計算は、つぎのようにしておこなう。

まず、計算を始める起点となる時刻を決める。たとえば「きょうの午前9時」を、計算の起点と定めたとしよう（この時刻を t_0 とする）。

計算を始めるには、海と大気、地形からなるこのモデルが、この起点の時刻にどういう状態なのかを定めなければならない。つまり、温度、圧力、動きの速さ、密度といった状態を、それぞれのサイコロに対して指定する。これで、「午前9時」にそれぞれのサイコロに流れこんだり出ていったりしている流体の体積や速さが、はっきりしたことになる。このほか、地形やアルベド、熱に関する陸の性質、海底の形なども、あらかじめ決めておかなければならない。このようにして最初に指定しておく数値の数は、現在の大循環モデルでは50万個くらいになっているだろう。

さあ、ここからがコンピューター計算の始まりだ。コンピューターは、こうして与えた最初の時刻（t_0）の状態をもとに、それよりほんのすこしの時間（Δt：時間刻み）がたった時刻 $t_1(=t_0+\Delta t)$ での状態を計算する。Δt をどれくらいの時間にすべきかは、サイコロの大きさで決まる。サイコロが小さければ、Δt も短い時間にしなければならない。なぜなら、いまおきている物理現象を正確に再現するためには、ひとつのサイコロから隣のサイコロに空気などが移動していくようすを、きちんと計算しなければならないからだ。たとえば、1辺が250 km のサイコロで時速250 km の寒帯ジェット気流を計算したいならば、時間刻みは1時間以下でなければならない。

こうして、わたしたちの大循環モデルでは、起点となる最初の状態から出発して、時間刻みをひとつだけ進めた新しい状態、つまり Δt という時間がたった状態を計算で求めることができた。これをなんどもなんども繰り返すことで、将来の大気、海洋の状態を予測できる。たとえば天気予報なら24時間後、気候の予測なら10年後といった具合だ。

コンピューターで計算するこのモデルを使えば、将来の気候や気象の状態を、現在の状態と大気や海洋についての物理学の知識をもとに、このようにして予測することができるのだ。

天気の数値予報

あす、あさっての天気をコンピューターで計算する「数値予報」も、いまお話しした大循環モデルによる計算とよく似ている。ほとんどおなじ方法を使っている場合もある。この章では、おもに気候の計算について説明するのだが、すこしだけ天気の計算にも触れておこう。両方に共通な部分も多いからだ。

気候と天気の計算では、どれくらい遠い将来まで考えるかという「時間スケール」が違う。天気予報で考える時間スケールは、1〜3日という短いスケールか、せいぜい4〜10日といったスケールだが、これは気候について考えるときの時間スケールにくらべると、ほんの短い時間にすぎない。気候は、数十年、数百年という時間で考えていくからだ。

そのため、天気予報では、海の変化を考える必要がない。そんな短い時間では、海の状態はほとんど変化しないからだ。だから、天気予報のときは、海面に接している大気の「サイコロ」に海面の水温をあらかじめ与えておき、その値は変化させない。そして、海中でおきていることは計算しない。

もうひとつの違いは、計算の起点で必要な数値の正確さに関するものだ。計算の出発点となる気温や気圧などのデータが正確かどうかという点は、天気予報では決定的に重要だが、気候の計算では、それほどでもない。それは、なぜか。気候の計算では、かりに最初のデータに誤差があっても、あまり大きな誤差でなければ、やがて意味をもたなくなってしまう。気候は気象の「平均値」なので、個々の気象がどのようなものであるのかは、あまり関係がないのだ。

それに対し、気象はまさに瞬間、瞬間のできごとなので、誤差のある状態から出発して計算すれば、つぎの瞬間も誤差のなかにいることになってしまう。

計算に使うサイコロの大きさも、天気予報のほうが小さい。気候の予測では1辺が200 kmほどのサイコロを使うのに対し、現在の天気予報では40 kmといったところだ。これは、天気の数値予報で再現しなければならない現象のサイズが、気候を考える場合より小さいためだ。激しい雷雨は天気予報にとって重大な関心事だが、気候を計算するための数値モデルには、サイズが小さすぎて取りいれることができない*15。

天気予報はサイコロが小さいので、時間刻みも気候の予測より小さい。また、このさき数日間の天気を予報するのだから、その計算に使う時間も、数時間くらいにとどめておく必要がある。あすの天気を予報する計算に1週間もかかるというのでは、まったく意味がないからだ。

気候モデルの進化

気候の変化についてのコンピューター計算は1960年代末から始まり、それから急速に進歩した。その理由のひとつは、気候変化の物理学的な側面がよくわかってきたことだが、それ以上に大きな理由は、ここ数十年でコンピューターの性能が大幅に上がってきたことだろう。

実際にコンピューターの計算速度は、1950年以来、10年で100倍のペースで上がってきた。また、コンピューターのメモリー（データを記憶する部品）については、1970年ごろから「ムーアの法則」が見事にあてまっている。ムーアの法則は、もともと、コンピューターなどをつくる際に使う集積回路に、トランジスターをどれくらい密に組みこめるかという点に関する法則だ。集積回路の進化を、コンピューターのメモリーの進化と解釈すれば、メモリーに記憶できるデータの量は、まさにムーアの法則どおり2年で2倍になるペースで増えている。

このようにしてコンピューターは、ここ数十年のあいだに、より速く計算できるように、そして、よりたくさんのデータを記憶できるようになった。その結果、大循環モデルに組みこめるサイコロの数は増え、サイコロのサイズも、ここ数十年でかなり小さくなっている*16。

話が簡単になるように、空間をサイコロ状に分割して計算すると説明してきたが、このサイコロは、じつは3辺の長さが等しい立方体である必要もなければ、直方体である必要もない。別の形であってもよいし、ひとつのモデルのなかの部分によって、形が違うこともある。

高層の大気（どこまでを高層の大気とするかはモデルによって違う）と低層の大気とで、サイコロの大きさは違ってもよい。海面近くの大気を表すサイコロは、海岸線からの距離によって大きさを変えている。より細かな計算が必要な天気予報の場合は、人があまり住んでいない陸域や海上より、人口の多い場所の近くでサイコロのサイズを小さくするのがふつうだ。2015年時点の気候モデルとしては、緯度と経度については1度の間隔（海の上ではもうすこし粗くてよい）、大気の上下方向については40～60層、海については30層といったところだろう。

気候の予測に使う大循環モデルは、サイコロを小さくしたことの直接の結果として精度が上がってきたが、精度を向上させた要因は、ほかにもある。

1960年代の末につくられた初期のコンピューターモデルでは、サイコロが大きかったため東西南北の解像度は悪く、大気も上下に2層しかなかった。気候を決めるのに必須の現象をいくつも取りこぼしていたが、それでも、地球をめぐる風の基本的なパターンは再現できていた。大気の水蒸気が高い高度に運ばれることを計算に取りいれる方法が開発されたのも、この時期だ。

1970年代には、大気が9層くらいで、そこに陸があるかないかといったおおざっぱな地形も組みこんであるようなモデルが、いくつか現れてきていた。海氷の広がりも計算できるようになった。300年後の気候を50日間で計算できる大循環モデルも現れた。

1980年代のはじめのころ、海についての計算は、まだきちんとモデルに入っていなかった。そのころのモデルのなかの海は、大気のいちばん下の部分に接している「板」のようなものだった。板のそれぞれの部分が海面水温になっているような、そんな板だ。海中の水の流れや熱の移動を計算するしくみにはなっていなかったのだ。

現在では、海は30層にも分割され、計算するためのサイコロも、大気より細かい。大気のサイコロ1個に対し、海のサイコロは6個くらい必要だからだ。このような海のモデルが大気のモデルに結合され、たとえば海面の熱が下層の大気に移る過程などが、「板」で海面水温を与える場合より、ずっと適切に計算できるようになった。

1980年代になると、大気や海で発生している重要な「重力波」（浮力によって生じる波）が、気候モデルに組みこまれた。さらに、炭素の循環や、海氷の消長などの現象も計算できるようになった。

むかしのモデルでは、このような現象は「パラメーター化」されていた。重要な現象であるにもかかわらず、モデルのなかで計算して求めることができないため、すでに決まった値として計算前に与えてしまうのが「パラメーター化」である。いまではこれを、きちんとモデルのなかで計算するようになっている。

1990年代からは、土壌の性質や植生も大循環モデルに入ってきて、予測の精度はさらに上がってきた。光合成をする植物が大気とのあいだで二酸化炭素や水蒸気をやりとりする効果も、含めることができるようになった。大気と海洋を結合した大循環モデルでは、エルニーニョも再現できる。大気や海洋の循環にとどまらず、このようにさまざまな現象がきちんとモデルに組みこまれるようになったので、GCMという略語は、「大循環モデル」（General Circulation Model）より、むしろ「地球気候モデル」（Global Climate Model）を意味すると考えてもよいほどなのだ*[17]。

モデルの正確さ

気候の予測に使うモデル、天気の予報に使うモデルは、ほんとうに正確なのだろうか。どうすれば、その正確さをテストできるのだろう。

気候モデルの正確さを知るには、モデルの計算で予測した将来のある時点での気候の状態が、実際に観測して得た状態とどれくらいよく一致しているか（ある瞬間ではなく平均した状態として）を調べればよい。予測すべき「将来」がさきへ延びるほど両者のずれが広がっていくことは、想像がつく。10年後の気候を20%の誤差で予測できたとしても、それが20年後、100年後となれば、さらに現実から離れていく。

気候モデルや天気予報のモデルの正確さについて数量的にお話しするのは第６章まで待つとして、ここでは、簡単なまとめだけをしておこう。

気候モデルがだす予測結果の正確さには、とても困った問題がつきまとう。それは、ブディコの１次元モデルで氷期の消長を考えたときに、すでに経験した。氷期になった地球は、どうやってそこから脱するのか。むかし太陽がまだ若くて弱かったころでも、液体の水が存在できるほど地球が暖かかったのはなぜなのか。そういう問題だった。

この答えのひとつの選択肢は、火山の噴火だった。気候を予測するとき、このやっかいな現象をどのように扱っていけばよいのだろうか。

将来の気候を気候モデルで予測するには、計算の起点となる大量のデータが必要なのだとお話しした。ブディコのモデルを考えると、さらに別のデータが必要だということがわかる。地球の気候は、過去に経験してきた気候が将来の気候を決める要因になるという「履歴現象」をともなうため、計算の出発点になる現在のデータのほかに、過去のデータも必要になるわけだ。

そしてわたしたちは、つぎの超巨大噴火がいつおきるかを予測することはできない。かりに、50 年後の気候を 10% の誤差で予測できる優れた気候モデルを開発できたとしても、米国のイエローストーン国立公園にある巨大火山が 2040 年に噴火したならば、この気候モデルの正確さなど、どこかへ行ってしまうことになる。

火山の噴火や地震がいつおきるかを予測できる数値モデルは存在しないし、このさき開発されることもないだろう。したがって、火山の噴火が気候に与える影響は、モデルで計算するのではなく、これまでの事実をもとにして、気候モデルにあらかじめ「パラメーター化」して組みこんでおくしかない。

気候モデルの正確さを調べるひとつの方法に、「ハインドキャスト」*[18] がある。この方法では、過去のある時点（t_0）、たとえば 1800 年１月１日を起点にして予測計算を始める。この計算には、1815 年におきたタンボラ山の噴火や1883年のクラカトア噴火も、すでにおきたことだから含めることができる。こうして計算した気候の状態を、1800年から現在までに観測された気候の状態と比較するのだ。

それでもし、この気候モデルがじゅうぶんに正確だとわかれば、こんどは、「もしこんなことがおきたら」という仮定の話が気候にどう影響するかを計算で求めることができる。たとえば、「もし産業革命がなかったら」とか、「1950年以降に、わたしたちが実際の10倍の量の二酸化炭素を排出していたら」とか、あるいは、「日付が2000年代に変わった最初の日に、小惑星が地球に衝突していたら」とか。

気候モデルが過去の気候をじゅうぶん正確に再現できた場合は、そして、その場合にだけ、「もしこんなことがおきていたら」という話だけでなく、ふつうの意味での将来の気候予測に、この気候モデルが使えるということになる。「2040年におきるイエローストーンでの巨大噴火」のような予測不能なできごとは、やはり扱うことができないけれど。

現在の気候モデルは、どれくらい正確なのだろうか。対流圏の気温のほか、気圧、降水量については、かなり正確だ。誤差は25%もない。ひとつの気候モデルより、複数のモデルの平均をとったほうが、たいていは正確な予測になる。

成層圏については、どの気候モデルもうまく予測できていない*[19]。ジェット気流もモデルのなかで再現されてはいるのだが、流れる経路や位置は、まったく現実どおりになっていない。

現在の気候モデルで大問題なのは、雲の扱いだ。気候モデルのなかで雲をうまく扱えなければ、それが予測の不正確さに直結する。雲は（詳しくは第7章でお話しする）、暖かくて湿った空気が上昇したときにできる。困ったことに、この上昇気流はサイズが小さくて、気候モデルの粗い「サイコロ」では、まったく計算できない（サイコロが小さい天気予報のモデルでは計算可能だ）。

モデルで計算できないものは、「パラメーター化」してあらかじめモデルに組みこんでおくしかない。このパラメーター化は、ある代表的なアルベドをもった平均的な高度の雲を仮定してしまうというほど単純ではないが、それでも、しょせんパラメーター化なのだ。

雲は、気候に対して相反する効果をもっているからやっかいだ。雲はアルベドが大きいので、太陽から地表に届く熱を減らしてしまう一方で、背面放射の量を増やして地球を温めもする。だからほんとうは、気候モデルには雲をきちんと組みこまなければならない。

願わくは、いつの日か、雲の発生や消滅をきちんと計算できるくらい気候モデルの解像度がよくなり、雲のパラメーター化にともなうモデルの不正確さがなくなってほしいものだ。

過去と未来の気候変化

現在の気候についての議論は、すくなくともここ40年は続いている。あちこちで議論されているが、その取り上げ方にはふたつのパターンがある。

ひとつは、気候に関するデータはどれくらい正確で首尾一貫しているのか、現在の気候についてなにを物語ってくれるのか、というパターンだ。ほんとうに地球は温暖化しているのか。それは疑いのないことなのか。

もうひとつは、もし地球が温暖化しているとしても、そのうちどれくらいが人間活動によるものなのか、というパターンである。

現在のデータをもとに将来を予測する気候モデルは、わたしたちになにを教えてくれるのか。その予測は、信じるに値するのか。

まず、データの問題についてお話ししよう。現在の気象については、観測もできるし、そのデータを保存しておくこともできる。ここ数世紀で、どんどん詳細なデータが得られるようになっている。これらのデータについて、たとえば30年間という期間で平均をとると、それが気候になる*20。

はるかむかしの気象データは、まったくないか、あったとしても不十分だ。それを知りたければ、なにか別のものから推定するほかない。たとえば、木の年輪を調べると、過去5000年の降水量の変化がわかる。はるか過去にさかのぼって海水の二酸化炭素濃度がわかるのは、サンゴの骨格やプランクトンの殻を含んだ海底の堆積物を調べたからだ。この方法では、過去

2万年くらいのことがわかる。氷河や氷床のなかに封じこめられた空気は、16万年前の情報を直接、教えてくれる。深海の堆積物からは、1億7000万年まえの気候がわかる。化石には、5億5000万年まえにまでさかのぼれる情報が含まれていることがある*[21]。

このようなデータすべてを地質学的な証拠（たとえば大陸の分布や各地でとれる鉱物の違い）や天文学的な証拠（第1章でお話しした地球の公転軌道の揺れなど）と照らしあわせると、過去の地球が経験してきた気候のおおよそのようすは、かなりよくわかるし、ここ何世紀かについていえば、かなり正確にわかる。

こうしたデータ（観測によるものも代用品によるものもある）は、わたしたちになにを教えてくれるのだろうか。

まず、地球の気候はつねに変動してきたということだ。その変化の時間スケールには、何十億年もかかるゆっくりしたものから、数年で変わってしまう速いものまである。地球はかつて雪と氷に閉ざされた雪玉状態だった。いまから1億4500万年まえや5000万～4000万年まえには、逆に、極域に氷がなかった。グリーンランドや南極大陸にも氷がなかったのだ。

氷がない時期に地球が温暖だったことはあきらかだ。そのとき海面の水位は現在よりかなり高かった。温められた海水が膨張し、また、極域の氷が解けて海に流れこんだからだ。

直近の氷期で氷がもっとも発達していたのは、いまから2万1000年まえで、地球の平均気温はいまより3～5℃低かった。それから1万年ほどかけて地球は暖かくなり、気温は15℃に達した。

こうして暖かくなったこの間氷期の時代に、いまわたしたちが生きている。ここ1万年くらいのあいだは、地球の平均気温はほぼ15℃で、変動したとしても、その幅は1.5℃以内に収まっている。

最後の氷期で氷がもっとも多かったときから現在まで、地球の気温がどのように変化してきたかを、図4.7に示しておいた。9種類の「代用データ」

の平均にもとづくものだ。

いまから1000年ほどまえ、「中世の温暖期」とよばれる時代があった。アイスランドやグリーンランドを含む北ヨーロッパの気温は、その前後より高かった（現在ほど暖かくはなかったが）。逆に、17～18世紀の「小氷期」は気温が低かった。

氷河の消長から求めた過去400年間の気温の変化を、図4.8に示してある。気温の変化を表すこの曲線でもっとも目立つのは、20世紀におきた気温の上昇だ（観測の代わりになるさまざまなデータから再現した）。最近の平均気温は、すくなくとも北半球に関するかぎり、過去500年間で、おそら

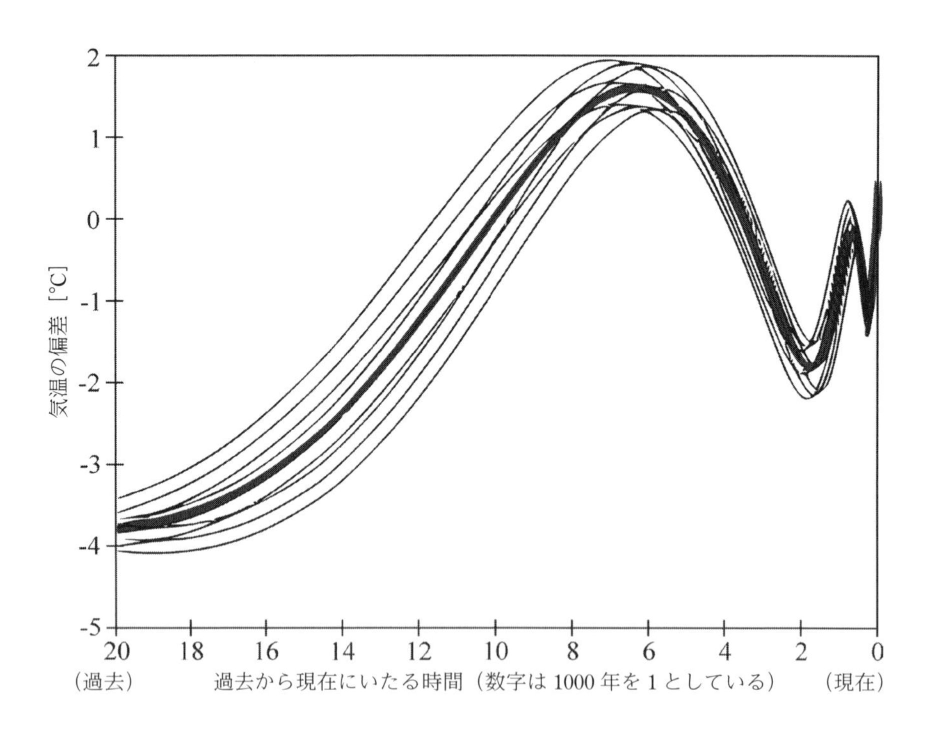

図4.7　過去2万年にわたる地球の平均気温（太線）の変化。気温は、1961～90年の平均をゼロとして、そこからの偏差（ずれ）で表している。米海洋気象局の気候データベースにある9種類の「代用データ」（細線）をもとにしてつくった。〔S. P. Huang, et al. (2008) より〕

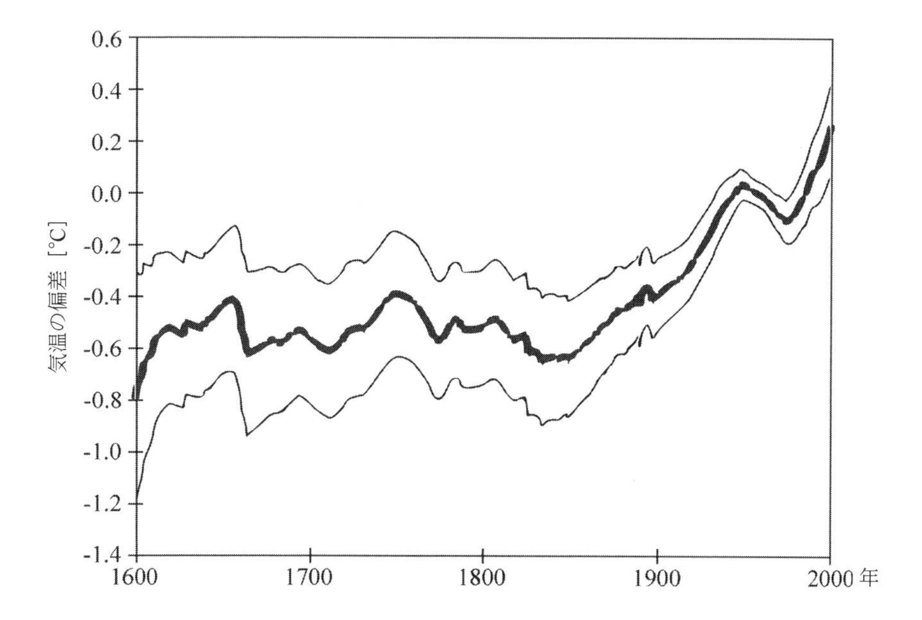

図 4.8 地球の平均気温の変化を、過去 400 年にわたって示した（太線）。1961〜90 年までの平均気温をゼロとしている。上下の細い線は不確実性の幅（信頼度 95%）。気温は、米航空宇宙局の気候データベースにある氷河の長さから算出した。〔P. W. Leclercq and J. Oerlemans (2012) より〕

くは過去 1300 年間でもっとも高くなっている。

遠いむかしの記録をみると、これ以外にも急に気温が変化したことはある。だが、現在の気温上昇は特別で、おもな要因は人間活動にあると気候学者の多くは考えている。

さて、議論のパターンのその二、すなわち、なぜ現在の急激な気温の上昇が人間活動によるものだといえるのか、という点に話を移そう。「気候変動に関する政府間パネル（IPCC)」の報告書には人間活動の結果だと書いてあるし、米国気象学会、米国地球物理学連合、米国科学推進協会も、それを支持している。

この点については、それを調べるための科学的な方法がある。

まず、産業革命が始まるまえの時点、たとえば 1750 年を起点にして、気候モデルで現在にいたる気温の変化を計算する。これが観測と一致していれば、そのモデルは気候を正確に計算できていることになる。

つぎに、この気候モデルから、過去数百年の人間活動によって生みだされた二酸化炭素などの温室効果ガスを取り除き、もういちどおなじように計算する。すると、1950年ごろから、計算で求めた気温が実際に観測された気温とずれてくる。もし人間活動からでる温室効果ガスがなければ、地球の平均気温は現実より0.8°Cほど低かったはずだ[*22]。

世界の気温はここ数十年で上昇しており、そして、大気中の温室効果ガスの濃度も上がっている。気候モデルは、そのふたつの事実を結びつけ、温室効果ガスの増加が気温上昇の原因であることを示しているのだ[*23]。

いろいろとお話ししてきたが、気候学者たちは、このほかのさまざまな点も考慮したうえで、地球の大気にとどまる熱の量が増えていること、そして、人間の活動で増加した温室効果ガスがその原因であることを指摘している。地球の大気は、助燃剤をそなえているといってもよい状態だ。

気候モデルを使えば、このさき大気がどうなっていくかを予測できるが、もしかりに気候モデルがなかったとしても、大気や海洋のシステムがどう変化するかを見ていれば、気候学者たちは、この余分な熱の影響に気づくだろう。エルニーニョのような現象は地球上の熱をあちらからこちらへと運んでいるが、この現象は地球大気に余分な熱を生みだしているのではない。地球に余分な熱がたまっているのは、温室効果ガスが増えたからだ。

地球温暖化の懐疑論者は、たしかにいる。ほんとうに人間のせいで地球は温暖化しているのだろうかと疑っているのだ[*24]。最初の「これからお話ししたいこと」で述べたように、この真偽論争に立ち入るつもりはない。ここでは、国際的な科学論文誌「ネイチャー」の論説にあった言葉を引用するだけにしよう。「懐疑論者たちは、気候の問題に関するデータや研究成果を、科学者ではなく法律家の目で見ているようだ。ちょっとした疑念をおおきく取り上げ、説明に不完全な部分があれば、その説明を真実に迫るためにではなく、説明そのものがウソであるとみなすために使うのだ」*[25]

気候と気象の未来

想像してみるだけでもわかるように、こうして気温が上がるとともに海面の水位も上昇し、極域の氷は減っている。大気中の二酸化炭素の濃度は、1750年ごろまでは280 ppm（100万分のいくつであるかを表す数値）でほぼ一定だったのに、それ以降は上昇して400 ppmになっている。やはり温室効果ガスであるメタンは700 ppb（10億分のいくつであるかを表す数値）から1200 ppbに、窒素酸化物は650 ppbから1900 ppbに増えた。その結果が、「ホッケー・スティック」*[26]の形によく似た気温上昇のグラフだ。

気候モデルの計算によると、二酸化炭素の濃度がこのさき2倍になると(2100年ごろにはそうなりそうだ)、地球の平均気温は3°Cくらい上がる。気温の上昇幅は、極域ほど大きくなる。

ここ15年ほど、気温の上昇が鈍っている。地球の平均気温がほとんど上がっていないようにみえるのだ。この停滞現象については、すでに説明がついている。

気候モデルによると、この停滞現象の原因は、地球にたまる余分なエネルギーが減っていることにあるのではない。地球に短波放射として入ってくるエネルギーと、長波放射として地球から出ていくエネルギーの差は、1 m^2あたり0.8 W（人間の活動による量の半分だ）で変わっていない。この余分なエネルギーが、大気を暖めるのではなく、海の深い部分を温めるのに使われているのだと考えられている*[27]。

気温の上昇は一時的に停滞しているようにみえるかもしれないが、新しいデータをより詳細に検討すると、じつは気温は上がりつづけており、この状態はそう長くは続かないようだ。

この「停滞現象」についてもうひとついえば、おもしろい（科学的にではなく人間の社会での話だが）ことに、人間の活動による地球温暖化を認める側も認めない側も、自説に有利になるようにこの説に飛びついたのだ。

地球の平均気温が上がると、わたしたちのまわりに現れる気象も変化する。高温の空気が押しよせる「熱波」が増え、記録的な高温も多くなる。湿度は上がり、降水量も増える。このような変化には、地域による偏りがある。一般的にいって、暖かいところほど多くの悪天候に見舞われるようになる。暖かいところほど、大気が多くのエネルギーを含んでいるからだ。

人間活動の影響で、気温の上昇幅は、これまでより小さくなるかもしれない。工場などから出たエーロゾル（空中をただよっている液体や固体の微粒子）には、火山の噴火で出たエーロゾルとおなじように、大気を冷やす効果があるためだ。

だから、皮肉なことに、エーロゾルがあまり出ないクリーンな燃料を使うようになると、大気を冷却する効果が減り、温室効果ガスによる地球温暖化を緩和することができなくなる。言い換えると、クリーンな燃料は、おなじ量の温室効果ガスを出すクリーンでない燃料より、地球温暖化を進めてしまうということになるのだ。

このさき地球温暖化が進んだとき、わたしたちには、つぎのような影響がおよぶと考えられている。

- 雪や氷が減ってしまうので、雪解け水など、氷が解けた水として使える真水の量が減る（世界の人口の6分の1に影響する）。
- 干ばつにあう地域が増える。
- 極端に激しい雨の頻度が増し、洪水が増える。
- 山火事や建物火災の件数が増える。
- 永久凍土が解けることで、原油の油送管やくみ上げ施設の地盤が沈下し、温室効果ガスも大気中にばらまかれる（これも正のフィードバックのひとつだ）*28。
- 地表の水がどうなるかわからないので、社会インフラの見通しがたたなくなる（たとえば、ダムをどれくらい建設すれがよいのかが見通せなくなる）。
- 中高緯度では、穀物の収量が、とりあえずは増える。

・警戒すべき病気が変わる。
・海面の水位が上がり、河川の河口付近や地下水の塩分が濃くなる。
・海では水温の上昇と酸性化が進み、多くの生物種が絶滅する（たとえばサンゴなど）。

これらの影響は、気候モデルの計算で直接の結果として得られたものではないが、得られた気候と気象の変化をもとに論理的に考えると、必然的にこうなるのだ*[29]。

もっとも単純な気候モデルでも、大気と地表とのあいだのエネルギーバランスや温室効果を考えることができる。このようなモデルで、なぜ大気の下層は上層より暖かいのか、なぜ大気から宇宙へ逃げるエネルギーより背面放射のほうが多いのかといったことを説明できる。

ブディコがその初期に提示した氷期を考えるための1次元モデルには、履歴現象や「若くて弱い太陽のパラドックス」が現れた。これにより、気候モデルには、現在の気候だけでなく、過去（履歴現象があるため）や未来（将来の火山噴火など）の正確なデータを入力しなければならないことがあきらかになった。気候モデルは3次元の精密なものになってきており、予測精度も高まっている。

いま、世界の平均気温は上昇を続けていて、その原因は、おもに人間の活動にある。このような気候の変化は、わたしたちの子どもや、そのさきの世代に影響を与えるだろう。

第5章

データを集める

繰り返しいうが、データの数が少ないことは、たいした問題ではない。問題は、その解釈だ。

スティーブン・ジリアク

数ある科学のなかで、気候や気象の予測ほどデータが大切な分野はない。なぜそうなのかをここで思いおこし、データがどのように集められ、モデルに適用されるのか、技術の進歩がデータの収集や予測精度の向上にどう役立っているのかをお話ししていこう。

まず、根気よくデータを集めつづけるという基本的な作業の話から始め、そのデータがどう統合され、どう利用されているかという話に進んでいこう。

データ収集の進歩

気象が記録に残るようになってから何世紀もたつが、体系的に観測がおこなわれるようになったのは、国による観測網ができてきた19世紀以降だ。19世紀のなかごろまでには、船乗りに嵐を警告することをおもな目的とする初期の天気予報が始まっていた。20世紀のはじめになると、温度計、気圧計、比重計、風速計といった新しい機器が導入され、地表近くの大気を精密に観測する時代の幕が開けた。

上空の気温と湿度を測る気球観測も始まった。観測所は電信網でつながれるようになった。現在の観測施設は、より充実し、観測精度も上がった。データの取得は短時間ですむようになって観測頻度も増え、遠隔地から自動的にデータが集まるしくみもできている。

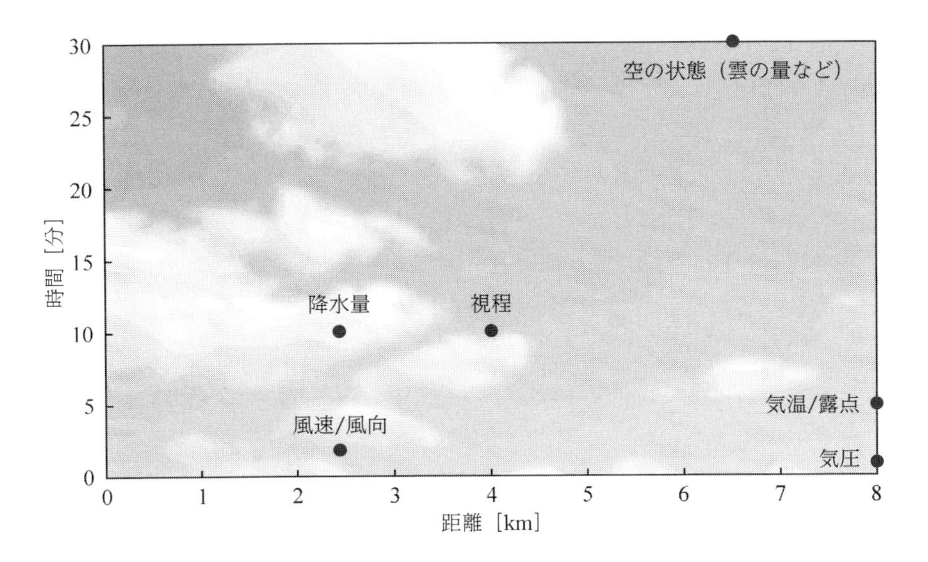

図 5.1 気象データの有効性。横軸に「距離」を、縦軸に「時間」をとって、データが有効な範囲を示している。たとえば、肉眼でどこまで見えるかを表す「視程」の場合、そのデータは観測点の周囲の 4 km くらいの範囲を代表し、いちど測定すると、10 分くらいはその状態が保たれていると考えることができる。もし、たとえばそこから 5 km の距離にある観測点で 15 分後にデータがとれたとしたら、ふたつの観測点のあいだの地点については、特別な方法で距離と時間についての平均をとって、そこでのデータとする。気象データには、有効な「距離」と「時間」の範囲が異なる、さまざまなものがある。

気象のデータは、どれもこれもおなじように集めなければならないわけではない。あるものはより頻繁に測定を繰り返さなければならないし、あるものは、観測点をとくに密に設けなければならない。

たとえば、ある地点で風速や風向を測定した場合、そのデータは周囲の 2～3 km（上下方向だともっと狭い範囲だ）を、時間については 2 分くらいの状況を代表して表していると考えることができる。2 分が経過したあととか、2～3 km より離れている地点については、そのデータは意味をもたない。

測定した気象データが有効な距離と時間の範囲を、さまざまな種類のデータについて図 5.1 に示しておいた。

天気予報では、いうまでもなく、計算を始める際に入力する観測データの量と質が大切だ。データが悪ければ、予報結果も悪くなる。データがきちんとしていれば、予報結果は正確になる。

入力データに必要な質と量は、いまなにを予報しようとしているかで決まる。たとえば、長いこと雨が降らずに干ばつがおきる場合。この干ばつを予測するには、1 日単位の降水量データが 1 週間分くらいあれば十分だ。しかし、激しい雷雨を予測する場合は、現象の変化が速いので、直近のデータがもっと頻繁に、たとえば数分おきに必要だ。

これからの気象の状態をどれくらい正確に予測できるかは、現象によって異なる。ある一定の確からしさの予報（「あなたの住んでいる場所で、あす 10 mm 以上の雨が降る確率は 90%」という具合）をだすために必要なデータの量も、やはり現象ごとに違う。現象の変化が速く広範囲にわたる場合は、狭い地域でゆっくり変化する場合より多量のデータが必要だ。

一般的にいって、天気予報の際に入力できる観測データが正確であればあるほど、予報結果はよくなる。この点が改善されているからこそ（他の理由もあるのだが）、天気予報の精度は上がってきた。

しかし、データの精度を高めることで、よりよく当たる天気予報にしようとしても、この考え方には本質的な限界がある。第 6 章でお話しするが、気象という現象は、そもそも予測を受けつけない「カオス」であり、何か月かさきのある日の天気を言い当てることは、けっしてできない。

したがって、いくら観測データを正確にしても、それ以上の正確さは意味がないという限界がある。雨の量を 1 mm 単位で測ることには意味があるが、それを、その 1000 分の 1 の 1 μm 単位で測っても意味はない。

データの量についても、基本的にはおなじことがいえる。1 ヘクタールごとに気圧を測ったデータは有用だが、これが 1 mm^2 ごととなると、むだに多すぎる。

データの量は、正確な天気予報のかぎを握る要因のひとつである。現状はというと、じつはまだ不足している。たとえば、上空での気圧データや、海上での気温データが足りていない。

地表付近の気象データ

これから、低いところから高いところへと気象データのお話を進めていこう。地表付近から上空、宇宙へと進んでいく。まず、地上の気象データはどうやって集めるのか。

みなさんは子どものころ、学校などで気象の観測をした経験があるかもしれない。小さな「観測所」で、それまでの 24 時間に記録された気圧や気温、雨量などを調べたことはないだろうか。

現在の気象観測では、このように計器を見て、その数値を手で写すようなことは、ふつうはしない。観測所での作業は自動化され、何種類のものデータをまとめてとることができる。

米国には、「自動地上観測システム（ASOS)」という気象の観測網がある。国立気象局、連邦航空局、国防総省によって開発された。ASOS は、地上の気象を観測する国レベルでのはじめてのネットワークだ。観測施設は全米で 900 の飛行場に設置されている。観測データは、それぞれの施設から 1 時間に 12 回、年中無休で送られてくる。観測日時、風速と風向、視程、空の状態（高度 3700 m までの雲の量と高度)、気温や体感温度、露点と相対湿度、気圧に降水量だ。

自動的に収集されるこうしたデータは、人による観測よりぶれが少ない。これは、気象が急に変化しているときには大切なことだ*1。機器で観測したデータは、たとえば、直近のデータをすこし重視して扱うといったような基本的な統計処理をおこなったのちに、記録、保存される。

特定のデータを重点的に集めることもある。たとえば、飛行場の近くでは、離着陸する航空機の安全のために、視程のデータを他のデータより頻繁に更新していく。

こうして集められた地上の気象データは、国の気象センターに送られる。あるいは、「ウェザー・アンダーグラウンド（Weather Underground)」などの商用サービスに提供され、世界中の都市の現在の天気がインターネットで見られるようになる。

各地の気象データは、天気の予測にどのようにして使われるのか。この点については、もうすこしあとでお話しする。とりあえずここでいっておきたいのは、このデータが数値予報に入力され、それをもとにして、今後の天気や広い範囲にわたる気象の全体像を、テレビの天気予報などで見られるようになるということだ。

たとえば、暖かい空気と冷たい空気の境目にできる「前線」を、ひとつの観測地点のデータでみつけることは、まずできない。たくさんの地点で得られた観測データをこうして集めて統合することで、はじめてくっきりと姿を現す。

気象データを地上で集める際によく使われているもうひとつの方法に、気象レーダーによる観測がある。気象レーダーが集めるデータは、さきほどのASOSが扱っているデータとは種類が違う。レーダーによる観測は、はるか上空の大気を対象にするのがふつうで、機器があるその場所の状態ではなく、広がりをもった周囲の状況をほぼ即時にとらえられる。

レーダーは、第二次世界大戦で生まれた軍事技術のうちでも特筆すべきものだ[*2]。レーダーは、自分で電磁波を出して、対象物に当たってはね返ってきた電磁波をアンテナでとらえる装置だ。そのデータを処理して、ディスプレー上に画像として表示する。そのとき使う電磁波の波長によっては、敵機を発見するのと同時に、大気の状態（とくに雨粒）も検知できたのだ。

レーダーの開発で難しかったのは、はね返ってくる電磁波に含まれている不要なデータ（「雑音」ともいう）を、どうやって取り除くかという点だ。電磁波を放出した方向に敵機がいれば、そこで電磁波が反射されてくるが（図5.2（a））、それと同時に、必要のない反射、たとえば山とか雲とか雨粒による反射も戻ってきてしまう。

だが、ある人にとっての「雑音」（どうしても見たくないもの）は、別の人にとっての「標的」（ぜひ見たいもの）になる。戦争が終わると、不要になったたくさんの軍事レーダーが、雨などを測る気象レーダーに転用された。

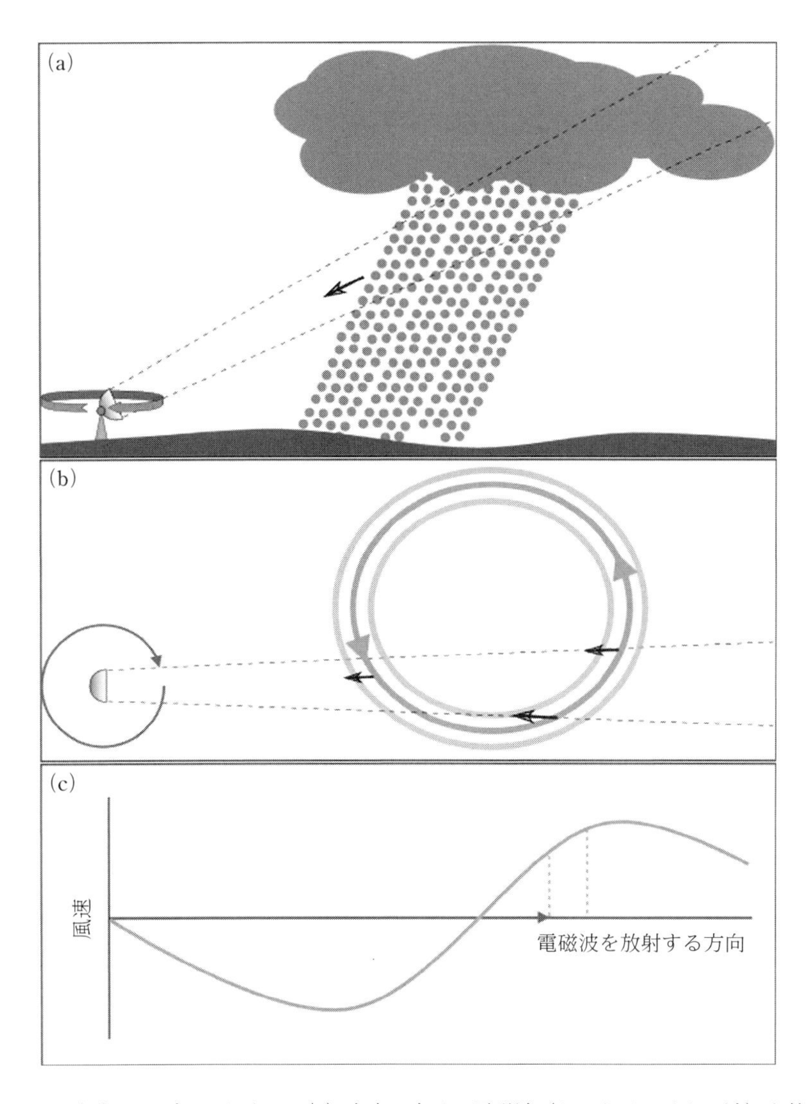

図 5.2 気象レーダーのしくみ。(a) 上空に向けて電磁波（ふつうはマイクロ波）を放射する。こまのように自分が 1 回転したら、上向きの角度を変える。そうすることで、全天をおおうことができる。こうして雨を観測すると、雨が発生している高度やレーダーからの距離、雨の強度がわかる。(b) ドップラーレーダーと低気圧の風の流れを上から見た図。ドップラーレーダーは、反射してくる電磁波のうち、レーダーのほうにまっすぐ向かってくる（またはまっすぐ遠ざかっていく）成分だけを検出できる。(c) 低気圧のまわりを回る風のスピードが一定だとしても、ドップラーレーダーでみた風速は、このようになる。中央の横軸の上と下で、観測された風の向きは逆になっている。

現在の気象レーダーは、たまたま雨粒をとらえた軍事レーダーを使いまわしているのではなく、それぞれの目的に応じて特別につくられている。とくに降水の観測では最強の武器だ。

放射する電磁波の波長（ふつうは 10 cm くらいの「マイクロ波」だ）は、観測対象からもっとも効率よく反射が得られるよう、よく考えたうえで決められる。電磁波は細いビームにして発射し、アンテナを回転させて、周囲 200 km 前後の広い範囲の情報を集める。

1990 年代になると、雲や雨域の動きがわかる「ドップラーレーダー」が、全米の 150 か所に設置された。NEXRAD（次世代気象レーダー）として開発されたもので、放出する電磁波の強さは 450 kW。それぞれのレーダーは、5 分おきに新しいデータを送ってくる*3。

いまでは、多くの国がそれぞれのレーダー観測網をもっている。もし国境を接している国どうしなら、観測したデータを共有することで、より広い範囲での雨域の移動などを画像表示できるようになる。雨雲は、国境などおかまいなしに動くのだ。

ドップラーレーダーでは、目標物の動く速さがわかる。目標物から反射して戻ってくる電磁波の振動数は、その動きに応じて、放出した電磁波からずれる。この「ドップラー効果」を利用して、目標物の動きを検出するのだ。

もうすこし正確にいえば、ドップラーレーダーは、装置から見通した方向の速さ、つまり、向かってきたり遠ざかったりする方向の速さを検出する。レーダーから見て、遠くを左右に横切るような動きは検出できない。そのように動く対象物は、止まって見える。

実際には、嵐のような現象を、その発達の早い段階からキャッチできるよう、観測データには処理がほどこされている。これにより、進むスピードや経路についての情報が得られ、その嵐がいつどのあたりに到達しそうかを予測できる。こうして、たとえば米国のマイアミは、やがてやってくるハリケーンに備えることができるわけだ。

気象レーダーによる観測データは、他のデータとともに、天気の数値予報に利用される。さまざまな地点で得られたレーダー観測の結果をまとめた天気図は、テレビの天気番組でもおなじみだ。こうして1枚の図にしてみると、ハリケーンの大きさや、どこで雨が降っていて、その雨の範囲はどう動くのかといったことも、ほぼ即時に（観測から数時間後には）この目で確かめられる。全米をカバーする天気図を図5.3にあげておいた。

現在の気象レーダーがとらえられるのは、雨だけではない。尾流雲（地上に落ちてこない上空の雨や雪）や上昇気流（低気圧の特徴）の位置もわかる。雷雨にともなってよくみられるウィンドシアー（場所による風速、風向の急な変化）やマイクロバースト（地表付近の狭い範囲で発生する急激な下降気流）もとらえられる。

現在のレーダーは、激しい雷雨や竜巻の構造を立体的にとらえることもできる。そこに発生しているのが、竜巻なのか、あるいは前線のように線状に発生しているもの（「スコールライン」「不安定線」「デレーチョ」とよばれる）なのか、降っているのが雨なのかひょうなのかも区別できる。

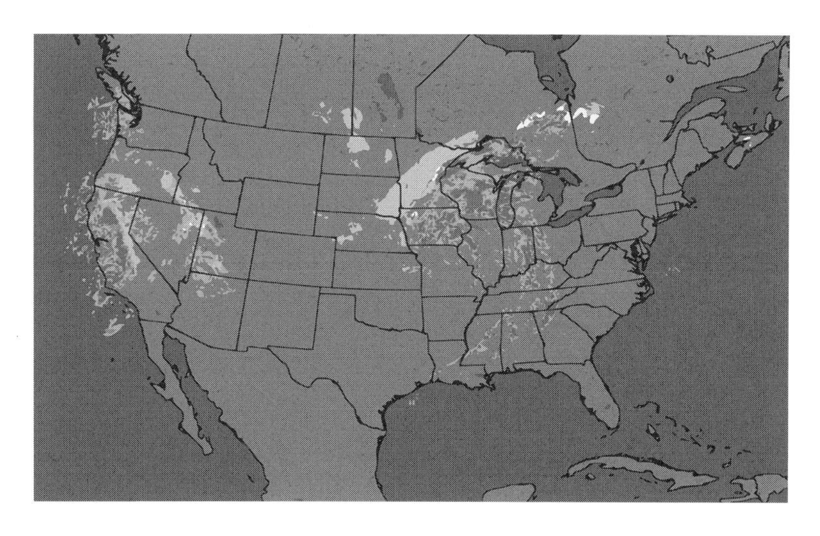

図5.3 2014年12月16日午前1時（協定世界時）における全米の降水パターン。多くの気象レーダーの情報を集めて作成された。〔米海洋大気局の資料（http://www.srh.noaa.gov/ridge2/RFC_Precip/）より〕

レーダーから出す電磁波を「偏波」という特殊な形にすると、雨粒の形まで識別できる。雨粒の形をみると落ちている速さがわかるので、これは降水量の推定に役立つし、冬の嵐でやってくるのが雨なのか雪なのか、あるいはひょうなのかも区別できる[*4]。

海面のデータ

米国やカナダの太平洋側には、たいていは西から風が吹いている。そのため、この地域の天気は西から東に変わってくる。西ヨーロッパの天気も、おなじ理由で、西の北大西洋からやってくる。とすると、ここに大きな問題が発生する。陸のないところで天気が生まれるのなら、天気予報に必要な生データは、どうやって集めたらよいのだろうか。

天気予報に使われる海上のデータのなかには、航行中の船舶や沖合にある石油の掘削施設から送られてくるものもあるが、ほとんどは、気象の予測に必要だと思われる場所に設置してある観測用のブイによるものだ。英国とア

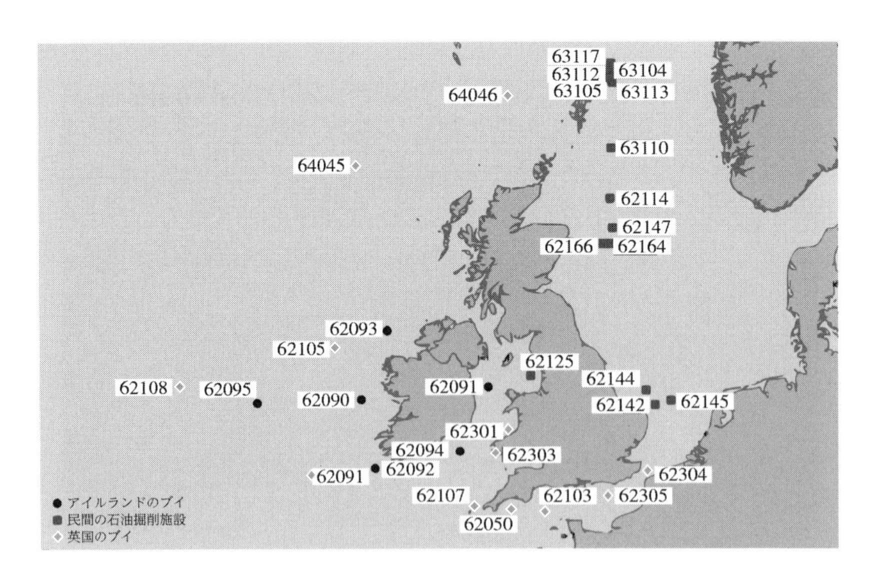

図5.4　英国とアイルランドの気象観測ブイの位置。これらのブイから送られてくるデータは、世界中のブイの観測データとともに、米海洋大気局のサイト（http://www.ndbc.noaa.gov/）で見ることができる。

イルランドの周辺にあるブイの位置を、図 5.4 に示しておこう。

こうしたブイでは、いろいろな項目を自動的に測定し、気象センターに送ってくる。おもな観測項目は、つぎのようなものだ。現在の位置と観測時刻、風速と風向、波の高さと周期（波でブイが持ち上げられてからつぎに持ち上げられるまでの時間)、気圧、そして気温と水温。

大気のデータ

空を見上げると、そこには「ラジオゾンデ」という観測装置をぶらさげた気球が揚がっている。対流圏の大気の状態がわからなければ天気の数値予報ができないので、世界の国々が協力して 1 日に 2 回、いっせいに観測をおこなうことにしている。協定世界時で正午と深夜 0 時の 2 回だ。気球を揚げる準備は世界の約 1500 か所で整っており（図 5.5)、約束の時刻になると、ここから 800 個の気球が放たれる。

気球は伸び縮みするゴムのようなラテックスでできている。そのなかにはヘリウム（水素のこともある）が詰めてあるので、全体としては空気より軽

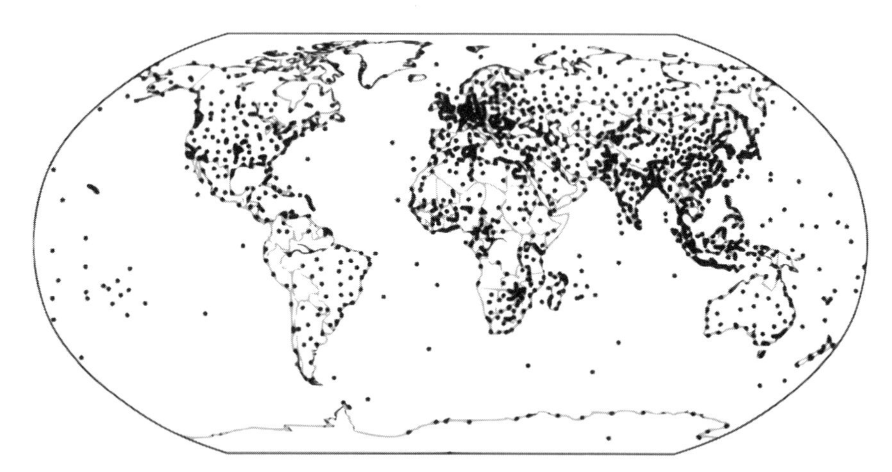

図 5.5 世界に 1500 か所ある観測気球用の施設。このうち約 800 か所で 1 日に 2 回、協定世界時の正午と深夜 0 時に気球でラジオゾンデをあげる。〔米海洋大気局のサイト (https://www.ncdc.noaa.gov/data-access/weather-balloon/integrated-global-radiosonde-archive) より〕

い。その浮力で約250 gのラジオゾンデを上空に運び、気圧と気温、相対湿度が記録されることになる。いまでは、観測時の緯度や経度、高度のデータはGPS（衛星利用測位システム）でわかるようになった。観測したデータは、上昇中のラジオゾンデから地上に無線で送られ、他の気象データと統合される。

ラジオゾンデと気球をつなぐケーブルの長さは60 mもある。観測が気球の影響を受けないようにするためだ。こうしておかないと、たとえば、太陽の熱で温まった気球の温度をラジオゾンデが感じてしまうのだ。

上空に行くほど空気は薄くなるので、気球はしだいに膨らんでいく。そして、気球の大きさ（最初は直径1.5～8 m）にもよるが、高度20～40 kmで破裂する。ラジオゾンデは、小さなパラシュートを開いて下りてくる。下降中はデータをとらない。回収できたら（米国での回収率は20％くらい）、再調整してもういちど使うこともある。

横風が吹いていると、気球は上昇しながら数百kmも風下に流されてしまうことがある。上空の風速や風向を正確に測りたいときは、ラジオゾンデのついていない気球（「パイロットバルーン（測風気球）」という）だけを揚げて、レーダーなどで追跡することもある。

ラジオゾンデは、1分間に275～350 mの速さで上昇していく前提で調整されている*5。この速さだと、約2時間で高度30～35 kmに達する。これが、直径2 mの気球の場合の典型的な速さだ。

米国だけでも、1年間に約7万個の観測気球を揚げている。そのための施設は、北米大陸のほかハワイ、米国領のサモア、グアム、プエルトリコに92か所あり、カリブ海地域では10施設の支援もしている。

これらを含む世界中の施設でいっせいに気球を揚げるので、わたしたちは1日に2回、その瞬間の大気の状態を知ることができる。このしくみは1957年から継続中で、観測データは米海洋大気局の「世界ラジオゾンデアーカイブ（IGRA）」にまとめられている。これは、世界各国の気象機関による協力体制の一端をよく示すものだ*6。

宇宙からデータを集める

ドップラーレーダーが、空を見上げてマイクロ波で大気の状態を調べるのに対し、気象観測衛星は、はるか上空から大気や地表を見下ろし、可視光や赤外線でデータをとって画像化する。「自動地上観測システム（ASOS）」で集められるデータは、観測機器があるその地点の気象を表すものだが、衛星は、地球の広い面積をいちどに観測して、そのデータを自動的に送ってくる。

気象衛星にはふたつの種類がある。地球のまわりを回る軌道が違い、したがって、得られる画像も違う。

ひとつは、赤道上空の静止軌道を回る静止衛星だ。きっかり1日で1周し、回る向きは地球の自転とおなじだ。したがって、静止衛星は、地上にいる人からは止まっているように見える。いつも上空のおなじ場所にいるのだ。静止衛星から見える地球はせいぜい半分なので、地球全体をカバーするには、いくつかの静止衛星が必要だ。

衛星が地球を1周するのにかかる時間は、軌道の高度によって決まっている。静止軌道は、地球の中心から4万2157 km、地表からだと、地球半径の5.6倍にあたる3万5786 kmの高度だ。

極軌道衛星は、上空を複雑な軌道で動きまわる。軌道は北極と南極を通り、1日で地球を約14.1周する。軌道の高度は地球の中心から約7200 km、地表から約830 kmだ。地球の半径は赤道より極のほうが短いので、極軌道は、地表からの距離が場所によって変わることになる。静止軌道と極軌道の違いがよくわかるよう、図5.6に両方の軌道を示しておいた。

地球は自転しているので、極軌道衛星が1周して戻ってきたとき、真下の地球表面はすでに動いてずれている。つまり、極軌道衛星は、極から極へと移動しながら、そのとき真下にある地表面を、ほうきではくように、ある幅

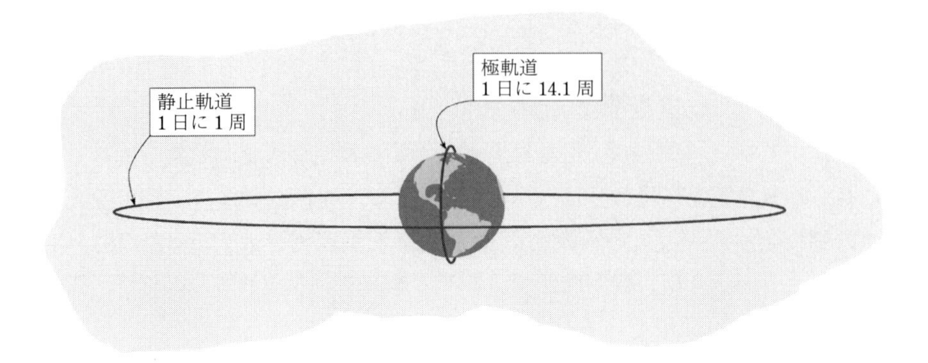

図5.6　気象観測衛星のふたつの軌道。高度の違いを、実際とほぼおなじ割合に縮めて示した。極軌道は地球半径の8分の1の高度であるのに対し、静止軌道は地球半径の5.6倍の高度だ。いちどに見下ろせる地球の面積も、そして解像度も両者でまったく違うことが、よくわかるだろう。

をもって観測していく。それの繰り返しである。

気象観測衛星で使われる極軌道は、とくに「太陽同期軌道」とよばれるものだ。この軌道は、太陽からみたときの周回のしかたが、一年を通してつねに一定になっている。そのため、ある地点の上空に衛星が来る時刻は、その地点を1回まえに通ったときの時刻と、ほぼおなじだ。これがなぜ大切なのか。

この軌道を使えば、ある地点の画像を、いつもおなじ太陽光の当たり具合で撮ることができる。画像を取得する衛星の場合、これが大切なのだ。つまり、いつもおなじ明かりのもとで見ていることになるので、画像の比較がしやすいわけだ。

図5.6からあきらかなように、静止衛星は、極軌道衛星にくらべて、いちどに視野に入れられる面積は広いが、細かい部分までは見えない。地表から遠いところを回っているからだ。

米国は、複数の静止衛星を運用している。GOESとよばれる気象衛星で、西経75度（東海岸の近く）と西経135度（西海岸の沖合）の上空にそれぞれ静止している。POESという気象観測用の極軌道衛星もある*7。

この2種類の気象衛星の長所と短所はなんだろうか。

静止衛星は、いちどに広い範囲を見渡すことができる（図5.7のような画像はテレビの天気番組でもおなじみだ）。規模が大きくて急速に変化する、たとえば台風のような現象についての情報を集めるのに向いている（GEOSは全米をカバーするデータを15分ごとに送ってくる）。静止衛星はデータ収集装置としても機能している。海上のブイや観測気球、そのほかあちこちに点在している観測機器がとったデータは、静止衛星に送られてくるのだ。

図5.7 西経135度のGEOSが2015年1月15日に赤外線で撮影した画像。大気が含む水分の量を表している。見たい領域をもうすこし詳しく見ることはできるが、極軌道衛星ほどには細かいことはわからない。〔米海洋大気局の資料より〕

一方で、静止衛星が取得するデータは、極軌道衛星ほど解像度がよくない。さらに、軌道が赤道上にあるので、北極や南極の画像を撮ることはできない。

静止衛星のデータは、すくなくとも６時間に１回は更新され、天気を予報する際などに利用される。

極軌道衛星による観測は分解能がよく、細かいことがわかるが、いちどに観測できる範囲は狭い（図 5.8）。また、移動しながら観測するので、注目すべき場所があるからといって、そこの画像をずっと撮りつづけるわけにはいかない。だが、極域については、すばらしいデータをとることができる。極軌道衛星のデータは、長期予報に使われる。

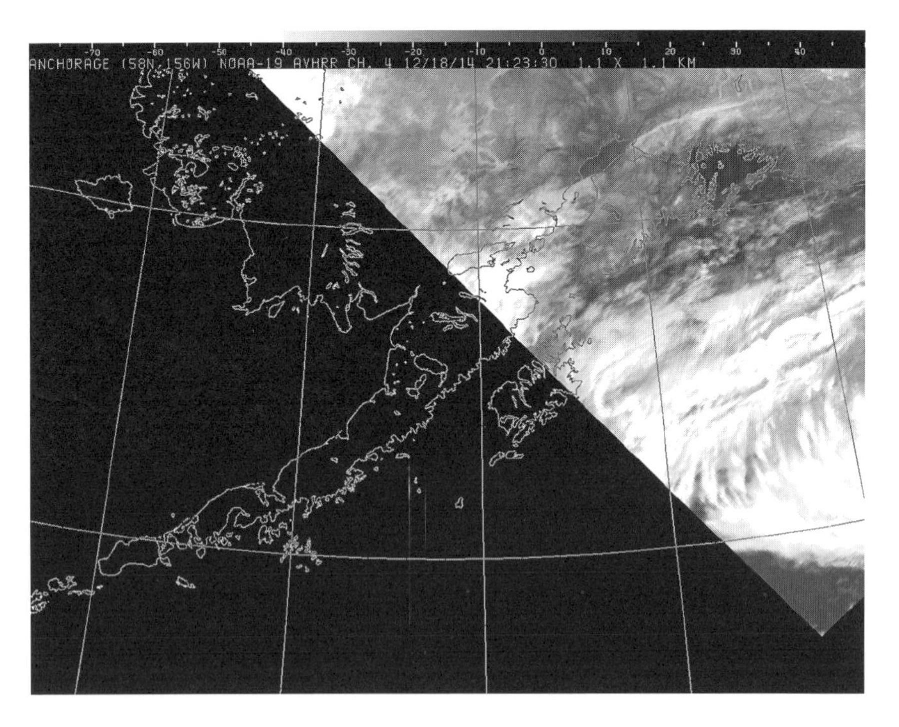

図 5.8　POES が 2014 年 12 月 18 日に赤外線で米アラスカ南部を撮影した画像。〔米海洋大気局の資料より〕

極軌道衛星の「時間分解能」（簡単にいえば、データの更新頻度）は静止衛星にくらべて悪いが、「空間分解能」（どれだけ細かいものを見ることができるか）は、はるかにまさっている。POES は 250 m のものを識別できるのだ。

気象衛星で得られるのは、可視光と赤外線のデータだ。可視光での撮影は、太陽の光がある昼間しかできないが、雪や氷、雲の範囲がわかる。赤外線でわかるのは、雲の範囲や高度、陸面や海面の温度、夜間の霧の分布、大気中の水蒸気量などだ。

データの保存と転送

ここまで読んできたみなさんは、気象のデータは国境を越えて共有されるものだということに、すでにお気づきかもしれない。天気に国境はないのだから、各国の気象関係者がおたがいのデータを共有したいと思うのは当然だ。

世界の天候を予測するには、世界中のデータが必要だ。国と国との競争とか「疑い」「敵」がまん延するこの世界のなかで、気象データの共有は、どのようにしておこなわれているのだろうか。

そこにあるのは、共通の利益だ。ただそれだけだ。すでにお話ししたように、世界で同時に観測気球を揚げるからこそ、その時点での地球全体の大気の状態を、まるで 1 枚の写真を撮るように観測できる。また、このようにおたがいのデータを出しあえば、データ収集に必要な費用を節約できるし、それが各国のよりよい天気予報にもつながる。

最近の地球温暖化で、世界の国々が協力しあおうという思いは、いっそう強まっている。質の高い気象データが、もっとたくさん必要なのだ*8。

気象や気候のデータについては、データの集め方だけでなく、データ処理のしかたも世界で共通化されている。この流れは、1940 年代からすこしずつ進んできた。データの形式を共通化したためデータを共有しやすくなり、

1960年代にはそのためにコンピューターも利用されるようになった。

こうして標準化されたデータベースは、1985年から世界気象機関（WMO）が管理している。1990年代の後半には、WMOに加盟している世界の国々が使いやすいよう、そしてデータの安全管理を厳しくするために、そのしくみが改良された。

WMOの構成メンバーになっている国々には、それぞれを代表する気象機関がある。米国なら米海洋大気局、英国なら気象庁という具合だ。そのほかにも、中国気象局、カナダ気象庁、オーストラリア気象局など。それぞれがデータの提供に協力し、世界中から集めたデータを使っている。

中国気象局のサイトから、これらの機関やWMOのはたらきを、かいまみることができる。「気象データの収集や処理、保存、配布……世界の地表観測、海洋観測、数値予報の結果、衛星データ、土壌の湿り具合、砂嵐、風のデータ……」[*9]

米国気象学会のサイトには、国際協力の必要性がはっきりとうたわれている。「現代社会では、人命と財産を守るために、そして日々の事柄を決めるために、正確な気象予測が欠かせない。これは、WMOに加盟する191の国と地域が、必要な気象データをすべて公開し、おたがいに提供しあうことなしには、なしとげられなかったものだ」[*10]

世界を広くいくつかの地域に分け、その地域の膨大な気象データを集め、処理し、保存しておく気象センターが、世界中にいくつもある。それにくわえて、高品質な世界の気象データを保存し、改良し、だれでも使えるよう均質な状態にしておくための国際的なセンターもある[*11]。

米国内にあるのは、ノースカロライナ州のアッシュビルにある国立気候データセンターと世界気象データセンター、コロラド州ボールダーの世界古気候データセンターの三つの機関だ。英国のエクセターには、気象庁ハドレーセンターがある。ここでは、世界の地上気温を含む過去160年分の完全な気象データが保管されている。

世界から集めてくる気象データの量と質については、さまざまな問題点があるし、このさきもそれはなくならないだろう。そもそも測定には、さまざまな誤差がつきものだ。この誤差を含む統計についての詳しいお話は、第6章でしよう。

もし、観測場所のそばに木が生えていれば、何年にもわたって太陽の光をさえぎっているかもしれない。気象データにはこのような「系統誤差」(その観測機器や観測場所に特有の、ある傾向をもった誤差)もあり、データの質はかならずしもそろってはいない。まえにすこしお話ししたように、海洋や砂漠、極域など、データがまばらで不足している地域もある。

空間的に密なデータが必要なだけでなく、時間的にも、もっとデータがほしい。天気予報で必要なのは、世界中で測定された現在の正確な気象データだが、気候モデルで正確な結果を得ようとすれば、過去におきたできごと(たとえば火山噴火による噴出物の量と成分)についてのデータも欠かせない。

気象データは、そこであつかう現象の性質により、その重要性に軽重がある。もし、それが「負のフィードバック」の性質をもつ現象なら、予測計算を始める起点にする最初のデータは、あまり正確でなくてもよい。なぜなら、計算していくうちに、最初の小さな誤差は消えていってしまうからだ。逆に「正のフィードバック」がきく現象の場合は、誤差は蓄積され広がっていってしまう。この現象は、気象がもつ「カオス的な性質」と深い関係がある。この話にも、あとで触れたい。

データの正確性や欠落の少なさがいっそう重要になってきているのは、天気予報や気候の予測をコンピューター計算でおこなう際に使う「サイコロ」の大きさと関係がある。予測計算の精度を上げようとすれば、計算の最小単位であるサイコロを小さくして、現象を表す際の分解能を高める必要がある。そのためには、よく多くの、そしてこれまでは不要だった新しい種類のデータが求められる。サイコロを小さくして、雲の形成のような小さなスケールの現象も表そうとすれば、これまでは必要のなかった新しい物理現象を計算することになる。そのための新たなデータが必要なのだ。

計算に利用する観測データの不完全さからくる悪影響は、統計学的な手法を使えば小さくすることができる。ここ 20 年ほどで天気予報の精度が上がったのは、この統計学的な手法の導入によるところが大きい。

天気予報の話は、もうやめよう。これは第 10 章のテーマなので。ここからは、気象や気候にとって統計学（多くの方にとっては数理科学の「醜いアヒルの子」だ）がいかに大切なのかという話に入っていこう。

気象や気候のデータは、陸や海、そして大気の対流圏やその上に接する成層圏の下部から集められる。その集め方は、いろいろある。観測機器でじかに測ったり、レーダーのように遠くから観測したり、気象衛星を使って宇宙から地球を見下ろすこともある。

こうして得られた観測データは、世界中の気象機関によって集められ、転送され、保存され、データ処理されて、共有される。

気象データは質も量も増してきており、新しい種類のデータも加わってきている。均質でない気象データに対しては統計学的な手法が適用され、その悪影響を最小限にとどめるように工夫している。

第6章

統計的にいえば……

統計の教えるところによると、ものを食べることを習慣にしている者は、たいていかならず死ぬ。

ジョージ・バーナード・ショー

気象の科学について書かれた一般向けの本では、ふつう統計学の話は無視される。だが、ようやくここに居場所をみつけたようだ。この本では、気象についての理解のレベルを、もっと深めたいのだ。

最初の「これからお話ししたいこと」でも触れたが、ここで、はっきり言っておこう。統計学や気象の物理の根本にある考え方は、数学の泥沼にはまることなくお伝えできる。もちろん、気象の物理を完全に理解しようとすれば、きちんと教科書を読まなければならない（連立偏微分方程式などがでてくる）。しかし、根本にある大切なポイントを見通すために必要なのは、単純で適切な具体例と図やグラフだけだ。

第5章でみた気象の観測データは、これからお話しするような統計的な処理をへて、気象や気候の予測に使われる。しかし、それだけではない。統計の考え方は気象学のあちこちに行きわたっていて、予測の正確さだけではなく、予測というものの本質的な部分とかかわりがあるのだ。

統計学は、確率的には身の回りのどこにでもある

まずしっかりと頭に入れておいてほしいのは、わたしたちの毎日の生活における「でたらめさ」の役割である（気象の物理においてはもちろんだが）。ここでは気象に関係のない話から始めるが、わたしたちがなにを目指してい

るかは、すぐにわかるだろう。

米国の大統領は、ジェラルド・フォードからバラク・オバマまでの７人のうち５人が左利きだった。男性が左利きである確率は0.12くらいなので、男性の集団から特段の理由なくひとりを選べば、かれは12％の確率でサウスポーだということになる。ここでいま挙げたのは、「出現頻度」という確率のごく一般的な定義だ。

もっとも、ある左利きの人（わたしもそうだ）にとって、それが生まれるときに偶然に決まったものなのかどうかは、わからない。お母さんのおなかのなかで、あなたがまだ小さな細胞の塊だったとき、なにがおきていたのかなんて、わかりはしない。わかるのは、右利きまたは左利きとして生まれてくるということだけだ。

女性の左利きは、男性より少なくて10％だ。たしかに、わたしたちの利き手には遺伝的な性差がありそうだが、環境による後天的な影響のほうが大きい。

一人ひとりの利き手が決まる理由がなんであれ、この利き手のデータに統計学を適用することはできる。話を大統領に戻そう。

もし男性の左利きが12％なのだとしたら、７人のうち５人の大統領が左利きである確率は、どれくらいになるのだろう*[1]。統計学者なら、ここにすぐさま「二項分布」（このような問題を解くときの統計学的な手法だ）をもちだして、図6.1のような図をつくるだろう。これからわかるように、７人の大統領のうち右利きがふたりしかいない確率は2500分の１だ。こんなに低い確率でしかおきないはずのことが、現実にはおきている。これは、べつに米国がなにかの陰謀に（悪意のある陰謀だろうか）さらされたというわけではない。こんな偶然も、たしかにおきるのだ。

大統領に左利きが多いというのは、なにかを意味しているのかもしれない。実際に、左利きの人が選びがちな職業というのもありそうだ（わたしの場合は、それが工学系の職業ということになる）*[2]。

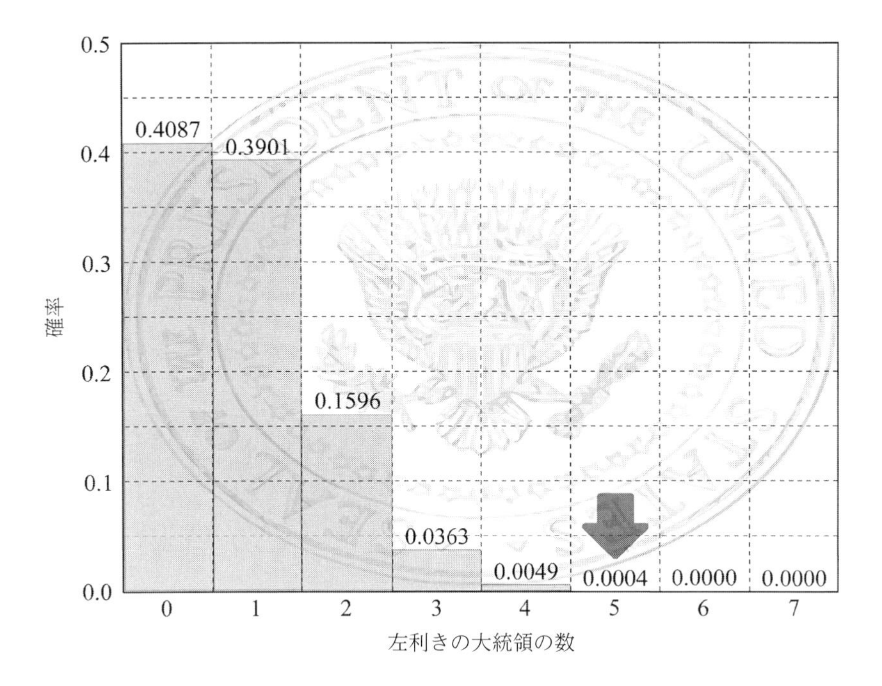

図 6.1 米国大統領が左利きになる確率。もし、大統領の右利き、左利きが米国人男性の一般なみだとすると、7 人の大統領にのなかに左利きがひとりもいない確率は 41% になる。7 人のうちひとり、ふたり、3 人が左利きである確率は、それぞれ 39%、16%、4%。実際には 7 人のうち 5 人が左利きだった。こういうことがおきる確率はきわめて低いので、わたしたちは、(1) なにか悪意のある陰謀があった、または、(2) 米国大統領が左利きである確率は米国の一般男性より高い――と結論することになる。

扱う現象が変われば、それに適した統計的な「分布」(人数や個数のちらばり具合) も違う。これらの分布は、分析しようとする対象の性質に応じて、数学的に導かれたものだ。「二項分布」は、ジェラルド・フォードの利き手とバラク・オバマの利き手がまったく無関係に決まっているように、おたがいになんの関係もなく出現する現象に対して広く適用できる分布だ*3。これには、ギャンブル、遺伝学、スポーツ、経済学、物理学などさまざまな適用対象がある*4。

「ポアソン分布」も、よく登場する。これは、馬にけられて死亡したプロイセンの騎馬兵の数を分析した手法として、(すくなくとも統計学者のあいだでは）有名だ。プロシア軍は、馬にけられて死ぬ騎馬兵の数が多いのに驚き、その理由を知りたがったらしい。分析の結果、1年あたり1875～1894人という騎馬兵の死亡数は、この軍隊の人数を考えると、なにか特別な原因ではなく偶然にそうなったと考えるのが適当だとわかった。このとき使われたのがポアソン分布だ。この分布は、通信、物理学、経済学、遺伝学などの分野で、よくでてくる[*5]。

「正規分布」（「ガウス分布」ともいう）も、あちこちに出てくる。この分布をグラフに表すと「釣鐘型」といわれる曲線になる。ほかの分布をしている現象でも、ある条件のもとで正規分布に変換できるので、さまざまな現象をこの正規分布で分析できる。

図6.2に一例を挙げておこう。この図は、30～60歳の米国人に、どれく

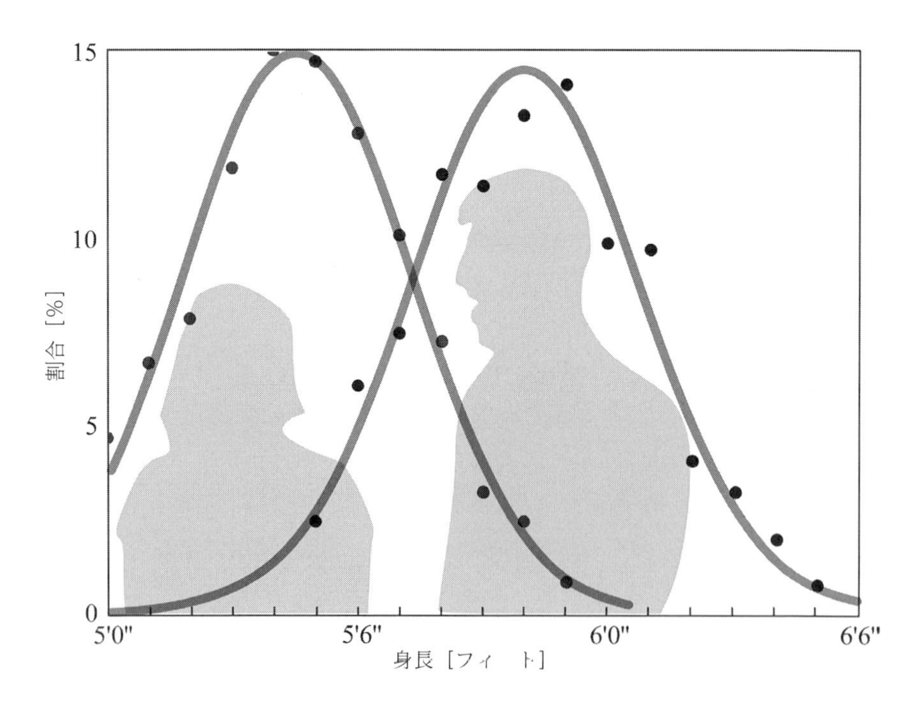

図6.2　身長の分布。30～60歳の米国人男性（右）と女性（左）についての正規分布曲線。

らいの身長の人が何％いるかを男女別に示したものだ。その数値を点で示し、正規分布の曲線も重ねて描いておいた。

「平均」は曲線の頂点に対応する（左右対称な正規分布を仮定しているので)。「標準偏差」というのは、分布の幅を表す数値で、曲線の広がり具合がそれを示している。おおざっぱにいうと、曲線が頂点の半分の高さになったとき、その身長が平均からどれだけずれているかを表す数値が標準偏差だ。標準偏差の正確な定義は、もっと複雑で厳密なものだが。

正規分布の場合、平均から大きい側と小さい側に標準偏差だけ離れた幅のなかに、すべてのデータの 68.2% が含まれており、その 2 倍の幅（この幅を「2 シグマ」といったり「2σ」と書いたりする。「シグマ（σ)」は標準偏差のこと）には、95.4% が含まれる*[6]。したがって、米国人男性の平均身長は 5 フィート 10 インチ、標準偏差は 3 インチなので、このなかから米国人男性を無作為にひとり選ぶと、身長は 5 フィート 4 インチから 6 フィート 4 インチのあいだ（$\pm2\sigma$ の幅）になることが「95% の信頼度」でいえる、ということになる*[7]。さきほどの「95.4%」という数字に対応するものだ。

スイスにある素粒子物理学の実験施設「CERN（欧州合同原子核研究機関)」で 2013 年 3 月、ヒッグス粒子という新しい素粒子が発見された。これがたしかに新しい粒子だと判定する際にも、統計学が使われている。このときの信頼度は「5 シグマ」だった。これは、ほんとうは新粒子がないのに、たまたまデータがそう見えてしまっている確率は 174 万 4278 分の 1 であることを意味している。こんなまれなことがおきるとは考えられないので、このデータは新粒子の存在を示していると解釈されることになる。

物理学に測定はつきもので、測定のとき生じる誤差は統計学で処理できる。だから、素粒子物理学だけでなく物理学一般に、統計学が必要なのだ*[8]。

測定にともなう誤差

あなたがいま、娘さんの誕生日にその身長を測ろうとしているとしよう。そのとき使う巻き尺が正確だとすれば、測定にその巻き尺を使ったことが原因で発生する「系統誤差」はゼロだと考えることができる。

この巻き尺に、1インチを10分の1に刻む目盛りがうってあれば、あなたは10分の1インチの精度で娘さんの身長を測ることになる。もし統計学者なら、測定した身長を、たとえば「4フィート6インチ・プラスマイナス20分の1インチ」、あるいは科学的に4.500±0.004フィート（1フィートは12インチだ）、もっと科学的には1.3716±0.0013 mという具合に表すだろう。「プラスマイナス」で示されている測定誤差は、測定可能な最小単位（ここでは10分の1インチ）の半分にとられている。

気象や気候の物理を考えるためには、第5章でみたように、さまざまな種類のデータを大量に測定することが必要だ。たとえば、気温を温度計で測る場合、いちばん近い華氏[*9]または摂氏の目盛りを測定値とすることになる。したがって、どうしても誤差がまじる。気圧、大気密度、湿度……。どんなものでも完全に正確な測定はできず、だから、測定値は信頼度の幅をつけて示すのだ。

あなたの家の庭のはずれでは、午前7時の気温が信頼度68%（さきほど説明したプラスマイナスσの範囲に入る確率）で華氏61度（16°C）だった。これは、具体的にはつぎのことを意味している。

あなたが家で歯磨きしているあいだに、100人がそれぞれ1本ずつ温度計をもって外に出て、気温を測定した。測定値が何度になった人が何人いたかをグラフに描いてみたら、もっとも多かったのは華氏61度で、そこから離れるにしたがって数が減っていく正規分布になっていた。

このとき、100人のうち95人の測定値が華氏59度から63度の幅（15～17°C）に収まっていれば、正規分布でデータの95%が収まる幅はプラスマイナス2シグマなので、この4度の幅は4シグマ。ということは、標準偏差は1度だ[*10]。

測定値の誤差は、いまお話ししたような測定そのものによって生じるものだけではない。もういちど、あなたのちいさな娘さんを考えてみよう。彼女の身長は、1日のうちでも時刻によって変化する。起床したときの身長は高く、しだいに低くなっていく。毎年の誕生日に娘さんの身長を測ったとしても、いつもおなじ時刻に測っていただろうか。もしそうでなかったら、かりに愛情たっぷりに測ってあげたとしても、そこからわかる身長の伸び具合は、おおよそのものでしかない。

また、娘さんの機嫌は日によって違うかもしれないし（たいていはほんとうに違う）、それが彼女の姿勢に影響する。

測定値は、さまざまな理由でばらつくものだ。そしてこのばらつきは、それが測定で生じるものであれ、測定する対象そのものがもっているものであれ、統計学をとおすことで、きちんと科学に取りこむことができるのだ。

初期条件とカオス

物理学の世界では、このさきにおきることが完全に予測できるとき、そのシステムを「決定論的なシステム」という。その一例として、とても軽くて細い丈夫な棒の先に重りがついた振り子を考えてみよう。いま、重りを真下から角度にして 20 度だけ持ちあげて放すと（図 6.3（a））、このさき重りがどこにあるか、すなわち棒が真下方向となす角度が時刻とともにどう変わるかは、物理学の理論を使って完全に正しく予測できる（図 6.3（b））。

もし、70 度まで持ちあげてから放すとなると、使うべき理論はそう簡単ではなくなるが、それにしても振り子の動きは理論的に計算できる。振れ幅の大きい最初のうちは、一往復にかかる時間が、その振り子の「固有周期」（その振り子が本来もっている一往復にかかる時間）より長い。

棒の長さが 1 m で、最初に持ちあげる角度が 20 度で小さい場合、さきほどお話ししたように振り子の動きは図 6.3（b）のようになり、行って戻る一往復にかかる時間、つまり周期は 2 秒だ。これは、空気の抵抗で振れ幅がしだいに小さくなっていく場合も含め、どんな振り子にもあてはまる。もし、どのような空気抵抗が振り子に加わるかがわかっていれば、振れ幅が小さくなっていくようすも計算できる。

もし持ちあげ角度が 70 度なら、最初は 2.2 秒の周期で振れるが、振れ幅が小さくなるにしたがって 2 秒に近づいていく。20 度の場合より複雑だが、その動きが計算で完全に予測できることに変わりはない。

ここで、測定の誤差を考えると、話がややこしくなってくる。

振り子を図6.3（c）と（d）の位置で放す場合を考えよう。図6.3（c）では、振り子は最初から真下に向いていて（角度ゼロだ）、時間がたってもそのままだ。つまり、動かない。これは簡単な話だ。20度や70度に持ちあげ

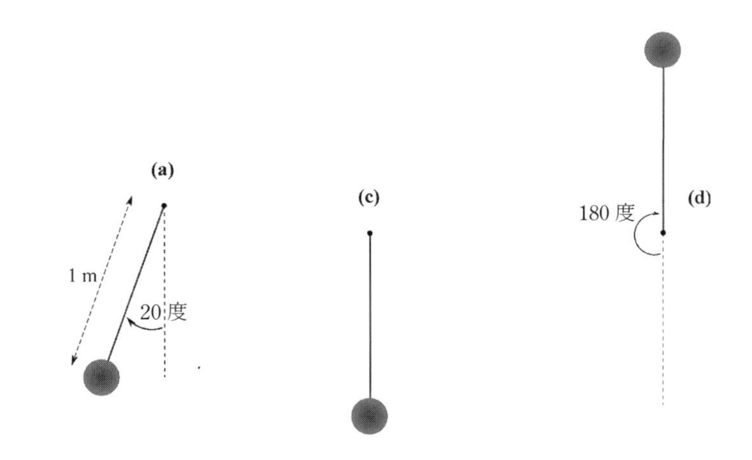

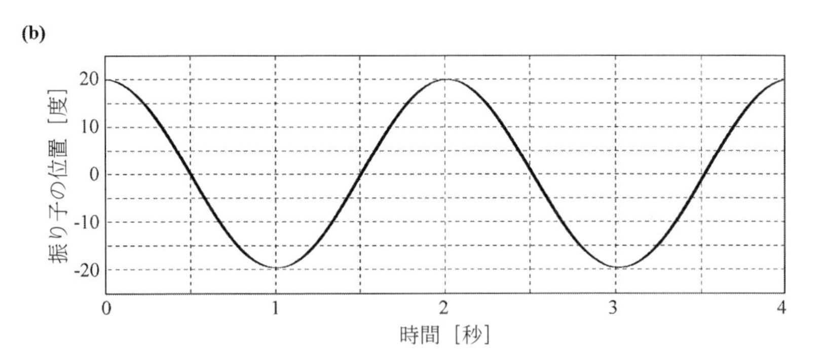

図6.3 振り子の問題。(a) 振り子は、20度の角度から始まって、自由に行ったり来たりする。(b) 振り子の位置が時間とともにどのように変化するかを示した図。振り子の位置は、振り子が真下方向となす角度で表した。この振り子では、行って戻るまでの周期は2秒。原理的には、はるかさきまで振り子の動きを予測することができる。(c) もし振り子が0度の位置からスタートしたら、振り子は動かずにずっとそのままだし、ちょっと横に押しても、その位置に戻ってくる。この位置は安定なアトラクターだ。(d) 振り子は、最初に180度の位置にあった場合も、そのまま動かない。しかし、左右どちらかにすこしでも動かすと、この位置からスピードを上げながら遠ざかる。この位置は不安定なアトラクターだ。

て放しても、空気の抵抗があるため振れ幅は小さくなって、最後には0度になる。0度はなにか特別な状態なのだ。これを物理学では「アトラクター(引きつけるもの)」という。振り子は、あきらかに重力によって、この0度に引きつけられているのだ。

さて、こんどは図6.3（d）を見てみよう。振り子は180度の位置にある。この状態もアトラクターだ。バランスがとれていて、振り子はこのまま動かないからだ。鉛筆を逆さにして上手に立てた状態をイメージすればよい。

しかし、このふたつの状態に、それぞれ小さなずれを与えると、両者の違いがあきらかになる。真下を向いている図6.3（c）の振り子を、0.4度だけ動かしてみよう。すると、振り子はごく小さく行ったり戻ったりして、0度の位置に落ちつく。

こんどは、図6.3（d）の振り子を0.4度ずらしてみよう（最初の角度は179.6度または180.4度ということになる)。ここから放すと振り子は長い周期で大きく振れ、時間をかけて0度で止まることになる。

多少ずらしても元に戻ってくるこの0度の位置を「安定なアトラクター」、もう戻ってこない180度の位置を「不安定なアトラクター」という。振り子は、重力のはたらきにより、不安定なアトラクターを離れて安定なアトラクターを目指すのだ。

実際の動きは理論的に示すことができて、179.6度または180.4度の位置から放された振り子は、最初はゆっくり、そして加速しながら不安定なアトラクターから離れていく。これが不安定なアトラクターの性質だ。

測定には誤差がつきものだ。それでも振り子の動きは予測できるのだろうか。いま、1度きざみの目盛りがついた分度器を使って、振り子を180度の位置にセットすることを考えよう。すると、さきほどのふたつの位置（179.6度と180.4度）は、この分度器ではいずれも180度ということになるだろう。このとき振り子の動きは予測できない。最初の角度をじゅうぶん正確に測ることができなかったからだ。

もしこれが正確に180度だったら、振り子はそのまま動かない。179.6度なら、左に動き始める。180.4度なら右だ。最初の角度のほんのわずかな違いで、振り子の動きには3通りの場合が現れることになる。

もし最初のずれが測定の限界より小さかったら、わたしたちは、そのさきの動きを予測できないのだ。この振り子はとても単純な例だが、気象の変化を予測する際に直面する大きな問題のひとつが、ここによく表れている。もちろん、気象はもっともっと複雑なシステムなのだが。

振り子の場合、スタートの位置を決める数値は、真下方向から測った振り子の角度ひとつだけだった。この角度さえ正確に定めておけば、その後の振り子の位置は理論で完全に決まってくる。

一方で、気象を（第4章でみたように気候も）予測するには、現在の大気の状態を表す何百万もの数値を正確に知っておかなければならない。地表から、すくなくとも対流圏の上端にいたるまでの気温、気圧、湿度をあまねく把握する必要がある。さらには海の状態も。正確な予測のために必要なこれらすべてを知っておくことなど不可能なのはあきらかで、したがって、気象の予測結果は「おおよその状態」にならざるをえない。

予測すべき現象によっては、これらの数値があるていど不正確でも大丈夫な場合もある。この現象が「負のフィードバック」の性質をもっている場合だ。さきほどの振り子の例でいうと､真下にたらした「安定なアトラクター」に相当する。このときは、最初の状態が0.4度だろうとマイナス0.5度だろうと、振り子は0度に落ちつく。だが、振り子でいえば180度の位置、つまり「正のフィードバック」を含む現象なら、わずかでも不正確な観測データからスタートすることは、予測にとって命取りになる。このフィードバックについては、これからも繰り返しでてくる。

これまでお話ししてきた振り子は、とても単純で決定論的な物理システムだ。これより単純なものはないといってよいだろう。

さて、こんどは、複雑なシステムの話をしよう。大気は、図6.3で説明した単純な振り子とは違い、カオス的な性質を示す、きわめて複雑なシステムだ。ここでいう「カオス」は、数学者にとっては専門的な特有の意味をもっているが、その現象を見るかぎりでは、わたしたちがふだん使っている「混とん」「でたらめ」「めちゃめちゃ」の意味に近い。

カオス的な物理システムとして表される現象は、振り子とおなじく決定論的だ。つまり、現在の状態が正確にわかれば、このさきどうなっていくのかを予測できる。これが基本にある。ところが、カオス的なシステムは、計算を始める際に最初に与える数値（「初期条件」「初期値」という）に、振り子の場合よりはるかに敏感に反応してしまう。振り子の場合は、途中経過はともかく、最終的にどうなるかはわかっていた。

図 6.4 に、簡単な数式で表現できるカオスの例を示しておいた。カオス的になる物理システムがもっているさまざまな特徴が、よくわかると思う。

ここで、つぎの（6.1）式で計算される数値の列（$x_1, x_2, x_3, \cdots$）を考えよう。数学嫌いの方も、おびえないでほしい。これが、この本の本文にでてくる唯一の数式だから。

$$x_{n+1} = {x_n}^2 - c \qquad (6.1)$$

c の値は 1.900 000 000（あとでみるように、正確でなければいけないのだ）とし、数値の列の最初の値は $x_1 = 0.500\,000\,000$ にしよう。（6.1）式を使うと、それに続くいくつかの数値は、簡単に計算できて、$x_2 = -1.650\,000\,000$、$x_3 = 0.822\,500\,000$、$x_4 = -1.223\,493\,750$、……となる。計算にあきてきたら、このさきの 100 回の計算は専門家に、つまりコンピューターに任せてしまおう。そうして得た結果をグラフにしたのが図 6.4 だ。

この結果（x_n の連なり）は、「でたらめ」にみえる。そして、このでたらめさが、カオス的なシステムの特徴なのだ。おなじ c の値とおなじ x_1 の値からは、いつもおなじ x_2 の値が得られる。だから、このシステムは決定論的だ。それにもかかわらず、計算結果は「でたらめ」にみえるのだ*[11]。

ここで得られた数値の列は、統計学者でも、じつはでたらめではないと見抜くには、そうとう苦労するだろう。数値の列のつくり方によっては、その並びがあまりにもでたらめにみえて、n 番目の数値が $n-1$ 番目の数値と無関係に決まるほんとうにでたらめな数値の列（この「乱数」を発生させるソフトウェアが、コンピューターに入っていると思う）と、統計学では見分け

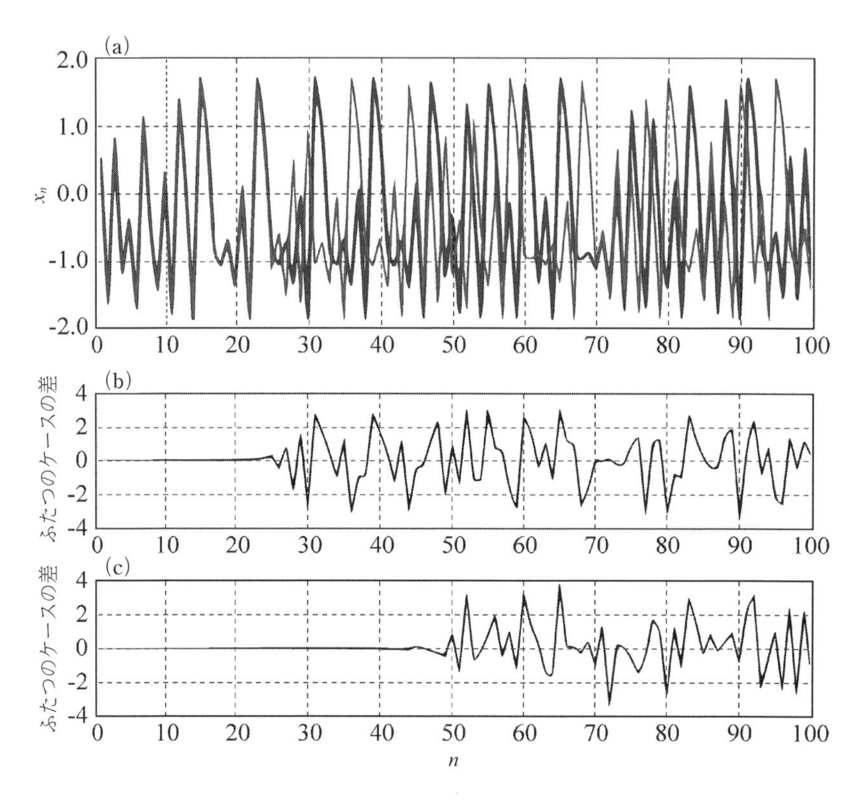

図 6.4　カオス的な変化。(a)（6.1）式で n を増やしていったときの x_n の変化。x_1＝0.500 000 0 と x_1＝0.500 001 000 のふたつのケースを重ねて描いてある。(b) ふたつのケースの差。n が 24 を超えると差がはっきりする。つまり、予測可能なのは n が 24 の時点までだ。(c) x_1 の誤差を 100 万分の 1 から 10 億分の 1 に小さくした場合。こんどは n が 49 を超えたところで、差がはっきりしてくる。カオスの性質を含む現象を予測するときは、初期条件としてきわめて精度の高い数値が必要なことが、これからわかる。この例では、最初の誤差を 1000 分の 1 にしても、予測可能な期間は 2 倍にしかなっていない。

がつかないこともある。

つぎに、c の値は変えずに、x_1＝0.500 001 000 としてみよう。その結果を、図 6.4（a）と（b）に示した。はじめのうちは、さきほどの計算と今回との違いは小さいが、その違いがしだいに大きくなって、n が 30 を超えるとまったくの別物になってしまう。さらに、x_1＝0.500 000 001 でもやってみよう。

結果を図 6.4（c）に示した。n が 50 を超えたところでは、あきらかに別物になっている。

この計算で使う最初の数値を、観測で求めなければならないと考えてみよう。その観測に 100 万分の 1 の誤差がある場合が、ここで一番目に示した $x_1=0.500\,001\,000$ だ。このとき予測結果に意味があるのは、計算の繰り返し回数が 30 回より手前のものだけだ。観測誤差を 10 億分の 1 にした二番目の場合は、たしかに結果が「でたらめ」になるまでの回数が 50 回に延びるが、それでも、でたらめになることに変わりはない。

気象の予測は、いまお話ししてきたようなジレンマを抱えている。サイズは小さいけれども、困った大問題。「ティーカップのなかの嵐」のようなものだ。

さきほどの（6.1）式は、変数（ここでは x だ）が指数の形で含まれている「非線形」の方程式だ。しかも、計算の結果として得られた n 回目の数値が、ふたたび原因となって $n+1$ 回目の結果を引きおこすというフィードバックのしくみをもっている。気象を表す方程式は、この両方の性質をもっている。予測のためにはその方程式を使わなければならず、使うと「カオス」になって、あまりさきのことは予測できないというジレンマに直面することになる。

気象はカオスである。というより、カオス理論の初期には、その主要な部分が気象学の分野で研究されていた。そのなかには、「バタフライ効果」という言葉で有名な話もある。気象は、ちょっとした状態の変化に、ひじょうに敏感に反応することを表す言葉だ。

米国の気象学者エドワード・ローレンツは、米国科学振興協会が 1972 年 12 月 29 日に開いた会議で、「予測可能性：ブラジルでチョウが羽ばたけば、テキサスで竜巻がおきるのか？」というタイトルの発表をした。バタフライ効果という刺激的なネーミングは、ここからきている。

気象の方程式としてローレンツが示したいくつかの数式は、非線形であり、しかもフィードバックのしくみをもつものだった。コンピューターを使って式を解いてみると、アトラクターもあった。さらに、計算を始める際の「初期条件」をほんのすこし変えるだけで結果がおおきく違ってくることも驚きだった。その当時、カオス理論などだれも知らなかったが、数学分野のあちこちに思い当たる節はあったようだ。

カオスと気象予測の付き合いは古い。そして、このさきも付き合いつづけていくことは間違いない。どんな付き合いになるのかは予測不能だが……。

それはともかく、ローレンツのつぎの言葉が、カオスの本質を簡潔に表している。「現在が未来を決めるとしても、いいかげんな現在は、未来を、いいかげんにさえ決めることができない。それがカオスだ」*12

カオスの発見により、数学や物理には多くの知識がもたらされ、自然界のあちこちにカオスが顔をだすことがわかってきた。たとえば、水や空気のような流体が乱れなくスムーズに流れる「層流」の状態と、乱れきってしまう「乱流」の状態との境目にカオスがある。「流れ」が大気の物理の中心にあることを考えると、なぜ気象はカオスで、なぜ気象は本来的に予測不能なのかがわかるだろう。

わたしたちは、(6.1) 式という簡単な数式をとおして、もし観測の精度を1000倍に上げても、信頼できる予測結果が得られる期間は2倍にもならないことをみてきた。これが、1か月さきの天気を計算で予測できない根本的な理由である。

「でたらめさ」とカオスに囲まれた気象予測

気象の予測可能性を妨げる要因としてこれまでわかったことを、簡単にまとめておこう。

1. 気象がもつ「でたらめさ」のため、その予測には限界がある（たとえば観測の際の誤差がもたらす結果のずれ）。
2. とくに現象がカオス的な性質をもつ場合は、計算のスタートになる観測値などの「初期条件」がじゅうぶんにわかっていないことが、予測の限界を生む。

三つめとして、つぎの点を加えてもよいだろう。

3. 気象の物理によくわからない部分が残っているので、その予測には限界がある。

この三つめの点でいいたいのは、わたしたちは、いまなにがおきているのかが物理的にわかっておらず、理論にも、まだどこか間違った部分があるということだ。そうであれば、当然ながら正確な予測はできない。

しかし、意外かもしれないが、これは最初のふたつにくらべれば、どうでもよいことだ。もし理論が間違っているために予測がはずれるのなら、はずれる原因が理論にあるのだとすぐにわかるだろうし、理論を手直しするか(どうやればよいかがわかればだが)、理論が改良されるまで、その部分については予測をおあずけにしておけばよい。

だが、もし、理論は正しいのに、最初のふたつが原因で長期の予測ができないとしたら、わたしたちはどうすればよいのだろう。この節では、このジレンマを具体的な形で示し、どうすればこの問題を解決できるのかを考えていこう。

とても簡単な例から始めよう。いま、$x_1=1$、$x_2=2$、$x_3=3$、$x_4=4$、$x_5=5$、$x_6=6$、……という数値の列があったとき、つぎにどんな数値がくるか、あなたは予測できるだろうか（図 6.5)。けっして、あなたをからかっているわけではない。このシンプルな例で、話をはっきりさせたいのだ。

もし、測定に誤差がなく（初期条件が完全にわかっている)、理論もきちんとしていれば（この場合は測定値がグラフの直線上にあること)、どこまでさきであろうと、数値はわかる。x_{999} がいくつであるかも、わかるのだ。

ここで、この簡単な数値の列に測定誤差を導入してみよう。この測定誤差こそが、さきほど挙げた予測を狂わす原因リストのひとつめだったことを思いだしてほしい。

最初に示されるいくつかの数値の列に誤差が入ってくると、この並びの原理が完全にわかっていたとしても、このさきにくる数値はひとつに確定しない。はずれる可能性をも考慮に入れ、「その答えが正しい確率」を添えた表現にせざるをえない。

図 6.5（b）に挙げた例は、「標準偏差が 1 の正規分布」にしたがう測定誤

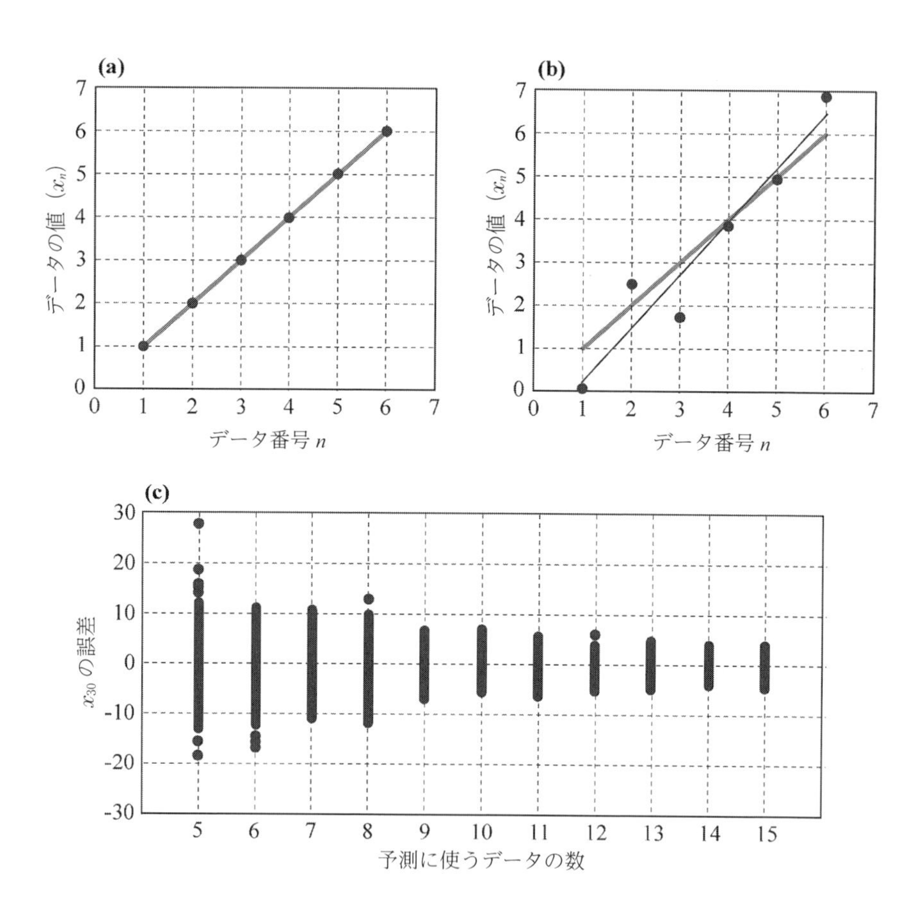

図 6.5　測定誤差と予測可能性。(a) あなたの家の庭で、毎年 7 月 4 日の午前 9 時に気温を測ったとする。かりに真の数値がこのように並べば、そのさきの予測は簡単だ。(b) 実際に測定した値（点で示した）。誤差がまじってばらついている。測定値の変化傾向をもっともよく表すように直線をひいた（細い直線）。さきほどの真の数値を結んだ直線（太い直線）とのずれは、n が増えるほど大きくなっていく。(c) 予測のために使える測定値の数が増えると、予測値の誤差は小さくなる。ここでは、測定値の数が増えるとともに、予測した x_{30} の値の誤差がどれだけ小さくなっていくかを示した。

差を入れたものだ。ここでの場合、このさきの数値の並びを予測するために適切な手法は、統計学で「線形回帰」とよばれているものだ[*13]。この手法を使うと、予測にともなう誤差を小さくすることができる。

線形回帰の手法で得られた直線（図 6.5（b）の細い直線）は、測定誤差のため、本来の数値が乗っている直線（図 6.5（b）の太い直線）と違っている。そのため、線形回帰の直線を予測に使うと、x_7、x_8、x_9 と進むほど誤差が大きくなっていく。もうすこし正確にいえば、x_n の並びは、n が大きくなるとともに誤差を増すのである。

こうしておけば、誤差がどれくらい大きくなるのか計算でわかるので、このデータに対して、こんな警告ラベルをはっておくことができる。「消費者はこの製品を信用してはいけません。この製品はわたしたちがつくったものですが、わたしたちも信用していません」

もちろん、これは言いすぎだが、予測した数値に統計的な不確かさの度合いを添えておけば、それは、その数値がどれくらい信用できるのかを知る目安になる。たとえば、x_7 の値は 95% の確率で真の値から 1.45 の幅に収まっています、という具合だ。

図 6.5（b）に示した例だと、x_7 の値は、ほんとうの値より 0.76 だけ大きくなる。そのずれの幅は、x_8 だと 1.02 に広がり、x_9、x_{10}、x_{11}、……とさきにいくにしたがい、ずれ幅は大きくなっていく。したがって、わたしたちが信用できるのは、ほんのいくつかさきまでだけで、そう、たとえば x_{30} などというのは、まったく信用できないのだ。

より多くのデータを使って計算をすれば、予測結果はもっと正確になる。x_1 から x_5 までの 5 個のデータより、x_1 から x_{15} までの 15 個のデータを使ったほうが、x_{16}、x_{17}、……の値がよくわかるということだ。

もとにするデータの数を増やすと、計算結果に含まれる誤差は、なくなりはしないが、小さくなる。図 6.5（c）には、計算に使うデータの数を 5 個、6 個と増やしたとき、x_{30} の誤差がどれくらい小さくなっていくかが示されている。

この話は、気象とどのような関係があるのだろうか。予測のもとにするデータがたくさんあればあるほど誤差が小さくなるのだから、多くのデータが得られる広い領域の天候を予測するほうが、狭い領域の場合より誤差は小さい。ワシントン州の平均気温が来週の火曜日にどうなるかはきちんと予測できるかもしれないが、その一都市であるシアトルの平均気温だと、かなり大きな誤差がでてしまうのだ*14。

じつは、いまお話ししてきた気象の予測や誤差のように、統計学の考え方を使わなければならない問題は、天気予報の際にたくさん生じてくる。初期条件の不正確さやカオスの影響は、もっとあちこちに顔をだす。天候の変化についての理論的な側面はかなり理解できているとしても、予測の計算を始めるときに必要な初期のデータについては、それほど正確なものが得られないからだ。

観測は誤差なしにはできず、気象は本来がカオスであるという事実に直面して、気象学にはなにができるのだろうか。それでも天気を予測しなければならないのだから、予測した結果や誤差などを、真っ正直に提供するしかない。あすは 30 mm の雨が降るという代わりに、そう、たとえば 30 mm の降水がある確率（降水確率）は 40% という具合に発表するのだ。

計算の初期データがちょっと変わっただけで結果におおきく影響するこのようなシステムを扱うときに便利な手法がある。「アンサンブル予報」だ。気象はカオスの性質をもっていることが 1980 年代にわかると、それ以降はアンサンブル予報が標準になった。今日では、世界中の主要な気象センターや大学の研究施設では、すべてアンサンブル予報が使われている。

この手法の考え方は、初期データとして、一通りではなく、たくさんのケースを想定するというものだ。もしあなたの庭の気温が午前７時に華氏 61 度だったとしても、天気を予測する数値モデル（気象の予測に使う数式の集まり）には、たとえば 60.0 度、60.1 度、60.2 度、……、62.0 度のようにいくつもの初期データを想定し、それぞれの場合について予測計算をおこなうのだ。こうした操作を、必要なすべての種類の初期データについておこなえば、そのデータ群のなかにはきっと真の値が存在し、本物の天気とおなじ予測結果を得られると期待できる。

測定データの正確さに自信があるなら、想定する初期データの誤差幅を狭くすればよいし、自信がなければ、広くとることになる。

ここで、アンサンブル予報の効果をみるために、カオスを表すあの簡単な(6.1) 式と図 6.4 に戻ろう。具体的なイメージをふくらますために、こんな例を考えよう。カナダ気象庁がマニトバ州フリンフリンの気温を予測しようとしたら、1 日の平均気温が (6.1) 式にしたがって変化しているとわかったとする。きょうの平均気温をもとに、このさき何週間かの気温を予測するわけだ。

カナダ気象庁はアンサンブル予報のことを知っているので、測定した平均気温のほか、わずかにずらした値を出発点にして計算をおこなう。きょうの平均気温は、きのうより 0.500 000°C 高かったとしよう。そこでカナダ気象庁は、0.499 995°C から 0.500 005°C の範囲の数値を初期条件として計算を始めた。その結果を図 6.6 に示す。図 6.4 とくらべてみてほしい。

この例では、このさき 2 週間とちょっとのあいだは、アンサンブル予報がうまくいく。しかし、それを過ぎると、この予報はまったく意味をもたなくなってしまう。わずかな初期条件の違いで、まったく違う予測結果がでてしまうということだ。

アンサンブル予報により、このさきどれくらいの期間の天気を予測できるのかがわかる。実際の予報では、たくさんの種類の測定値をもとに計算を始めるので、いま予測しようとしている地域やその気象条件によって、天気を予測できる期間はさまざまだ。だが、基本的な考え方は、いまお話しした単純な例とおなじだ。

アンサンブル予報は、「モンテカルロ法」という統計学の手法のひとつだ。カジノで有名な地中海の街から、この名がつけられた。モンテカルロ法では、わたしたちの場合でいえば計算の始まりにどのような値を使うかを、ギャンブルのような偶然性で決めるのだ。

もっとも、その値は、まったくでたらめに決めるのではなく、どれくらい

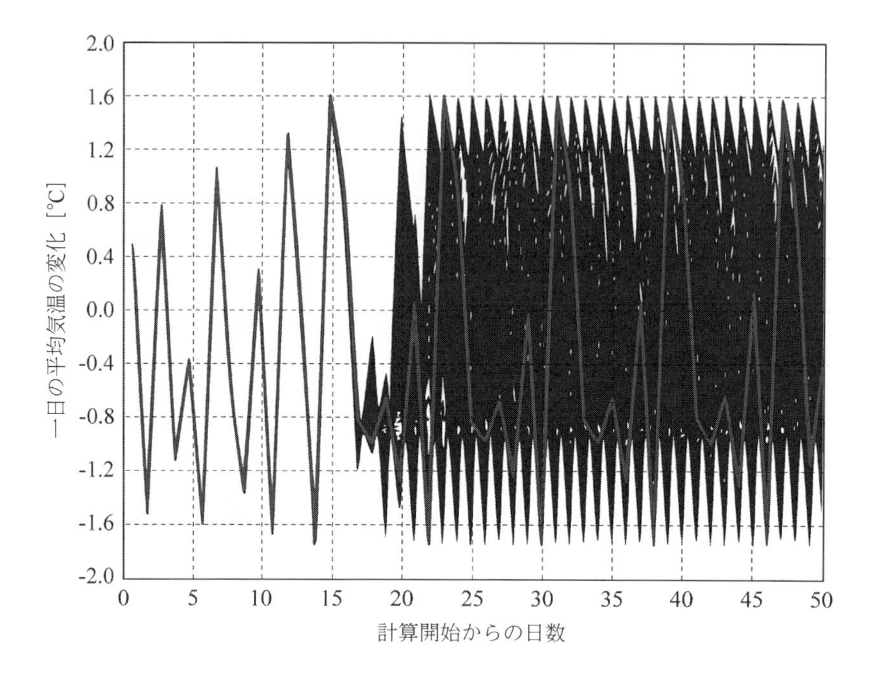

図 6.6　(6.1) 式で変化していく気温を、アンサンブル予報の手法で予測した。この場合、意味のある予測は 17 日目までだ。

の正確さがあるのかを推定しつつ使う。その正確さに応じて軽重をつける「重みづけ」という操作をおこなうのだ。偶然性を利用する方法でありながら、どれくらい「偶然」であるかがあらかじめわかるのはおかしいと思うかもしれない。たしかにおかしい。だが、ここで使う偶然性は、まったくの偶然ではない。

天候を予測するとき、わたしたちは、ある時刻での気象の状態を正確に知ることができない。だから、出発点となる値をこのような統計学的手法でいくつも集め、それを数値モデルに入力し、あとはうまくいくように祈るわけだ。

モンテカルロ法の威力は、つぎの例でよくわかる。楕円の面積は、差し渡しの長いほうの径の半分の長さ（長半径＝a）と短いほうの径の半分の長さ

(短半径$=b$) がわかっていれば、πab で求められる。このように、公式を使ってきちんと計算できる楕円の面積を、モンテカルロ法で求めてみよう。

この楕円の面積は、図 6.7 の説明にある方法で求めることができる。大切な点は、この手法を使うと、どんな面積や体積でも、かりにそれが式で表すことができないものであっても求められるということだ。

もういちど、あなたの娘さんに登場していただこう。毎年の誕生日に彼女の身長を測っていたのだが、なにかの理由で、彼女の体積も測る必要がでてきたとしよう。ひとつの方法としては、アルキメデスがかつて使ったといわれる方法、つまり、お湯をいっぱいに満たした浴槽に嫌がる彼女をすっかり

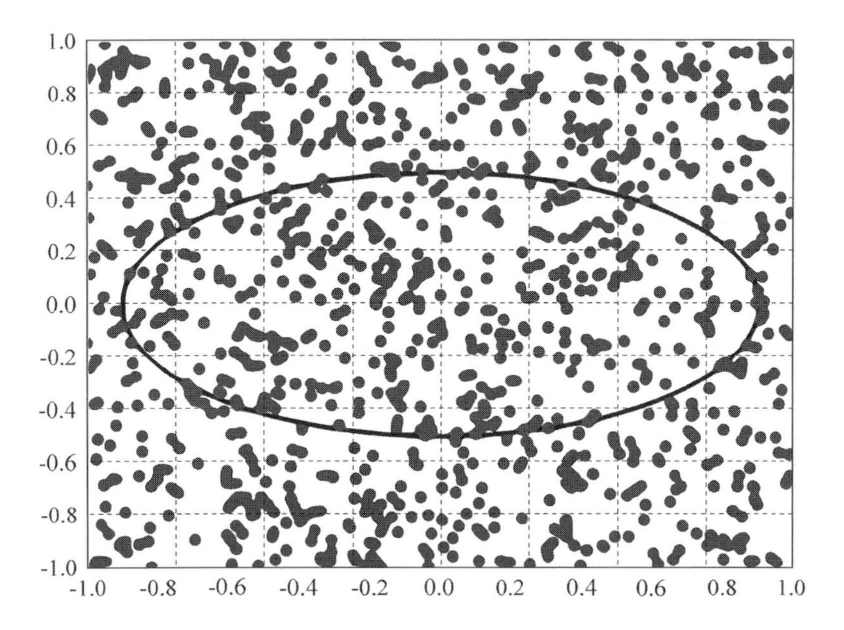

図 6.7 モンテカルロ法。でたらめな数字の集まりである「乱数」を、式できちんと求められる事柄の計算に使うことができる。この図に示した楕円の面積は 1.413 716 694…。この図の四角い領域全体に、1000 個の点を、乱数を使ってでたらめにばらまく。全体の面積は 4(=2×2) なので、1000 個のうち何個が楕円の内側にあるかを数えることで、楕円の面積を推定できる。これを 10 回繰り返したところ、面積は 1.386±0.044 だった。ばらまく点の数を 10 万個に増やし、これをおなじく 10 回繰り返すと、面積の推定値は 1.4123±0.0057 に改善される。モンテカルロ法の利点は、数式では表せない不規則な形の面積や体積を求められることだ。これは、他の方法では難しい。

沈めて、あふれたお湯の量を測るというやり方がある。だが、そんな方法を使う必要はない。彼女の体の輪郭をコンピューターで立体的に測定し、図6.7のようなモンテカルロ法で体積を求めればよいのだ。

ひとこと申し添えておけば、モンテカルロ法で得た結果には誤差がある。統計的な方法なのだから、ごく当然のことだ。

楕円の面積のようにきちんと値を求められるなら、なにもこんな方法を使う必要はない。だが、大気の現象の場合は、そうはいかない。どうしても誤差がでるので、その誤差の大きさも同時に示すことになる。

たしかに、気象は、数式を使ってつぎの状態を計算できる決定論的なシステムだが、その本質がカオス的であり、観測値が誤差を含んでしまうことも避けられないので、結果はまるで「でたらめ」になる。

ここ数十年の天気予報でもっともおおきく進歩したのは、誤差や不確かなデータを扱う方法だ。これにより、ある予報結果がどれくらい信頼できるのかを示すことができるようになった。

もうひとつの進歩は、観測の精度を大幅に高めて、誤差や不確かさを小さくしたことだ。こうして得たデータを、どんどん性能が上がっているコンピューターでばりばり計算していくのだ。

気象は、その本質は決定論的だが、カオス的な性質ももっている。そのため、予測計算を始める出発点になる誤差のない観測データを手に入れられない以上、その予測は、実際には決定論的には決まらない。

あすの天気を予測するには、きょうの天気についての完全無欠なデータが必要だ。しかし、わたしたちが入手できるのは、予測計算で誤差を生むことを避けられないような観測データだけ。アンサンブル予報は、統計学の知識を使ってこの問題を乗り越えるための手法だ。

第7章

ここでまとめて雲と雨と雪の話をしよう

テントを張ればいつも雨だ。暴風雨は雨を落とすテントを求めて、風に逆らってまで何千マイルも旅をするのだ。

デイブ・バリー

もし水がなければ、気象も気候も、なにがおきているのか、わたしたちにはさっぱりわからないだろう。水は、その姿を固体、液体、気体と変えてわたしたちの眼前に現れ、気象や気候に重要な役割をはたす。この章では、雲、そして雨や雪の種類やその成因について、詳しくみていこう。

雲は決定的に重要だ

雲の基本について、みなさんはもう知っているはずだ。雲は、大気中の水滴または氷の粒子の集まりであり、白や灰色に、そして太陽の光の当たり方によっては、赤やオレンジ色、黄色に見える。ひとかたまりの雲の重さは何千トンもあって、地球をおおう雲の広さが気候に大きな影響を与えるということは、もしかするとご存じないかもしれない。

雲はどんな形にもなりうると思うかもしれないが、じつは雲の形や色はいくつかに分類でき、それぞれが地球の気象や気候に異なった影響をおよぼす。

地球に出入りするエネルギーのバランスを考えるうえで雲が重要なのは、雲が、その高度や大きさ、成分によって、地球を温めもするし冷やしもするからだ。

雲は太陽からきた短波放射を反射して宇宙に返してしまうので、その下の地球を冷やす効果がある。雲がない場合にくらべて、地表に届く太陽の熱が減ってしまうのだ。一方で、雲には、地表からの長波放射を吸収し、地球を温める効果もある。一般的に、低くて厚い雲（たとえば層積雲）[*1] は地球を冷やし、高度の高い薄い雲（巻雲）は地球を温める。

全体としてみれば、ある瞬間に地球をおおっている雲（だいたい地球全体の 60％）は、地球を冷やす効果のほうがまさっている。雲は、地表より 20〜30％ も多く太陽光を反射するからだ。

第1章でお話しした黒体放射や温室効果を思いだせば、高度の高い雲と低い雲が、地球のエネルギーの出入りに、なぜそのように影響するかがわかるだろう。図 7.1 も参考にしてほしい。

雲は、大気中の水蒸気量が、大気が含むことのできる限界、つまり飽和状態を超えたときにできる。飽和状態は大気の温度と深い関係にある（詳細は第8章でお話しする）。

冷たい空気が含むことのできる水蒸気の量は、暖かい空気より少ない。したがって、空気が上昇して冷え、もうその水蒸気を含みきれないという高度に達すると、水蒸気は凝結して目に見える水滴になる。飛行機の窓から外を見ていると、雲が眼下の一定の高度に広がっていることがある。まるで、綿でつくった玉を水平なガラス板の上に並べたようだ。この現象こそが、地表付近では暖かかった空気が上昇して冷え、ちょうどこの高度で雲を生じさせる温度になったという事実を物語っている。

逆の現象もおきる。気温が上がれば、雲は消える。雲をつくっていた水滴が蒸発し、大気中の水蒸気に戻ったのだ。雲が増えも減りもしないときは、個々の水滴は大きくなったり小さくなったりしながらも、全体としては蒸発と凝結が釣り合った平衡状態にある。

大気が水蒸気で飽和するのは、その場の水蒸気量が増える（たとえば海面から水が蒸発する）か、その場の気温が下がる（空気が山の斜面を駆けあがる、日が沈む）場合だ。しかし、実際には、それだけでは雲はできない。飽和状態にある大気が水滴を生むには、そのまわりに水蒸気がくっついて水に

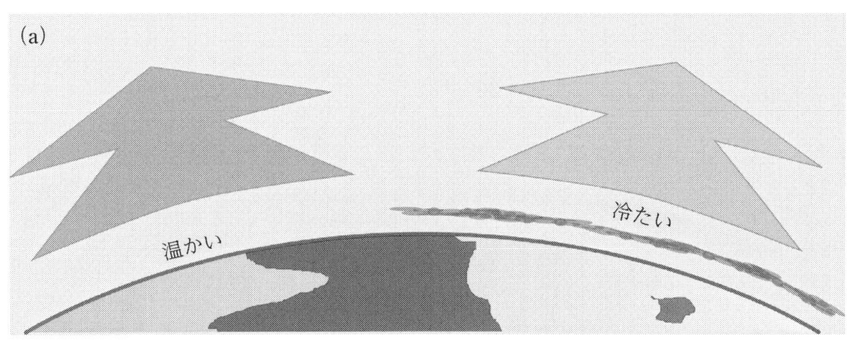

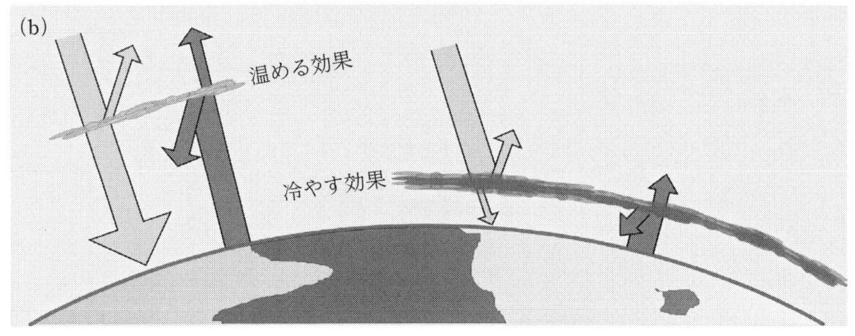

図 7.1 地球のエネルギー収支と雲。(a) 雲のてっぺんは地面より平均で 19°C くらい冷たいので、長波の黒体放射は地面より少ない。雲には、地面を温めた太陽の熱を逃がさないようにするはたらきがある。(b) 詳しくみると、高いところにできる雲は、太陽からくる短波放射のほとんどを通すが、地表からの長波放射のほとんどを反射、吸収する。だから地球を温めることになる。一方、低いところの雲は濃いので、太陽からの放射はあまり通さず、宇宙にも地表にもおなじくらいの長波を放射する。その結果、地球を冷やす。雲は全体として地球を冷やす効果がある。

なるための「凝結核」が必要だ。

凝結核はとても小さなちりや塩の結晶、花粉、液体のエーロゾル、煙突から出るすすのような汚染物質などだ*2。吸湿性があるこれらの物質が、水を引き寄せる。もし凝結核がなければ、大気は、飽和状態を超えた量の水蒸気を含む「過飽和」の状態になる。

大気の温度が、水が氷になる「凝固点」より低いと、もうひとつの「核」が重要になってくる。「氷晶核」だ。もし凝結核がなければ、水蒸気は水滴になれない。そして、もし氷晶核がなければ、この水滴は氷になれないことがある。

凝固点より低い温度なのに、液体が固体にならずに液体のままでいる状態を「過冷却」という。ちょうどよい氷晶核がなければ、たとえマイナス10℃、20℃といった気温であろうと、水滴は凍らずに「過冷却」の水滴のままという場合もある。そのような水滴でできた雲のなかを飛行機が飛ぶと、飛行機が一種の「氷晶核」となって、機体に氷が張りついてしまうことがある*3。

凝結核と氷晶核は、おなじものではない。氷晶核は自然にできる氷の結晶とおなじ形でなければならないので、どんな形でもよい凝結核にくらべて、大気中にその数は少ない。はるか上空に過冷却の水滴でできた雲がごくふつうにあるのも、そのためだ。気温がマイナス40℃より低くなったとき、そんな雲の水滴のほとんどが、やっと氷になる*4。

凝結核は小さい。半径1 μmといったところだ（「海塩粒子」とよばれる塩の結晶の場合はもっと小さくて0.1～0.5 μm）。したがって、できはじめの水滴も小さい。それが10 μmくらいに成長してごくふつうの水滴になり、50 μmともなれば、かなり大きいほうだ。

水滴が大きくなっていくスピードは、たんに凝結だけで成長する場合より速い。雲のなかの気流は乱れているので、水滴どうしが衝突して合体するからだ。水滴が雨として落ちてこられる大きさまで成長するには、100万個くらいの小さな水滴の合体が必要だ。

大気中では、重要な現象がいろいろなスケールでおきている。それが、気候モデルづくりを難しくしている。これらの現象をきちんとモデルに取りこまないと、正確な予測はできない。いまお話しした小さな凝結核は、地球全体の雲がどうやって、どこにできるのか、どんな性質の雲なのかという点に影響し、それが気候モデルや気象モデルの予測結果を左右する。具体的にはどういうことだろうか。

観測によると、熱帯にできる雲の量は、温帯や極域にくらべて10～20％くらい多く、雲のてっぺん、すなわち「雲頂」の高度も1～2 kmほど高い。

熱帯の空気のほうが暖かいからだ。これから考えても、気温は雲の性質を決める重要な要素だ。驚くにはあたらない。

だが、凝結核は、雲の性質とどのような関係があるのだろう。凝結核は、海域より陸域に多い。これが陸と海の雲の違いに関係する。雲のなかで水滴が成長して雨として落ちてくるころには、陸の雲のほうが海の雲より濃くなっている*5。

陸域と海域とでは熱的な性質が違うので、雲の性質もつぎのように違う。

1. 海上のほうが陸上より雲が多い。海上は67% が雲（濃い雲は50%）で、陸は50%（おなじく15%）。
2. 海上の雲は午前中に多く、陸上では午後に多い。
3. 海上の雲が太陽光を反射する割合は、おなじ面積でくらべた場合、陸上の雲より10% 小さい。

太陽エネルギーの吸収に地球上の雲がどう影響し、雲のでき具合や性質が海と陸とでどう違うかがわかった。つぎは、気象学では雲をどのように分類しているのかというお話だ*6。

雲を分類する

かつて、この世界の物質は岩、水、空気、火の四つで構成されていると考えられていたことがあった。人間の体液は血液、粘液、黄胆汁、黒胆汁が基本になっているとされた時代もあった。不思議に思うかもしれないが、雲は、近代科学が登場する以前にこのような分類がなされることはなかった。雲が分類されたのは、生物学者のリンネが生物の合理的な分類法を18 世紀に考案した後だった。雲より複雑で突然変異もあり、種類も多い地球上の動物や植物を整然と分類した、あのリンネである。

薬剤師でアマチュアの気象愛好家でもあったルーク・ハワードが、19 世紀に入ってすぐに、雲の分類について書き記している。新しい科学の知識や観測機器を使ったわけではなく、何世紀もまえに、だれかがやっていてもよかったような分類だ。それにもかかわらず、ハワードがはじめて1803年に記したこの分類は、いまでもおおよそ変わらずに残っている*7。その点が、物質や人間の体液にかんする初期の分類とは違う。

ハワードは、すべての雲を分類するもとになる三つの形と、特別な雨雲の形の計四つを示した。現在は、これらを含めた10個を基本形としている。米国立気象局が「基本の四形態」とよんでいるこれらの形は、つぎの四つである。

1. 「巻雲型」は、カールした白い髪のようにみえる細い氷の雲。上空の高いところにできる。中緯度の嵐や熱帯の台風のような低気圧が近づいてきたときに現れる。氷の結晶でできている。
2. 「積雲型」は、しっかりした形をとった白くてふわふわした綿の玉のような雲。雲の底は水平になっていることが多い。強い上昇気流にともなって上へ上へと発達し、雲のなかではもっとも背が高くなる。雲粒のほとんどは、対流によってつくられた水滴。夏の日の午後によくみられる。
3. 「層雲型」は、広い範囲に毛布を広げたような、輪郭のはっきりしない雲。積雲型のような熱による空気の上昇ではなく、温暖前線や空気の集まってくるところ、山の斜面などで、空気が上昇してできる。10～30 μm の水滴でできている。
4. 「雨雲型」は、雨を降らす雲。形態はさまざま。

現在の「十種雲形」は、つぎのとおり（図7.2）。

1. 「巻雲」は、細くて白い繊維のような雲。高い高度にできるので、日が明けるときはまっさきに太陽で輝き、夕暮れ後も上空で太陽の光を受けている（図7.3）。日の出まえや日没のあとに、黄色や赤に明るく輝いてみえる。中緯度の低気圧の前面にできるので、この雲ができると、まもなく天気が崩れる。

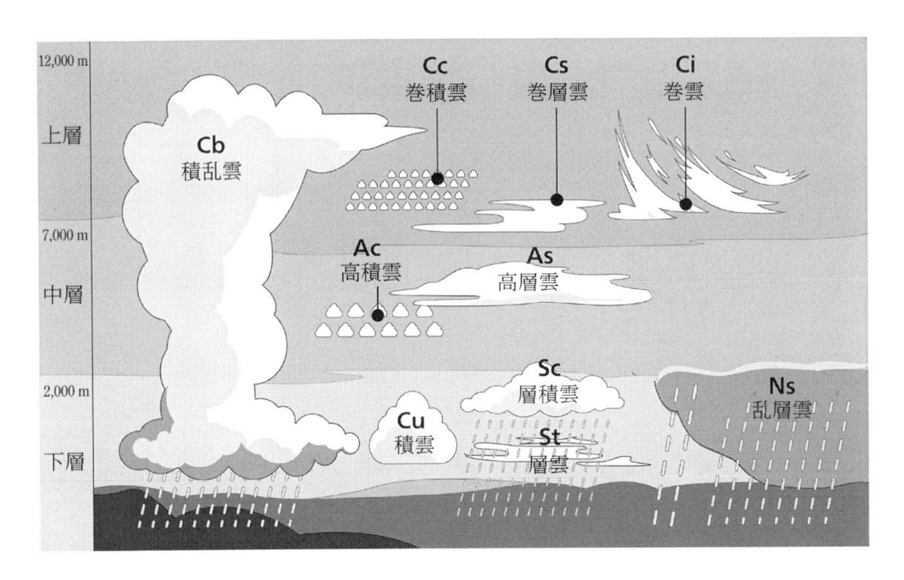

図 7.2 雲の基本的な「十種雲形」。高度によって分類されている。たとえば、塊状に発達する雲でも、高度の低い方から順に「積雲」「高積雲」「巻積雲」と名づけられている。〔ウィキメディア・コモンズ（http://d3j2451xrdmehy.cloudfront.net/0/?url=Z3ZzLm5lX3NlcHl0X2R1b2xDQTMlZWxpRi9pa2l3L2dyby5haWRlcGlraXcubmUvL0EzJXNwdHRo）より〕

2. 「巻積雲」は、小さな雲の塊が石を敷きつめたように薄く広がるシート状の雲。いつもみられるわけではない。ほかの雲と一緒に発生し、そのまま晴天が続くこともあれば、数時間後に雨が降ることもある。
3. 「巻層雲」は、向こうが透けて見える布を広げたような雲。この雲がでていると、太陽や月のまわりに光の輪が現れる「暈（かさ）」という現象が発生することがある。この雲が全天で増えていくのは、それまでの晴天が雨や雪が降る状態に変わりつつあるときだ。弱い前線が近づいているのだ。
4. 「高積雲」は、中くらいの高度でもっともふつうにみられる雲。灰色がかった白っぽい雲のかけらが集まって、層状に広がっている。「さば雲」とよばれることもある（図 7.4）。温暖前線や寒冷前線の付近に、ほかの種類の雲といっしょにできることも多い。
5. 「高層雲」は、広範囲に一様に広がっている青みがかった灰色の雲。太

図 7.3　細い筋状の巻雲。発達して巻積雲（右上）となる。〔Simon Eugster 撮影〕

図 7.4　高積雲。小さな雲の塊が並ぶ「さば雲」の形は、専門的には「波状雲」とよばれることもある。〔筆者撮影〕

図 7.5　積雲。貿易風の吹く緯度でよくみられる。2012 年 9 月 21 日撮影。〔米航空宇宙局の資料より〕

陽が透けてみえることはあるが、地上に太陽の影はできない。太陽の暈もできない。温暖前線や閉塞前線の前触れとして現れる傾向にある。

6. 「乱層雲」は、広い範囲を一様におおう濃い灰色の雲。厚いので、太陽を完全に隠してしまう。雨や雪を降らす。
7. 「積雲」は、灰色がかった白いカリフラワーのようにみえる濃い雲。輪郭がはっきりしている。雲のてっぺんは太陽の光に照らされて白く輝き、底は灰色で平らになっていることがしばしばある（図 7.5）。陸域では、地面が温まる日中に発生し、夕方が近づくと消滅する。ふつうは晴天にときにでき、そこに上昇気流が発生していることを示している。
8. 「積乱雲」は、雷雨をもたらす灰色の濃い雲。巨大な山か塔のような形をしていて、てっぺんは、ふつう平たくつぶれて横に流れ、「かなとこ」のようになっている。底部から雨やあられ、ひょうが降る。寒冷前線に沿ってできるのも、この雲だ。
9. 「層積雲」は、ハチの巣のようなでこぼこのある白っぽい灰色の雲が、空を広くおおっているようにみえる。この雲がでると、月のまわりを

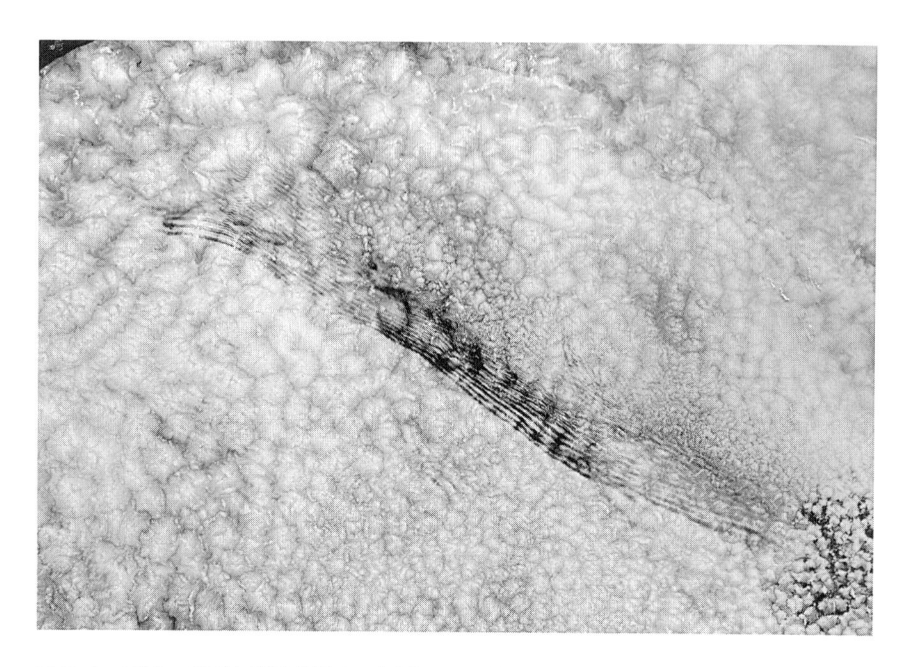

図 7.6　層雲の雲頂を観測衛星から撮影した写真。西アフリカ沖の南大西洋で 2003 年 8 月 28 日に撮影。層雲は、地上から見ると、ただ灰色の雲が広がっているだけだが、上から見るとこんなに面白い。この写真の領域は、縦が 425 km、横が 550 km。〔米航空宇宙局のアクア衛星が撮影〕

いろいろな色の光の輪が幾重にもとりかこむ「光冠」がみられることがある。どんよりした曇り空になる。

10.「層雲」は、地面から離れた位置にある霧といってよい灰色の雲（図 7.6）。空を広く一様におおう。大気が安定な状態にあるときに現れる。暈はふつうできない。

気象の専門家は、この 10 種類の雲の形を、さらに細かく分けている。写真などが掲載されたデータベースを利用すると、それぞれの雲の形がよくわかる*8。

それにしても、なぜこんなにしてまで雲を細かく分類するのだろうか。屋根裏部屋の科学者（「オタク」）が、目的もなくとりつかれたように整理、分類したというわけではない。いま現在の空にどのような雲があり、それがど

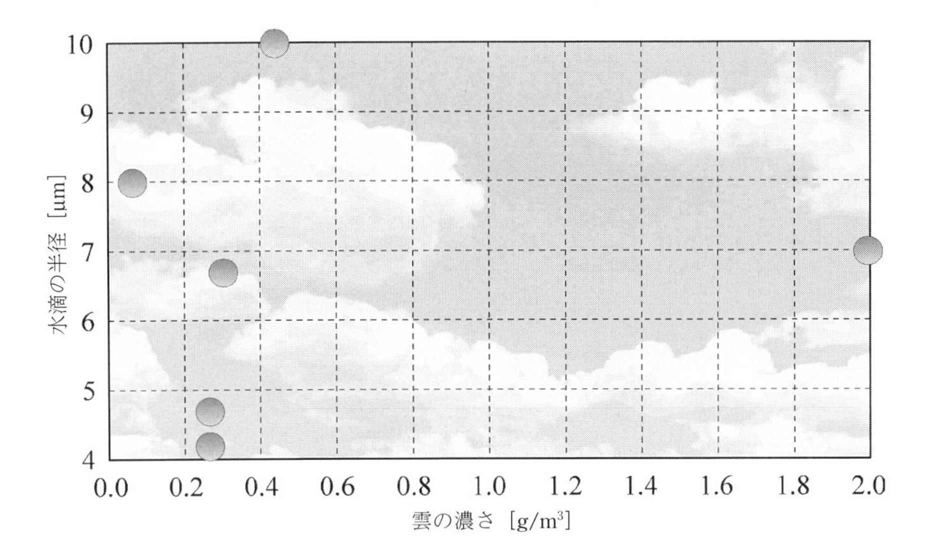

図7.7　雲をつくっている水滴の半径と雲の濃さ（密度）を、陸や海の上にできる代表的な雲について示した。いろいろな大きさの水滴があることがわかるだろう。

う変化しているのかがわかれば、現在の大気の状態とこれからの天気を推定できるからだ。雲の種類は、雲の濃さや雲をつくっている水滴の大きさを反映しているのだ（図7.7）。

雲が競走馬で、気象の専門家が競馬好きだったとしよう。この気象専門家は、有望な馬をみつけ、その馬の性格を知ろうとする。そうすれば、賭けに勝つ確率は高まる。つまり、天気予報とおなじように、将来をよりよく予測できるということだ。

雲のカタログのなかには、もっと風変わりで珍しいものある。たとえば、レンズ雲（図7.8）や乳房雲（図7.9）。めったに見られないが、成層圏の低いところ（マイナス78°C以下の寒さ）にできる真珠雲は美しい。おもに極域で、日没直後に下方から太陽に照らされたときに現れる。

もうひとつ、とても珍しいのが「ケルビン・ヘルムホルツ不安定」による雲だ。いくつもの大波が横に連なったような雲だ。水平に吹いている風の速度が、この上下で大きく違っているときにできる。

図 7.8　奇妙な形をしたレンズ状の雲。アイスランドの山岳地帯に 2005 年 6 月 26 日に現れた。このような雲が、ときに「未確認飛行物体」と間違えられる。湿った空気が山の地形で上昇したときにできる。〔Josvandamme 撮影〕

これらの雲の成因や成分、気象学上の重要性などは、その雲がありふれたものであれ珍しいものであれ、たいていの場合は科学的によくわかっている。たとえば、層雲や層積雲は大気の下層にでき、横に広がるこれらの雲は、より高い高度にできるものを含めて、その場所では上昇気流が弱いことを示している。それとは対照的に、低いところから高いところまで立ちあがっている積乱雲の場所では、秒速 40 m にもなるような猛スピードの上昇気流が生まれている。これについては、すぐあとで説明しよう。

空を見て雲の種類がわかれば、専門家なら、その雲をつくりだした大気の状態を推定できる。地表が熱せられれば、その上では大気の対流が生まれて積雲ができる。山のような地形があれば、風は斜面をのぼって層雲をつくる。前線、空気の流れが集まってくる場所、大気の動きが乱れた場所があれば、それに応じて湿った空気が上昇し、それぞれの特徴をもった雲ができる[*9]。

図 7.9　もうひとつの奇妙な雲。カナダ・サスカチュワン州のレジャイナに、2012 年 6 月 26 日に現れた乳房雲。積乱雲の底からぶらさがっており、激しい雷雨の前兆となる。この写真では、側方から光があたっているので、形がよくわかる。〔Craig Lindsay 撮影〕

霧

霧は、地表に接している雲である。それ以上でもそれ以下でもない。地表付近にできるので、でき方は雲とは違うのだが。発生した原因、発生場所によらず、肉眼で水平方向を見通せる距離、つまり「視程」が 1 km 未満の場合を「霧」、1 km 以上 5 km 未満の場合を「もや」という*10（ボックス 7.1）。霧は、大気中に凝結核が多い工業地帯で濃くなる傾向にある。

霧は、湖のような水分の供給源があると、その上で発生する。「移流霧」は、湿った空気が冷たい地表の上に流れてきたときにみられる霧だ。空気が冷え、雲ができるときとおなじように水蒸気が凝結する。この移流霧がいちばんよくみられるのは、海面水温の高い海の上の空気が水温の低いところに流れていった場合だ（図 7.10）。

実際、地球上でもっとも霧が多く発生するのは、カナダ・ニューファンドランドの沖合にある漁場（いまはあまり魚が獲れないようだが）のあたりだ。ここでは冷たいラブラドル海流が温かい湾流とぶつかっている。

陸上で移流霧がでやすいのは、雪面の上を温暖前線が横切るときだ。

ボックス 7.1
視程

大気中に水滴が浮いているとき、その視程は水滴の大きさで決まる。ボックス図 7.1(a) では、ふたつの水滴が浮いている。ボックス図 7.1(b) は、合計するとおなじ体積になる水滴がおなじ空間に浮いているのだが、水滴の直径が半分になっている。このとき水滴の数は 8 倍になり、その立体的な空間を平面図に投影したこの図では、個々の水滴の面積は 4 分の 1 に、したがって、水滴の総面積は 2 倍になっている。この図から、水滴の総体積がおなじなら、水滴が小さいほうが、視程が悪くなることがわかるだろう。

巻末の付録には、水滴が浮いている大気の「平均自由行程」（見通せる距離）の計算を詳しく載せてある。これからわかるように、霧のなかを見通せる距離は水滴の直径に比例する。たとえば、水滴の直径が 4 mm で 1.3 km の距離を見通すことができる場合、1 m^3 あたり 1 g という水滴の総量を変えずに個々の直径を 10 μm にすると、3 m さきまでしか見えなくなる。

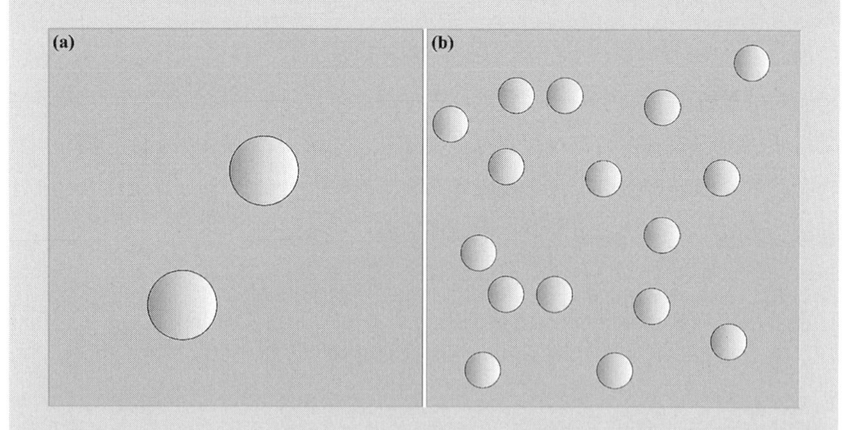

ボックス図 7.1　大気中に浮いている水滴は視程に影響を与える。(a) 水滴がふたつだと、この灰色の四角形を見るのに水滴はあまり邪魔にならない。(b) ふたつの水滴を 8 個に分けると、四角形を邪魔する面積は 2 倍になる。水滴の総体積がおなじ場合、小さな水滴のほうが見通しが悪くなることはあきらかだろう。

図 7.10　米国西海岸のサンフランシスコ湾では、海から陸に霧が押しよせてくることがある。移流霧のよい例だ。この写真では、ゴールデン・ゲート・ブリッジ（金門橋）が霧の上に頭をだしている。〔ウィキペディア“San Francisco Fog”(https://en.wikipedia.org/wiki/San_Francisco_fog#/media/File:San_francisco_in_fog_with_rays.jpg）より〕

「放射霧」は、よく晴れて風のない静かな冬の夜に、陸上でよく発生する。地表からの長波放射で地面の温度が下がり、そのすぐ上の湿った空気が冷やされるのだ。この冷たくて重い空気が谷のような低い場所に流れこむと、300 m さきさえ見えなくなるような濃い霧になることがある。日が差して空気や地面があたたまってくると、放射霧はすぐに消滅する。

「滑昇霧」は、湿った空気が山などの斜面を駆けあがり、冷やされたときにできる。「蒸発霧」は、冷たい空気が温かい海や湿った地面の上を通るときに発生する。秋に多い。空気のほうが海より冷たいので、さきほどの移流霧とは温度の高低が逆だ。

このように、霧は、地表面とその上の空気とに温度差があるときに発生する。どちらの温度が高いかは、あまり関係ない*11。

降水現象

1年間に地球上に降る50万 km^3 の水のほとんどは、雨粒として落ちてくる。その数はおよそ10,000,000,000,000,000,000,000粒。気になる方は、ぜひ数えてみるとよい*12。

固体で降ってくるものは、雨粒ほどの量はないが、なかなか興味深い。食べたくなるような2種類を紹介しよう。まずは、ひらひらと舞いおりてくる雪。1時間ほどかけて空から落ちてくる。あられやひょうは、落ちてくるまでに何回か上昇と下降を繰り返す。

まず、気象の専門家の流儀にしたがって、降水の七つの型を簡単に説明しておこう*13。

1. 「雨」は、大きさが0.5 mmを超えている水滴。5 mmくらいの大きさになることもある。多くは乱層雲や積乱雲から落ちてくる。
2. 「霧雨」は、大きさ0.5 mm以下の水滴。おもに層雲から降ってくる。
3. 「雪」は、氷の結晶が集まったもの。積雲、積乱雲、乱層雲、高層雲から降る。
4. 「霧雪（むせつ）」は、霧雨が凍ったもの。
5. 「あられ」は、大きさが5 mm以下の凍った雨粒。
6. 「ひょう」は、大きさが5 mmより大きい凍った雨粒。かなり大きくなることもある。激しい雷雨のときにできる。
7. 「雪あられ」は、大きさ1~5 mmの雪の塊で、過冷却の状態になった水滴が、落ちてくる雪のまわりに氷となってくっついたもの。

図 7.11　ハワイ・カウアイ島のワイアレアレ山を飛ぶヘリコプターから撮影した雲。〔2011 年 3 月に筆者撮影〕

雨は、さまざまな降り方をする。まずは、降水量の違いだ。地球上の場所によって、降水量はおおきく違う。南米のアタカマ砂漠では、1 年間に 15 mm くらいの雨しか降らない。インド北部のマウシンラムという村では、年間の降水量が 1 万 1871 mm にもなる。世界のほとんどの地域の降水量は、このふたつの間にある[*14]。米国でいちばん降水量が多いのは、ハワイ・カウアイ島のワイアレアレ山だ（図 7.11）。

地球上のある場所に降る雨、たとえばあなたの家の裏庭に降る雨も、その降り方は気象学的なさまざまな要因に左右される。

まず、雨が降る強さを分類しておこう[*15]。弱い雨は、1 時間あたりの降水量が 2～4 mm の場合。5～9 mm だと中程度の雨で、10～40 mm は強い雨。それを超えると激しい雨だ。

雨粒が落ちてくるスピードにも、いろいろある。このスピードを左右するのは、上昇気流のスピードと雨粒の大きさだ。雨粒の落下スピードは、ふたつの力によって決まる。雨粒を下方に引っぱる重力と、落下する動きに対抗する空気の摩擦力だ。

摩擦力は複雑だ。小さな雨粒と大きな雨粒とでは、そのはたらき方が違う。そして、大きな雨粒は、落下スピードが上がってくると形が変わる。球形だったものが、上下につぶれたクラゲのような形になるのだ。形が変われば、摩擦力も変わる。

雨粒の落下速度は、雨粒の大きさに比例することが観測からわかっている。ということは、大きな雨粒は小さな雨粒に追いつき、落下の道中に小さな雨粒を吸収する。そして落下スピードがさらに上がることになる（上昇気流のスピードが変わらなければ）[*16]。

「大気水象」という妙な専門用語がある。これは、雨のほか、雪やひょうなどの固体の状態のものを含め、大気中にある水や氷が引きおこす現象をひっくるめて指す言葉だ。その「固体の状態」の降下物は、できるしくみが雨とは違うし、また種類によっても違う。

「ひょう」は凍った雨粒とでもいうべきものだが、雨粒よりはるかに大きくなることがある。それは、なぜなのだろうか。

過冷却の状態になった水滴が浮いている大気のなかをひょうが落ちてくると、水滴はひょうの表面に氷となって張りつき、ひょうは大きくなる。大きくなれば重くなり、より落下しやすくなる。

落下しやすくなるのだが、ときには、そこに重力を帳消しにできるほどの強い上昇気流があって（雷雨をもたらす雲のなかの上昇気流なのだが、その話はつぎの節でする）、ひょうは、落ちることなく浮いていることがある。そのあいだに、ひょうはさらに大きくなる。付録では、ひょうの大きさが上昇気流の速さの２乗に比例することを示しておいた。

上昇気流のスピードはさまざまなので、ひょうがこの気流に乗って上昇することもしばしばある。こうしてふたたび高い高度に達し、そこで新たな氷の衣を重ねてまとい、じゅうぶんに重くなると、また落ちてくる。

ひょうがこのように上下していることは、大きなひょうを半分に割ってみるとわかる。そこには木の年輪のような層が刻まれている。地面に落ちてくるまでに、まるでヨーヨーのようになんども上がったり下がったりを繰り返した証拠だ*[17]。

ひょうをともなう嵐がおきるのは、たいてい夕方近くで、平均的には6分ほど続く。時間は短いが、ときには大被害をもたらす。米モンタナ州では1978年に野球のボールくらいの大きさのひょうが降り、200頭の羊が死んだ。農作物や家畜への被害だけでなく、自動車に当たれば、ぼこぼこになって修理不能になってしまう。

いちばんふつうにみられる固形の降水は、もっとふわふわしていて魅力的なものだ。雪である。物理学者は雪を見て、雪の結晶はなぜこんなに不思議な形をしているのかと思う。気象学者は、また別の側面から、雪というのは複雑なものだと考える。しんしんと降る雪もあれば、風に飛ばされる雪もある。寒冷前線などから派生する「スコールライン（不安定線）」で降る雪もあれば、猛ふぶきになることもある。

地上に積もった雪は、固まり、解けて、ふたたび凍ることもある。ようするに、地表面の温度により姿を変えるのだ。

雪の手触りはといえば、さらさらの粉雪もあれば湿った雪、べとべとくっつくような雪もある。わたしたちにとって雪が魅力的であるかどうかは、時と温度によりけりだ。もちろん、降る量にもよる。日本のある地域では、ひと冬に15.25 mもの雪が降る。これはもう、魅力的などという限界を超えている。

雪の一片、つまり雪片ができる過程は、最近になって物理的にかなりわかってきたとはいえ、いまだに大きな謎だ。雪片が六角形を基本とした形になっている理由が、水の分子の構造にあることはわかっている。だが、過冷却の気温にある水の分子が、どのようにして氷晶核のまわりに集まって雪片になるのかは、わかっていない。雪片には、ふたつとしておなじ形をしたも

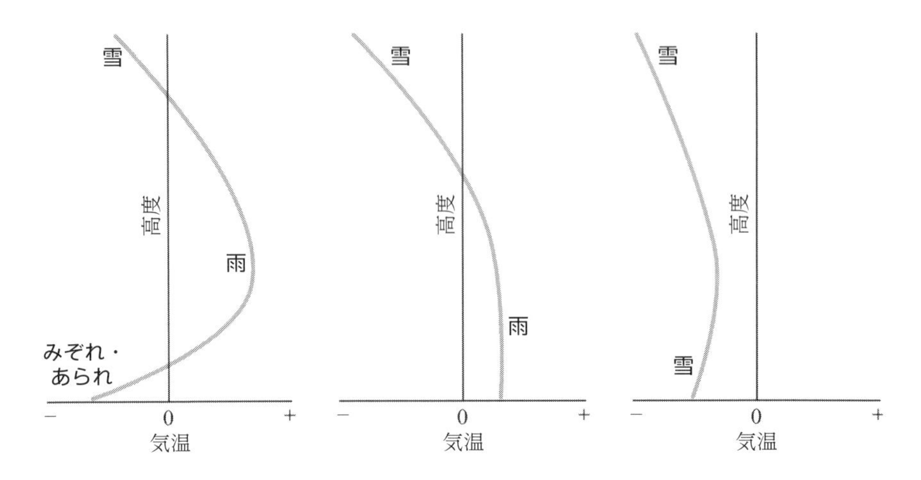

図 7.12　上空の気温が地表での降水に与える影響。いずれの場合も上空では雪として落ちはじめるが、地表に達するときの形態は異なっている。

のがないといわれている。たぶんそうなのだろうが、理由を説明するのは難しそうだ。

いまのところわかっているのは、氷の結晶（これが集まって雪片になる）がつくられるとき、気温が深く関係するということだ。

気温が 0〜マイナス 4°C のとき、氷の結晶は六角形の薄い板になる。それが、マイナス 4〜マイナス 6°C だと針状に、マイナス 6〜マイナス 10°C だと六角柱になる。マイナス 10〜マイナス 12°C だと、やはり六角形の板状。マイナス 12〜マイナス 16°C の場合は、まんなかから腕を六方に広げた樹枝状か、板状だ。マイナス 16〜マイナス 22°C だと、ふたたび板状が多くなる。マイナス 22〜マイナス 40°C になると、中空の針のような結晶になる。雪片が落ちてくるあいだに気温が変化すると、成長する形も変わってくる*18。

上空の気温によって、その降水が雪なのか雨なのかが決まる。はるか上空で雪としてスタートしても、地表に落ちるときには、みぞれやあられになったり雨になったりする可能性がある。図 7.12 を参考にすれば、そのようすがわかると思う。

激しい雷雨

ご存じかと思うが、雷鳴（父はよく「神様が天井裏でたるをころがしている」といったものだ）は、稲妻（電光）の発生によって生じるものだ。では、その稲妻はどうやって発生するのか。雷雨は、大気の現象としてはかなり激しい部類に属する。これから、この雷雨についてお話ししていこう。

まず取りあげるのは、もっとも単純で、あまり激しくはない「シングルセル」*19 の雷雨だ。それから、おそろしく巨大な「スーパーセル」へと進んでいこう。

シングルセル型の雷雨は、地面が熱せられ、その上で強い上昇気流をともなう対流が発生するところから始まる。湿った空気が「不安定な大気」（大気の安定性については、第8章で気象の物理的な側面からお話しする）のなかを上昇してできるのだ。

このシングルセルの特徴は、空気が上昇し、水滴ができて、それがさらに凍るくらい気温が低い高度にまで発達していることだ。さきほどお話しした雲の種類でいうと、積乱雲ができるのだ。上昇気流のなかでは流れが乱れていて、氷の粒はぶつかって静電気を帯びる。その結果、大気中のある部分はプラスの電気を帯びた領域になり、ある部分はマイナスの領域になる。

そして、プラスの領域とマイナスの領域に電気がたまりすぎ、もう分かれていられなくなると、両者のあいだにいっきに電気が流れて稲妻が発生し、雷鳴もとどろくのだ。

シングルセルの内部では、上空を水平方向に（地面と平行に）吹く風がほとんどない。そのため、シングルセルによる雷雨が激しいのは一時的で、セルそのものも遠からず自滅してしまう。なぜ自滅するのか、その理由を説明しよう。

湿った空気が上昇して氷の粒ができ、それが大きくなって落ちてくる。地表に近づくと気温が上がるので氷は解け、激しい雨となって地上に到達する。もともと上昇する空気に含まれていた水蒸気の量が多いので、このような激しい雨になるわけだ。

落ちてくる雨はまわりの空気を引きずるので、セルの内部に下降気流が生まれる。上空では水平方向の風が吹いていないので、氷の結晶などが横に流されることもなく、下降気流はもとの上昇気流とおなじ場所に発生する。雷雨をつくりだすはずの上昇気流を、下降気流が打ち消してしまうのだ。そのため、シングルセルの雷雨は、20分ほどしか続かないのがふつうだ。

シングルセルの内部の上昇気流は、ひとつしかない。これが対流圏界面の近くにまで上昇し、それ以上は上昇できなくなって水平方向に広がる。そのため、こうしてできあがった雷雲は、頭部が広がったマッシュルームのような形をしている（図7.13）。

もし、上空に水平方向の風が吹いていれば、このマッシュルームのてっぺんは横に流され、鍛冶屋さんが金属を延ばすときに台として使う「かなとこ」のような形になる。この「かなとこ」こそが、シングルセルより複雑で

図7.13　シングルセルでみられる雲。上空でほぼ全方位に広がるマッシュルームのような雲が特徴。2014年に米アーカンソー州で撮影。上空でマッシュルームの頭を横に流してしまう風がないため、このような形になる。もし風があれば、横に流れて「かなとこ」のような形になり、より激しい雷雨を生むことになる。〔Griffinstorm 撮影。ウィキペディア “Thunderstorm”（https://en.wikipedia.org/wiki/Thunderstorm#/media/File:Single-cell_Thunderstorm_in_a_No-shear_Environment.jpg）より〕

強力な「マルチセル」「スーパーセル」の特徴だ。

シングルセル型の雷雨はとくに珍しい現象ではないが、ちょっとした風が吹いてザッと雨が降るような、ありふれた弱いものではない。どれくらいのエネルギーが消費されるのかは、降水量の観測などから計算することができる。

典型的なシングルセル型の雷雨で消費されるエネルギーは、ひとつのセルあたり最大で約 10^{15} J（280 GW 時）。これは熱帯低気圧のひとつ分、小型の核爆弾（TNT 火薬換算で 240 キロトン）に相当する。

世界全体では、さまざまなタイプの雷雨が毎年 1600 万個も発生し、そしていまこの瞬間にも 2000 個が発生している。それぞれが落とす雨の量は 50 万トン。米国内では 1 年に 10 万個の雷雲が発生し、そのうちの約 10% は激しいものだ。

シングルセル型の雷雨が発生し、成長し、消滅するパターンは、いつもおなじだ。最初の発達段階では、積雲が立ちあがって上に伸びていく。この段階では、稲妻が走ることはあるが、まだ雨は降らない。成熟段階に入っても上昇気流は続き、やがて激しい雨が、まわりの空気を下降気流として引き連れて落ちてくる。

この下降気流は、地面に衝突すると周囲に広がり、「ガストフロント」とよばれる局地的で強い風となる[*20]。この段階で、雷雨は、いまもっているすべてのものをはきだす。強い風、雨、あられ、稲妻、雷鳴。最後の消滅期になると、下降気流が上昇気流に打ち勝ち、雷雨のもとを断ってしまう。地面の熱と地表付近の湿った空気が対流圏の上部までのぼることができなくなり、雷雨はついに息絶える。

セルが発達するとき、上昇した空気をおぎなうため、地表付近ではまわりから中心に向けて空気が流れこんでいたのだが、ガストフロントはそれをさえぎってしまう。

シングルセルが、あるていど以上に発達できないのは、上空で風が水平方向に吹いていないからだ。もし水平方向にじゅうぶん強い風が吹いていれば、下降気流の位置が上昇気流の位置と一致しなくなるので、下降気流は上昇気流を打ち消すことができない。激しい雷雨をともなうセルは自滅することなく、より長い時間をかけて成長しつづけるのだ*21。

雷雨をともなう「セル」は、その広がりや雷雨の激しさにより、いくつかのタイプに分けられている。シングルセルについては、いまお話しした。上空に風がないときに発生し、上昇気流がひとつだけのセルだった。

「マルチセル」は、シングルセルがいくつか集まったものだ。つまり、上昇気流と下降気流の組を複数もっている。寿命は数時間ほど。発達段階の違ういくつかのセルが集まっているので、それぞれのセルの寿命より長い時間にわたって存在しつづけられるのだ。

「スコールライン」は、セルが線状に並んだもの。寒冷前線に沿って、あるいはその前面にできる。

「スーパーセル」は、もっとも強力なタイプだ。ひじょうに激しい雷雨が広い範囲で数時間も続く。さきほど触れたように、上昇気流と下降気流の位置が分離している。竜巻の多くは、スーパーセルにともなって生じる（ボックス 7.2)。

稲妻は、自然界でおきる現象のうちで、もっとも神秘的で興味深いものだ。すこし詳しくみておこう。

稲妻が発生する激しい雷雨は、強い上昇気流をともなう厚さが 3～4 km もある濃くて冷たい雲で発生する。その雲のなかで、プラス、マイナスの電気が分離している。気温がマイナス 40°C くらいの雲頂付近ではプラスの、

ボックス 7.2

スーパーセル

水平方向に吹く風のスピードや向きが高度とともに変化しているとき、その風の流れは鉛直方向に「シアー」をもっているという。このシアーがセルの強さや寿命を左右することは、すでにお話しした。シアーがなければ、上昇気流のなかを雨粒が落ち

てくることになり、上昇気流は打ち消されてしまう。

もしシアーがあれば、雨粒は上昇気流の位置とは別の場所で落ちてくるため、上昇気流が打ち消されることはない。また、シングルセルではしばしばあるように、下降気流が地面に衝突してガストフロントが生じて、上昇気流の種になる暖かくて湿った空気が周囲から流れこもうとするのを妨げてしまうこともない。

スーパーセルは、ねじれてゆがんだ構造になっている[†1]。風のスピードや向きは、高度によって変化している。スーパーセルの寿命は、30 分、1 時間どころではなく、何時間にもなる。これほど寿命が長いのは、このねじれ構造のためだ。

水平方向に吹く風は、北半球ではふつう、上空へいくにしたがって時計まわりに向きを変える[†2]。上昇気流に対してこの鉛直方向の風のシアーがはたらき、結果として、低気圧のような反時計まわりの風の流れを生む。こうしてセルの中心部にできる巨大で持続時間の長い上昇気流を「メソ低気圧」という。このメソ低気圧が、スーパーセルを、他のセルとはまったく違うものに育てあげる。雲の頭は、対流圏界面を突きぬけて成層圏にまで達するのだ。スーパーセルの構造は独特で、かなりよくわかっている。ボックス図 7.2 に、概念図を示しておいた[†3]。

雷雨をともなう一般的なセルの場合、上昇気流の速さは時速 48 km くらいだが、スーパーセルのメソ低気圧でみられる上昇気流は、時速 160 km を超えることもある。だから、スーパーセルの上昇気流は対流圏の上面（対流圏界面）にまで達する。たいていは、そこで横に広がっていく。成層圏では「気温減率」がマイナスになっていて（高度が増すほど気温が高くなっている。これについては第 8 章でお話しする）大気は安定なので、上昇気流は、ふつうは成層圏に入っていけない。だが、上昇気流がきわめて激しい場合は、勢いあまって成層圏にまですこし入りこみ、そののちに対流圏界面のあたりを横に広がることになる。これが、ボックス図 7.2 にある「成層圏に突っこんだ雲頂」だ。

水平方向の風に鉛直シアーがあるため、雲は中心から四方八方に対称な形で広がるのではなく、非対称な形になる。上空では、積乱雲や乳房雲からなる「かなとこ雲」が、横に張りだしている。上昇気流と下降気流の位置にも注意してほしい。

いま、このスーパーセルの下を人が歩いて横切ったとしよう（ボックス図 7.2 だと右から左の向き）。まず現れるのは、「アーチ雲」「棚雲」などとよばれる低い天井のような雲だ。つぎに弱い雨、そして強い雨。もうすこし進むと、たいていは、ひょうが降ってくる。さらに竜巻に成長しつつある強風。この強風は、まだ地上に達することなく、上空に見える厚い壁のような「壁雲」に取り囲まれて回転しているかもしれない。雨が降っているところでは、気温が低い。上空のはるか高いところでできた雨が、冷たい空気を引きずり下ろしてくるからだ。

ひょうは、竜巻の前触れであることが多い。そして、ひょうが降るということは、メソ低気圧で生まれている上昇気流が強いことの、なによりの証拠だ。スーパーセルで降るひょうはとても大きい（直径が 5 cm 以上の場合もあり、自動車にあたるとたいへんだ）。これはすでにお話ししたように、この大きさになって落ちてくるまで、上昇気流のために空中にしばらく浮いていたことを意味している。こんなに大きくなるまで浮いているには、よほど強い上昇気流が必要だ[†4]。

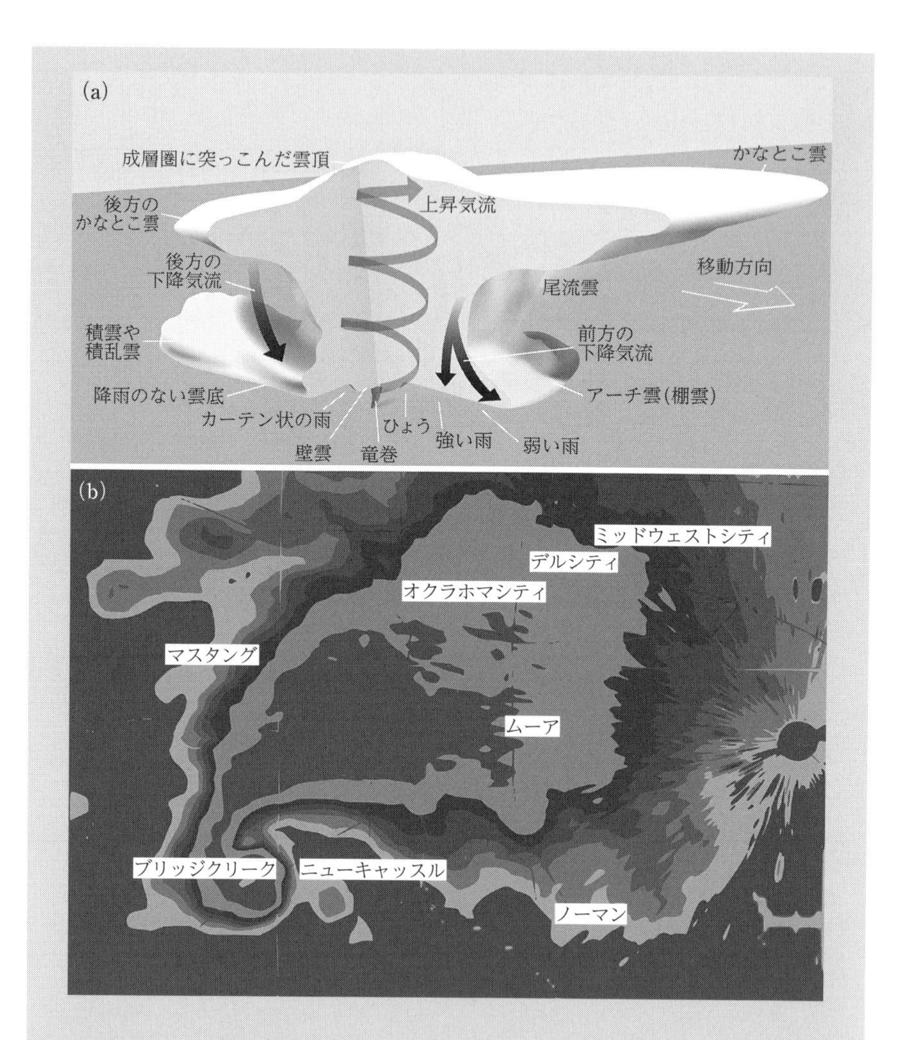

ボックス図 7.2　北半球でみられる標準的なスーパーセル。(a) スーパーセルの構造図。竜巻にくらべてスーパーセルははるかに大きい。竜巻はいつもできるとはかぎらない。(b) 上から見たスーパーセル。1999 年 5 月 3 日に米オクラホマ州を襲ったスーパーセルを、午後 6 時 57 分にレーダーで観測。このスーパーセルによる嵐では、40 人が亡くなり、675 人がけがをした。右端中央にある黒い丸がレーダーの位置。「ブリッジクリーク」(左下) のそばにある「フック」(釣り針のように変形した部分) で、強い竜巻が発生した。〔(a) は Kelvin Song 提供。(b) は米国立気象局 “The Great Plains Tornado Outbreak of May 3-4, 1999”(http://www.srh.noaa.gov/oun/?n=events-19990503) より〕

†1 スーパーセルの発生や成長についての読み物は、インターネット上にもたくさんある。たとえば、米海洋大気局の“Supercells”(http://www.spc.noaa.gov/misc/AbtDerechos/supercells.htm)、米国立気象局の“Types of Thunderstorms”(http://www.srh.noaa.gov/jetstream/tstorms/tstrmtypes.html)、ウィキペディアの“Supercell”(https://en.wikipedia.org/wiki/Supercell)。鉛直方向の風のシアーについては、H. E. Brooks, et al. (1994) を。米オクラホマ州で観測されたスーパーセルについては、J. E. Hocker and J. B. Basara (2007)。スーパーセルの動画は、“Wright to Newcastle, WY, Supercell Time-Lapse”(May 18, 2014, https://m.youtube.com/watch?v=VoO89cqDgJU) と、“Booker, Texas, Supercell Time Lapse”(June 3, 2013, https://m.youtube.com/watch?v=mSORpd9QFSA) を。

†2 上空へいくにしたがって反時計まわりに向きが変わる水平方向の風を、「バッキング・ウィンド (backing wind)」(訳注：日本語の適訳はみあたらない。「backing」は「反時計まわり」のこと) という。北半球では、反時計まわりの「バッキング・ウィンド」より時計まわりのほうがふつうだ。そのおもな原因はコリオリの力にある。上空ほど風速が大きいと、その風にはたらくコリオリの力も大きくなる。コリオリの力は風を右に曲げる向きにはたらくので、風向は、高度を増すとともに時計まわりにずれていくことになる。

†3 すでにおわかりだと思うが、気象では、おなじ現象にもさまざまなタイプがある。スーパーセルも同様で、すくなくとも三つのタイプが知られている。「降水の少ないスーパーセル」「降水の多いスーパーセル」、そしてボックス図 7.2 に示した「標準的なスーパーセル」だ。降水の多い少ないは、もちろん、スーパーセルが含んでいる水蒸気の量を反映している。降水の少ないスーパーセルは、米国でロッキー山脈の風下、つまり東側でよく出現する。この地域でおきる「シヌーク (チヌーク)」というフェーン現象や、それにともなって雨が少なくなる「雨陰」という現象も思い出してほしい。ロッキー山脈と中央平原のあいだにある「グレート・プレーンズ」のあたりでは標準的なタイプが多く、さらに東では降水の多いタイプが主流になる。

†4 ゴルフボールのサイズのひょうができるには、時速 90 km くらいの上昇気流が必要だ。もっと大きい野球ボールのサイズだと、時速 160 km ものスピードでなければならない。計算のしかたは付録に示してある。数学が得意な人のために、つぎのような説明もしておこう。ここでは、ひょうを球形の氷と考える。実際に落ちてくるひょうは、じつにさまざまな魅力的な形に変化しているが、計算のうえでは、これを球と考えても問題はないだろう。この球形の氷にはたらく重力は、半径の 3 乗に比例する。それに対して、この氷にはたらく空気の抵抗は、半径や上昇気流のスピードの 2 乗に比例する。したがって、氷の球を空中に浮かせておくためには、上昇気流のスピードは球の半径の平方根に比例した大きさである必要がある (訳注：大きい氷を浮かせるには速い上昇気流が必要だということ)。空中の水分が凍りついて氷の球が大きくなり、その場の上昇気流が支えきれなくなったところで、氷の球は落ちてくる。大きなひょうが強い上昇気流があることの証拠になるのは、これが理由だ。

それよりやや気温が高いマイナス15°Cくらいの中層ではマイナスの電気が多くなっている。雲の底にはプラスの領域もマイナスの領域もあり、それぞれが電気を通さない空気で絶縁されている。雲の真下の地面は、雲底がプラスならマイナスに、マイナスならプラスに帯電している。

これらの領域に電気がたまってきて空気の絶縁能力を超えてしまうと、プラスとマイナスの領域のあいだに稲妻が走り、電気は中和される。稲妻の温度は5万°Cにも達し、ふつうは白色の明るく輝く光の筋になる。

この放電現象のうち、雷雨の際にもっともよくみられるのは、「雲放電」だ。はっきりとした稲妻の筋が現れず、雲の一部が白い布のように明るくなるだけなので、「幕電光」とよばれることもある。雲放電は、ひとつの雲の内部でおきている現象で、放電現象全体の4分の1をしめる。雲と雲のあいだの放電現象は、かなりまれだ。

雲と地面とのあいだに電気が流れる「対地放電（落雷）」は、いうまでもなく、わたしたちにとって、もっとも恐ろしいタイプの放電だ。

「球電光」はきわめて珍しく、そのしくみはよくわかっていない（図7.14）。いくつもの理論があるが、まだ定説はない。他のタイプにくらべて、とても小さな雷だ。ふつうの雷は数百m、数kmの範囲でおきる現象だが、球電光の広がりはふつう50 cmもない*22。

典型的な稲妻で流れる電気は約3万A（アンペア）、エネルギーにして約500 MJにもなる。この膨大なエネルギーが4分の1秒ほどのあいだに3、4回に分けて流れ、瞬間的には1兆Wもの電力になる。この電力は、地球全体で使われている電力のおよそ20分の1に相当する。これが100万分の数秒間で発生しているのだ。

このような稲妻が、プラスとマイナスの電気をそれぞれ帯びた領域のあいだを走る。このふたつの領域の電位差*23は数千万V（ボルト）にも達している。地面に対してマイナス2300万V、あるいはプラス7900万Vといった観測値が報告されている*24。

図 7.14 球電光。この珍しい雷が 2011 年 6 月 28 日、オランダ・マーストリヒトの空を照らした。〔Joe Thomissen 撮影〕

個々の稲妻が走る道筋や枝分かれしたような構造、その成長のしかたは観測するのが難しく、あまりよくわかっていない。一方、世界のどこで雷が発生しているかは、かなりよくわかっている。雷の 70% は熱帯で発生している。地球全体で発生している雷の数は、平均して 1 秒間に 40～50 個。1 年間で 15 億個ということになる。

専門家でなければ知らないかもしれないが、雷は、地球に分布するプラス、マイナスの電気の偏りを、その偏った状態に維持することに役立っている。宇宙線は上空の電離層で大気の粒子に衝突し、粒子に電気を帯びさせる。そのため、電離層と地表のあいだには、1 m あたり 100 V にもなる電位差が生じている。そうなれば、電離層と地表のあいだに電気が流れて、すぐにプラスマイナスが中和されてゼロになってしまいそうだが、雷がマイナスの電気を地表に供給し続けるので、電離層は本来の状態を保つことができるのだ*25。

雲は太陽からの放射を反射し、地面からくる長波放射を吸収する。その度合いは、雲の種類や高度によって違う。雲は地球のエネルギー収支を左右する重要な要素だが、気候を予測するコンピューター計算に取りこむのは難しい。なぜなら、雲のはたらきには、スケールの大きな現象だけでなく、コンピューターによる計算がしにくい小さな現象も関係しているからだ。

雲は10種類に分けられている。それをもとに、気象の専門家は現在や未来の大気の状態を知る。

霧は雲が地表に接したもので、その付近の地面や海面から蒸発した水分が凝結してできる。水が蒸発、凝結し、雨となって降ることで、膨大な量のエネルギーが運ばれる。雷雨は、その劇的な一例だ。

第8章

天気のしくみ

ここから見れば、雨はめちゃくちゃに降っている。でも、どこか別のところに立てば、雨の降り方にも規則性があることがわかるだろう。

トニイ・ヒラーマン

第4章では、気候のしくみや気候の変化についてお話しした。これは、ゆっくり時間をかけて変わる大気の現象だ。ここからは、何時間かで変わってしまうような気象について説明していこう。この章では、これまでにお話ししたことを振り返りつつ、糸から織物を編みあげるように、気象の全体像に迫っていく。

気象という現象はとても複雑だが、それを生みだしているのは、いくつかの種類の力と、ごく少数の単純な物理法則だけだ。おなじみの天気や気象について、これらをもとに説明していきたい。

大気でおきる現象を数量的に詳しく理解していこうとすると、かなり複雑な数学がでてきてしまう。いまここでは、そんな回り道はしない。これまでにお話ししてきたことを数学ぬきで結びつけ、「ようするに、どういうことなのか」という定性的な理解を目指そう。そのためには、いくつかの事柄を、証明なしにそのまま受け入れてもらわなければならない。証明しようとすれば、大学レベルの物理の知識が必要になってしまう。これを直観的に受け入れてくれれば、もうどんなことでも理解できるようになる[*1]。

専門的な詳しい知識をもっていない人に話をするときは、三つのステップをふむことが大切だとよくいわれる。これからなにを話すのかを説明し、話をして、いまなんの話をしたのかを、もういちど説明する。そうすれば、あなたの話したいことを、その相手はじゅうぶんにわかってくれる。

この本でもそうしていることに、みなさんはすでにお気づきだと思う。とはいっても、おなじことを単純に繰り返しているわけではない。説明で力を入れるポイントを変えたり、新たな要素を加えたりしている。この章でも、そのやり方は変えない。複雑な考え方をお伝えするには、これがベストな方法だと思うからだ。

ここまでのお話

地球の気象は、太陽からくる電磁放射のエネルギーで駆動されている。まず、太陽からの短波放射が大気を暖める。地表に吸収された短波放射は長波放射として上方に向かい、それが、短波放射より強力に大気を暖める。これは第１章と第２章でお話しした。

地球は自転しているので、大気の状態は変化する。太陽からの電磁放射は、太陽に面した大気の上端にはいつもおなじ量が届いているが、地表のある特定の場所に届く量は、自転のため 24 時間周期で変化する。

雲の有無は、地表に届く短波放射の量を左右する。地表に届くまえに吸収してしまったり、反射して宇宙に戻してしまったりするからだ。第７章でお話ししたとおりだ。

ほかにもある。太陽からの熱を、地表のどの場所もおなじように受けとっているわけではない。赤道域や陸は、極域や海より熱くなる。太陽から届く熱が多かったり、吸収する熱が多かったりするからだ。これが、緯度や経度で気温が異なる一因になっている。

さきほどお話ししたように、この章では、いくつかの事柄を証明なしに、すなわち、なぜそうなるのかを詳しく説明せずに、みなさんに受け入れてもらう。気象のしくみやその基本を理解しやすくするためだ。ただし、どの事柄がそうなのかは、きちんとわかるように示しておこう。単純で直観的にもあきらかなものばかりなので、「なにを根拠に、そんなことをいってるんだ」と疑問に思うことはないはずだ。

さて、始めよう。まず、「暖かい空気は上昇する」だ。この事柄を説明ぬきに受けいれてくれれば、まわりより温かい地面の上にある空気は上昇することがわかってもらえると思う。

つぎは、「自然は真空を嫌う」ということ。空気が上昇すれば、そのままではそこに空気がなくなり真空になってしまうので、まわりから空気が流れこんでくる。これを「風」という。海岸に住んでいる人にはおなじみの「海風」は、陸と海の温度差から生まれる風の好例だ（ボックス 8.1)。地球は太陽から熱を受け、それが自転する球体であるがゆえに、独特な空気の動きが水平方向や上下方向に生まれる。この動きこそが、気象の基本だ。

海面からの蒸発（蒸発のほとんどは海からだ）や、植物の葉からの蒸散（量はさほどではないが、その一帯ではおおきな意味をもつ）によって、大気は膨大な量の水蒸気を含むことになる。第 7 章でお話ししたとおりだ。空気が含むことのできる水蒸気の量は、その温度で決まっている。ここでもう

ボックス 8.1
海風

海から陸に向けて吹く「海風」は、何時間か日が照った夏の午後によくみられる。ここでもまた証明なしで「海の熱容量は陸よりも大きい」ことを受けいれてもらおう。海の温度を上げるには、陸の温度を上げるよりたくさんの熱が必要という意味だ。そのため、海岸に日が差して海と陸がおなじ量の熱を吸収したとしても、陸の温度のほうがおおきく上がる。その結果、午後になれば陸の上にある空気が上昇することになる。

そのままにしておくと陸に接した部分は真空になってしまうから、そこに、海の上にあった温度の低い空気が流れこんでくる。別の言い方をすると、上昇気流が、海上より気圧が低い部分を陸上につくり、気圧の高いところから低いところへ空気が流れたということになる。

上昇した空気は上空で冷え、海に向かったのちに海面に下りてくる。太陽の熱がもとになって、このような空気の循環が生まれる。かくして、海岸に立つ人は、海からやってくるひんやりとした海風に吹かれるわけだ。

夜になると、陸は冷えて海より温度が低くなる。その結果、空気の循環は逆向きになる。地表近くでは陸から海に向けて空気が流れ、海の上で上昇する。上昇した空気は冷やされ、上空で陸のほうに戻って地表に下りてくる。こうしてできる風を「陸風」という。

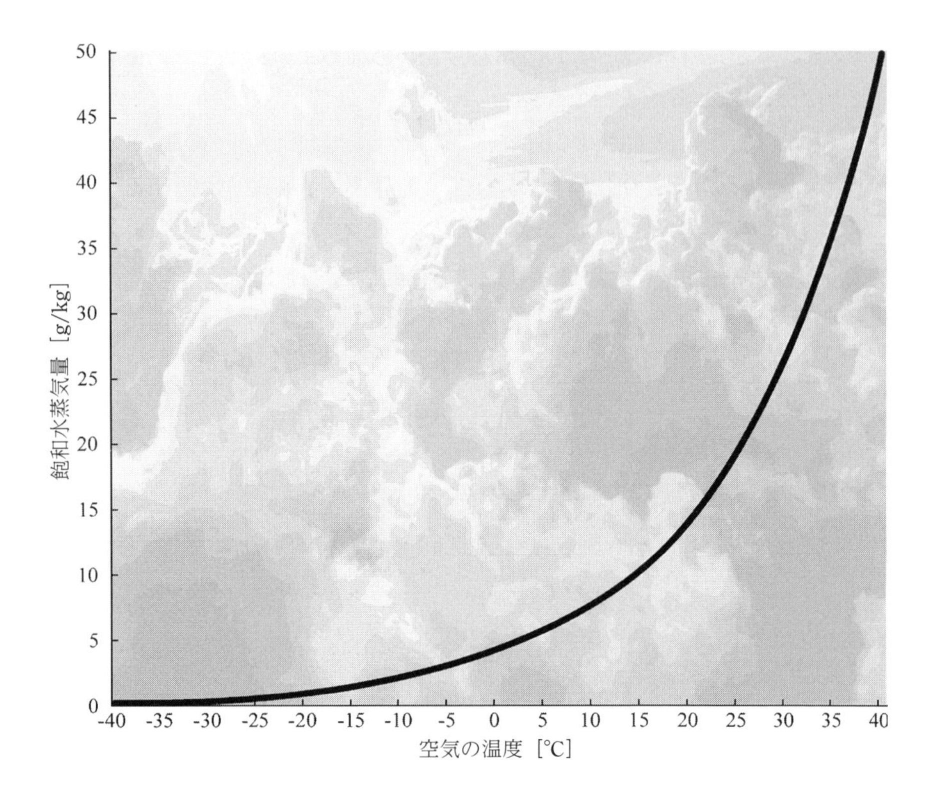

図 8.1　海面での気圧のもとで、空気が含みうる水蒸気の量（飽和水蒸気量）。横軸は温度。たとえば、30°C の暖かい空気は、0°C の冷たい空気の 5 倍の水分を含むことができる。

ひとつ、証明なしで納得してほしい事柄がある。図 8.1 に示したように、「空気が含むことのできる水蒸気の最大量は、温度が高いほど多い」のだ。

いま、水蒸気を含む湿った空気が上昇していくとする。すると温度は下がり、やがて、それだけの量の水蒸気を含んでいられなくなる。図 8.1 でいうと、空気の塊が右から左に動いてグラフの曲線と交差するという状況だ。こうなると、空気に含まれている水蒸気は凝結して、雲ができる。

この過程は複雑ではあるが、物理的にはそんなに難しくない。それを理解するのに必要な三つの物理を、ここで挙げておこう。まず、水蒸気が凝結する高度は、上空で気温がどう変化しているかで決まる。その変化の度合いを

「気温減率」という。高度とともに気温が低くなっていく割合のことだ。この気温減率は気象ではきわめて重要なので、節をあらためてお話ししよう。

つぎに、空気の膨張だ。第3章でみたように、大気の気圧は、高度が上がるとともに急に低くなっていく。したがって、空気の塊が大気中を上昇していくと、膨張して密度が下がる。そして、「熱力学の第一法則」*2 にしたがって、温度も下がる。

さらに、水は水蒸気から液体に変わるとき、「凝結熱」をだす。液体の水を沸騰させて水蒸気に変えるとき熱を加えなければならないのと、ちょうど逆の現象だ。上昇する空気の温度は、この凝結熱の影響をうける。

上昇していく湿った空気の塊がどうなるかをうらなうには、このように、いくつかの変化を同時に考えていかなければならない*3。その際に欠かせないのは、以下の三つの要素だ。

・空気の塊が最初にもっている温度と圧力
・空気が含んでいる水分の量
・気温減率

もちろん、この空気の塊がしたがう物理的な過程に関する知識も必要だ。それをもとに、湿った空気がどれほど多様なふるまいを見せるかを、これからお話ししていく。湿った空気が上昇してどうなるかを正確に予測するのは、とても大切なことだ。なぜなら、それが雲のでき具合や動き方に関係するし、そうなれば雨の降り方にも、そして風の強弱、地表の気温などをも左右するからだ。ようするに、気象のほとんど全部に関係があるのだ。

太陽からの熱と地表から放射される熱によって、水は蒸発し、空気は上昇する*4。上昇する空気は風や雲を生み、熱を運ぶ。そんなお話を、これまでしてきた。ここからは、これらの現象を引きおこす基本的な力について、まとめて説明していこう。

いろいろな力

物理学には、そこに登場する力が複雑でわかりにくいために難解な分野がある。たとえばブラックホール。その中心部ではたらいている力の正体が、まだよくわかっていない。ミクロな現象をあつかう量子力学では、力そのものはわかっているのだが、その解釈が難しい。

しかし、大気の物理学は全体的に、そしてとくに気象学では、その点は複雑でもなければ難しくもない。気象を駆動する力は、わたしたちの日常生活でもなじみがあり、直観的に理解しやすいものだ。それをここで挙げ、すこしだけ詳しく説明しておこう。

気象学がややこしいのは、物理、化学、生物といった広い分野にわたるさまざまな事柄を考えなければならないからだ。複雑な力が少数の対象にはたらくのではなく、少数の単純な力が多くのパーツにはたらいているがゆえの難しさといってもよい。

考慮すべき要素が多岐にわたるので、気象の予測に際しては、正確に入力すべきデータが膨大な量になるし、統計学の知識も必要だ。これは第５章と第６章でお話しした。さらに、ものすごい量の計算をコンピューターにさせなければならず、そのためには訓練された多くの要員も欠かせない。たとえ、わずか数日さきの天気を予報する場合でもだ。天気予報については、第10章でまとめて取りあげる。

地球の気象を動かす力を挙げておこう。

・重力
・浮力
・気圧傾度
・摩擦
・コリオリの力

このほか、あまり気象に影響しない力もある。地球の自転で生じる遠心力や、ときどき多量のちりを大気に噴き上げる地震にともなう力などだ。これらについても書いていけば、本の分量はいくらあっても足りない。どこかで線を引かなければならない。そして、これらの力は、線の向こう側にあるということだ。このような力も面白いのだが、気象にとっては重要ではないので、まあ、お話しする必要はないだろう。

重力は、あまりにもなじみ深い力なので、くどくど説明はしない。もっとも、この力の正体は、アイザック・ニュートンの登場までは、あきらかではなかったのだが。重力は、物体を地球の中心に向けて引っぱる力だ。これより力は弱いが、物体は太陽や月の中心に向かっても重力で引っぱられている。さらにもっと弱い力で引きつけているのが、木星、ケンタウルス座アルファ星、アンドロメダ座の星々……。海に潮汐が発生するのは、地球が太陽と月からの重力を受けつつ自転しているからだ。

重力は質量をもつ物体どうしが引き合う力で、地表ではほぼ一定の強さだと思ってよい。ここでは、重力は「下向きにはたらく一定の強さの力」ということにして、もっと興味深い別の力へと話を進めよう。

浮力は、ある物体とまわりの物体との密度の差によって生まれる、重力がらみの力である。したがって、力の向きは鉛直方向だ。ビーチボールを水中に沈めようとしたことがある人には、この浮力はすでにおなじみだろう。空気の塊とまわりの大気との温度差、ということは密度差になるのだが、その温度差によって生まれる浮力と重力のかねあいで、この空気の塊は上昇したり下降したりする。気象にとっては、まちがいなく重要な力だ。

圧力とは、単位面積にかかる力のことだ*5。あなたが体重計にのれば、足の裏には、重力によって生じたあなたの体重すべてがかかっている。このとき足の裏が体重計を押す圧力は、体重計に表示された重さを足の裏の面積で割ったものになる。

あなたの体重が体重計を上から下に押すように、あなたの上にある大気も、あなたを押している。上空へいくと大気はどんどん薄くなり、やがて大気といえるものはなくなってしまうのだが、あなたの頭に接しているところからそのあたりまで全部を含めた大気の重さが、あなたにかかっている。この大気の圧力は、海面の高さで 1 m^2 あたり 10 トンにもなる。あなたの頭にかかる力を知りたければ、この圧力にあなたの頭の面積をかけ算すればよい。

上昇する空気の塊は、まわりの大気より軽い。したがって、この空気の塊の下では、大気の圧力が低くなっている。そのため、まわりの気圧の高い部分から空気が流れこんでくる。その結果、この空気の塊は、その重さがまわりの大気とおなじになる高度まで押し上げられることになる*6。さきほど説明したように、浮力は、まわりとの密度差によって生まれる鉛直方向の力だ。

摩擦は、日常生活のさまざまな局面ででてくる重要な力だ。ふたつだけ例を挙げておこう。

もしあなたが木造の家に住んでいるとしたら、あなたは摩擦力に頼って生活していることになる。木とくぎのあいだにはたらく摩擦力がなければ、家は崩れてしまうだろう。自動車部品のこすれ合う部分には、潤滑剤が使われている。潤滑剤で摩擦力を減らしておかなければ、部品は熱をもち、すり切れてしまう。

気象学にでてくる摩擦は、家の例より自動車部品の例に似ているかもしれない。いま、屋根裏部屋で重いトランクを引きずっているとしよう。トランクと床は接しているので、摩擦力はトランクの動きを妨げる向きにはたらく。床を地面に、トランクを、その上を吹く風に置き替えて考えてみよう。やはり風にも、その動きを妨げる摩擦力が地面からはたらく。図 8.2 の写真を見ると、海面と大気のあいだにはたらく摩擦力のすごさが、よくわかる。

トランクと風は、よく似ているが、おなじではない。風は流体なので、トランクとは違って、一体となっておなじ動きをするわけではない。上空へいくとともに風の強さや向きが変化する（風は鉛直方向に「シアー」をもって

図 8.2 摩擦力のすごさを実感できる写真。嵐で海の波が防潮堤にたたきつけられ、まるで間欠泉のように噴き上がっている。米ニューイングランド州で 1938 年に撮影。海の上を吹く風が海面との摩擦力で波を生み、それが防潮堤に衝突したのだ。〔米国立大気局の写真集（http://www.photolib.noaa.gov/htmls/wea00412.htm）より〕

いるということ)。

風が地表に接している薄い層（「境界層」という）では、地表面との摩擦力で風速はほぼゼロになっている。地面との摩擦力がおよびにくい上空(「自由流れ」の領域）では、摩擦力による減速の度合いも小さくなっていく。地表から 15 m、30 m、あるいは 300 m の高度で時速 30 km の風が吹いていようとも、地面に近づくとしだいに風は遅くなり、地面に接するところでは、ほとんど動きが止まる。

海上を吹く風にも注目しよう。海の水も流体なので、その上を吹く風とおなじ向きに動く*7。海面と風のあいだの摩擦力で、水が引きずられたのだ。海流を生むのも、この摩擦力だ。

海上を風が強く吹けば、大波がたつ。とくに、風がなんの障害物もなく海上を吹きわたる距離（「吹送距離」という）が長い場合、波はよく発達する。潮汐は重力による波だが、洋上で生まれる「風波」（ふつうの波だ）は、小さなさざ波であれ、嵐にともなう巨大な波の連なりであれ、海の水と風とのあいだの摩擦で生じたものだ。

コリオリの力は、もっとも不思議で、もっとも直感がききにくい興味深い力だ。19 世紀にはじめてこの力について説明したフランスの科学者にちなんで名づけられた。詳しくは、ボックス 8.2 で説明しよう。

この力がなんといっても不思議なのは、あなたの視点によって、現れたりなくなったりする点だ。もし、あなたが渦を巻く風を地球上で感じているなら、あなたは「ああ、コリオリの力がはたらいて風は渦を巻いているんだ

ボックス 8.2
コリオリの力

あなたはいま、木馬のない回転木馬（ただの平らな円形の板だ）の脇に立って、この回転木馬を見物しているとしよう。友人のオリバーは、回転木馬の縁に座っている。オリバーが、自分と回転木馬の中心を通る線に沿って、反対側の縁をめがけてボールをころがしたとする。あなたから見れば、ボールは中心を通ってちょうど反対側の縁までまっすぐころがっていく。

だが、オリバーからは違って見える。回転木馬の中心に向かったはずのボールは、まず左前方にころがり、右にカーブしながらぐるりと弧を描いて、かれの近くに戻ってくる。あなたの見方も、オリバーの見方も、どちらも正しい。異なる視点で見ているだけだ。

回転木馬とともに自分のほうが回ってしまっていることを知らないオリバーは、こう考えるだろう。ボールになにか力がはたらき、その結果としてボールは曲がったに違いない。だが、回転木馬の外から見ているあなたにとっては、ボールはまっすぐに進んでいるのだから、そんな力を考える必要はない。

回転木馬が上からみて反時計まわりに回っているとき、このコリオリの力は、動いている物体を右に曲げるようにはたらく。こんどは、回転木馬のような平らな板ではなく、立体的な地球の場合を考えてみよう。あなたは、北極のはるか上空から地球を見おろしている。オリバーは北半球のどこかにいる。さきほどのボールの代わりに、気球が風に流されているとしよう。すると、オリバーをはじめ北半球にいる人は、コリオリの力によって気球が（つまり風が）右にそれていくようすを見ることになる。

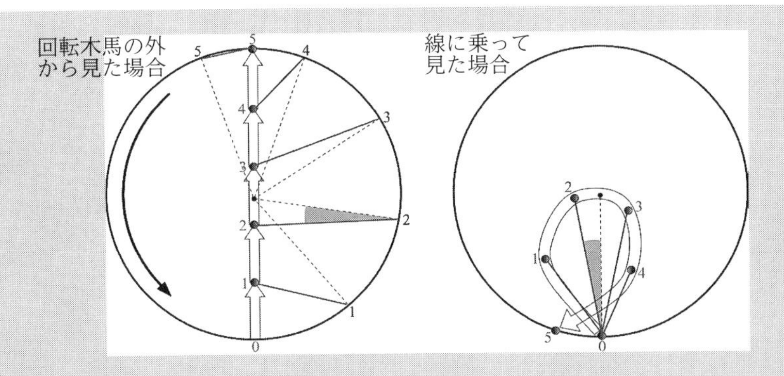

ボックス図 8.2　コリオリの力。（左）回転木馬の外にいるあなたの目の前で、回転木馬の縁の0の位置にいるオリバーが、中心に向けてボールをころがした。ボールはまっすぐに進んでいく（白い矢印）。オリバーが縁の1、2、3、4、5に来たときのボールの位置が、この直線上のそれぞれ1、2、3、4、5。ボールの道筋は、回転木馬の中心を通る直線になっている。たとえばオリバーが縁の2にいるとき、かれがボールを見る視線は、すでに回転木馬の中心方向から左にずれている（影をほどこした角度）ことがわかるだろう。（右）オリバーから見ると、ボールはブーメランのように弧を描いて戻ってくる（白い矢印）。オリバーが縁の2にいるとき、ボールを見る視線方向と回転木馬の中心の方向がなす角度は、オリバーにとっても、外にいるあなたにとってもおなじだ。オリバーがその他の位置にいる場合でも、この角度は、両者で変わらない。オリバーとボールとの距離も、回転木馬の上にいうようが外にいようがおなじだ。つまり、現象としては、あなたにとってもオリバーにとっても同一なのだ。ただし、オリバーは、ボールには進行方向を右に曲げる力がはたらいたのだと考える。オリバーにだけ姿を見せるこの力が、コリオリの力だ。ボールの位置を測る基準（座標系）を回転木馬の上に置くか（オリバー）、回転木馬の外に置くか（あなた）。その違いで姿を現したり現さなかったりするからこそ、コリオリの力は「見かけの力」なのだ。

な」と思うことになる。ところが、おなじ現象を、はるかかなたの宇宙から見おろしているあなたの友人には、そんな力がはたらいているようには思えない。

だから、コリオリの力（じつは第2章ですでに登場した）は「偽の力」「慣性力」とよばれている。より実態を反映させるなら「見かけの力」だ。この力は、あなたの視点しだいだ。物理学者なら、「座標系の取り方によって決まる」という言い方をするだろう。

地球の表面に住んでいるわたしたちは、自転する地球とともに回転しながら、宇宙を猛スピードで突っ走っている。地球上で発生する規模の大きな現象、たとえば台風のような現象を地球とともに自転する人の視点で見るときは、コリオリの力を考える必要がある。北半球では物体の動きを右に曲げるように、南半球では左に曲げるようにはたらく。コリオリの力は、ほんとうに奇妙な力だ。

コリオリの力は、物体の動きが速いほど、そして地球上では緯度が高いほど強くはたらく。野球でピッチャーからキャッチャーに投げたボールにはた

図8.3　コリオリの力がよくわかる写真。熱帯低気圧や温帯の低気圧の中心は、気圧が低くなっている。この写真は、2006年11月20日に、アイスランド（中央上）とスコットランド（右下）のあいだにできていた、ふたつの低気圧。それぞれの中心にある低圧部が、まわりの空気を中心に向かってまっすぐに引きこもうとするが、その流れにコリオリの力がはたらいて、中心に向かう風の向きは右向きにずれる。その結果、この写真にあるように、風は渦を巻きながら中心に向かうことになる。もしこれが南半球なら、渦の向きは逆になる。〔Jesse Allen 作成、米航空宇宙局の資料（http://earthobservatory.nasa.gov/IOTD/view.php?id=7264）より〕

らくコリオリの力は、ボールの移動距離が短いので、ほとんど無視できる。ピッチャーからキャッチャーまでの短い距離では、コリオリの力によるボールのずれは、ほんのわずかなのだ*8。これが、はるか 200 km のかなたに大砲を打ちこまなければならない砲撃手だったら、コリオリの力を考えに入れておかないと、目標には当たらない。

地表付近を規模の大きな強い風が吹いていれば、それが北半球ならば右に曲げる力を受け、渦のような動きをすることになる（図 8.3）。この風が気圧の低い部分に向かってまわりから吹きこんでいるなら、風の向きは反時計まわりになり、それがすなわち「低気圧」だ。低気圧と高気圧については、また別の章でお話ししよう。

いろいろな気温減率

上空へいくにしたがって気温が変化する割合を示す「気温減率」には、空気の性質、水蒸気の扱い方、地上気温の扱い方の違いで、3 種類ある。

1. ただ「気温減率」といえば、それは、大気に動きがない「平衡状態」の場合の気温の減少率を指している。地面が太陽で温められ、上空へいくほど気圧が下がるこの動きのない大気では、気温は高度が増すとともに下がっていく。平均的には、高度が 1 km 増すごとに気温は 6.5℃下がるが、この割合は、その場の地上気温によって違う。
2. 「乾燥断熱減率」は、水蒸気で飽和していない（含みうる水蒸気の量が限界に達していない）空気の塊が上昇していくときに、その空気の温度が低下する割合を表している。この割合は熱力学（熱についての物理学）によって計算でき、ある特定の惑星の特定の大気については一定の値になる*9。地球の場合は 1 km あたり 9.8℃ だ。地球とおなじ大気の組成をもつ、より大きな惑星だと、この値はもっと大きくなる。地球の大気であっても、その組成が違っていたなら、この値も別のものになっていたはずだ。

   もし空気の塊が飽和していたなら、この割合は違ってくる。飽和している空気は、冷えると水蒸気が凝結し、その際に、水蒸気のなかに潜んでいたエネルギー（潜熱）が放出されるからだ。この場合、空気の塊が上昇しても、乾燥断熱減率ほどには温度は下がらない。

3. いまお話ししたような飽和している空気の上昇を考えた場合が「湿潤断熱減率」だ。地表近くだと、ふつうは 1 km あたり 5.5～6.5°C だ。米国では 1000 フィートあたりの温度変化を華氏で表すので、乾燥断熱減率は 1000 フィートあたり華氏 5.5 度、湿潤断熱減率は 1000 フィートあたり華氏で約 3 度だ。

ボックス 8.3
シヌーク

山を越えて斜面に沿って下りてくる暖かくて乾燥した風を、気象学では「フェーン」という。北米の西部では、カナダ・ブリティッシュコロンビア州の土地の言葉を使って、「シヌーク」ともよばれている[†1]。この風がどのようにして生まれ、天気にどういう影響を与えるかをみていこう。

ボックス図 8.3 を見ていただこう。海をわたって南西から吹いてきた冬の風が、ロッキー山脈に近づいている。この風は、じゅうぶんに湿って飽和している。天気予報などでは、この風を、ハワイのほうから吹いてきた「パイナップルエクスプレス」とよんでいる[†2]。

この風が、4.4°C で山脈のふもとにやってきたとする。この風は、そのあとどうなるのだろうか。風が山の斜面をのぼるにつれ、「湿潤断熱減率」にしたがって温度が下がる。この風は、もう限界まで水蒸気を含んでいるので、温度が下がって含みきれなくなったぶんの水蒸気は、雨となってこの西側斜面に落ちる。

山頂の 1 万フィート（3000 m）付近では、風の温度はマイナス 12.2°C にまで下がっている。「シヌーク雲」「フェーン雲」「かぶと雲」などとよばれるレンズ状の雲が、山頂のあたりにできることもある（図 7.8）。

東側の斜面を下りてくる風は、すでに西側の斜面で水分を落として乾燥しているので、「乾燥断熱減率」で温度が上がっていく[†3]。西の斜面を上がるときの気温の低下率より、東の斜面を下るときの気温の上昇率のほうが大きいので、風の温度は 12.2°C にもなって、しかも、からからに乾いている。暖かくて乾燥したシヌークは、雪をすばやく解かしてしまう。

シヌークが吹くときにおきる現象を、ボックス図 8.3 にあるような五つの区域に分けて説明しよう。気温や水蒸気量、地形によって A から E に分けてある。風に接しているまわりの大気は、動かずに安定していると仮定している。

区域 A では風が強く、その風は湿っていて 4.4°C だ。区域 B は雨がちの天気。ここでは風は上昇しながら冷えていき、山頂ではマイナス 12.2°C になっている。この山頂付近が区域 C で、雲が多い。

区域 D では乾いた風が吹いていて、その温度は高度が下がるとともに上がっていく。区域 E まできた風は、からからに乾いていて、温度は 12.2°C まで上昇している。この冬の時期、海抜 2000 フィート（610 m）の場所は、もっと気温は低いはずだ。シヌークのおかげで、こんなに気温が上がったのだ。

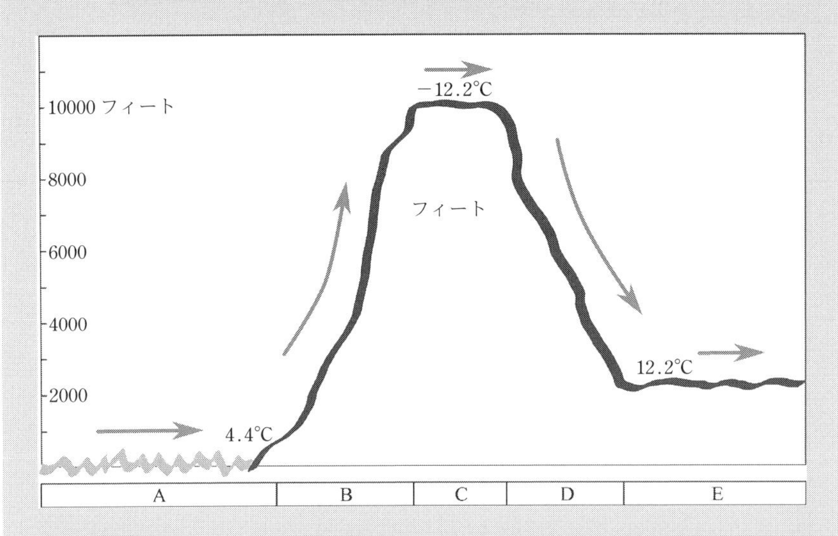

ボックス図 8.3　暖かく湿った海からの風が山の斜面にぶつかって上昇する。温度が下がって水蒸気が凝結し、風上側の斜面では雨が降る。水分を雨として落としてしまった乾燥した空気が、こんどは風下の斜面を下ってくる。山をのぼってくるときの温度低下より速いペースで風の温度は上昇し、暖かいシヌークの風になる。

†1 南カリフォルニアでは、こうした風を「サンタアナ」という。山の斜面を下ってくる冷たい風もあり、フランスのローヌ渓谷でみられる「ミストラル」が有名だ。

†2 嵐のように特徴的な現象が繰り返し発生すると、その現象に風変わりな名前がつけられることがよくある。パイナップルエクスプレスのほかにも、「シベリアンエクスプレス」（米国の中部、東部に現れる北極のような天候）、「アルバータクリッパー」（シカゴなどでよく吹く、ロッキー山脈越えの強くて冷たい風）、「ハッテラス爆弾」（北カリフォルニア州・ハッテラス岬の沖で発達する猛ふぶき）、「コロラド低気圧」（米国中部でおきる冬の嵐のおもな原因）、「チャタヌーガの汽車ぽっぽ」（アパラチア山脈と米北東部のあいだでゆっくり発達する嵐）など。

†3 山を越えた空気は、しばしばまわりの大気より温度が高くなっている。そうなれば、この空気には浮力がはたらいて上昇してしまいそうな気がするが、山の下り斜面に沿って流れようとする効果が浮力をうわまわり、暖かい空気であるにもかかわらず、ふもとに下りてくる。

この気温減率の話はちょっと退屈かもしれないが、現象としてはとても重要だ。乾燥断熱減率と湿潤断熱減率の違いがもたらす簡単な実例が「シヌーク」だ（ボックス 8.3）。その重要性がよくわかるだろう。

この世に静穏なものなんてありはしない、君は自分の歌を大声で叫べ

大気は、この節のタイトルにした詩人ジョン・キーツの言葉のようにはいかない。じっと動かず安定していることもあるし、めちゃめちゃに動きまわることもある。大気が安定であるか不安定であるかは、気温減率で決まっている。つまり、その大気は、高度を増すとともに、どのように気温が変化しているのかということだ。大気の安定性と気温減率の関係はやや複雑だが、話の筋を追うだけなら、そう難しいことではない。

太陽からの光で地表が熱せられる度合いは場所によって違い、そのため、その上にある大気に気圧の差が生まれて、水平方向に空気が動く。その動きにコリオリの力がはたらいて、渦をまく低気圧になったり高気圧になったりする。

大気の気温差は、鉛直方向の空気の動きにも関係する。海風でみたような上下方向を含む風の循環が、そのよい例だ。大気の安定と不安定のかぎをにぎるのは、空気のこの上下方向の動きだ。

いま気温減率の基本についてお話ししたので、「安定な大気」「大気の状態が不安定」などと気象の専門家がいっても、もう、その意味をわたしたちは理解できる。

ここで、上昇する空気の塊を考えよう。空気は、上昇すると冷える。この場合は、乾燥断熱減率、湿潤断熱減率のどちらでもかまわない。もし、空気の塊の温度の下がり方が、まわりの大気の温度の下がり方より大きければ、上昇した空気の塊の温度は、その場のまわりの気温より低いことになる。温度の低い空気は温度の高い空気より重いので、この空気の塊は、上昇してはみたものの、下降してもとに位置に戻ることになる。

このように、まわりの大気の気温の低下率が、上昇する空気の塊の温度の低下率より小さいとき、その大気は「安定」なのだ。そのなかで空気の塊を上下させようとしても、うまくいかないということだ。空気の塊を上下にすこし動かしても、まわりの大気との関係で、もとの位置に戻ってしまう。そのため、安定な大気は、上下に空気が移動することもなく、層をなしてそのままの姿を保つのだ。

第3章で、成層圏の気温は、高度が増すとともに高くなるとお話しした。つまり、気温減率はマイナスだ*10。ここで空気の塊を上昇させれば、それが乾燥していようと湿っていようと温度は低下するので、まわりの大気よりかならず温度は低くなる。したがって、成層圏の大気は安定なのだ。

地表付近の大気が安定だと、天気はあまり変化しない。静穏でおだやかな天気なのだ。しんとした静かな夜、太陽におだやかに照らされる日中、静かな雨、なかなか消えない霧。そんな天気は、大気が安定であることを示している。

さて、こんどは、大気の気温減率が、空気の塊の乾燥断熱減率や湿潤断熱減率をうわまわっている場合を考えよう。このときは、空気の塊を上昇させると、その温度が下がるペースはまわりの大気より遅いので、結局は、まわりの大気より暖かくて軽いことになる。したがって、浮力がこの空気の塊を押し上げる。最初に上昇したこの空気の塊の動きが加速されるのだ。同様に、空気の塊を下降させれば、その動きは下方に加速される。

このような大気の状態を「不安定」という。鉛筆を、そのとがった芯の先を下にして、ちょうどバランスよく机の上に立てることができたとしよう。大気の「不安定」は、この鉛筆の「不安定」な状態と、まさにおなじものだ。鉛筆の向きが正確にまっすぐ鉛直になっていれば、鉛筆は倒れずに立っているだろう。しかし、ほんのわずかでも傾けば、鉛筆はもとの立っている状態には戻らずに倒れてしまう。立っている鉛筆は、バランスはとれているが不安定な状態、すなわち「不安定な釣り合い」の状態にある。

不安定な状態の大気が引きおこす現象は、時間的にも空間的にもさまざまなものがある。1時間くらいで天気ががらりと変わることもあれば、ある町と隣町とで、まったく違う天気が現れることもある。不安定な大気は、嵐のような乱れた現象を生む。

地表近くの大気は、夜になると上空の大気より速いペースで冷えるので、大気の気温減率は小さくなる。そのため、ある場所の大気の安定度が、もちろんあなたの住んでいる町でもよいのだが、夜間は安定で、昼になると不安定ということが、よくある。安定な大気と不安定な大気の違いは、図8.4を見てもらえば、すぐにわかると思う。

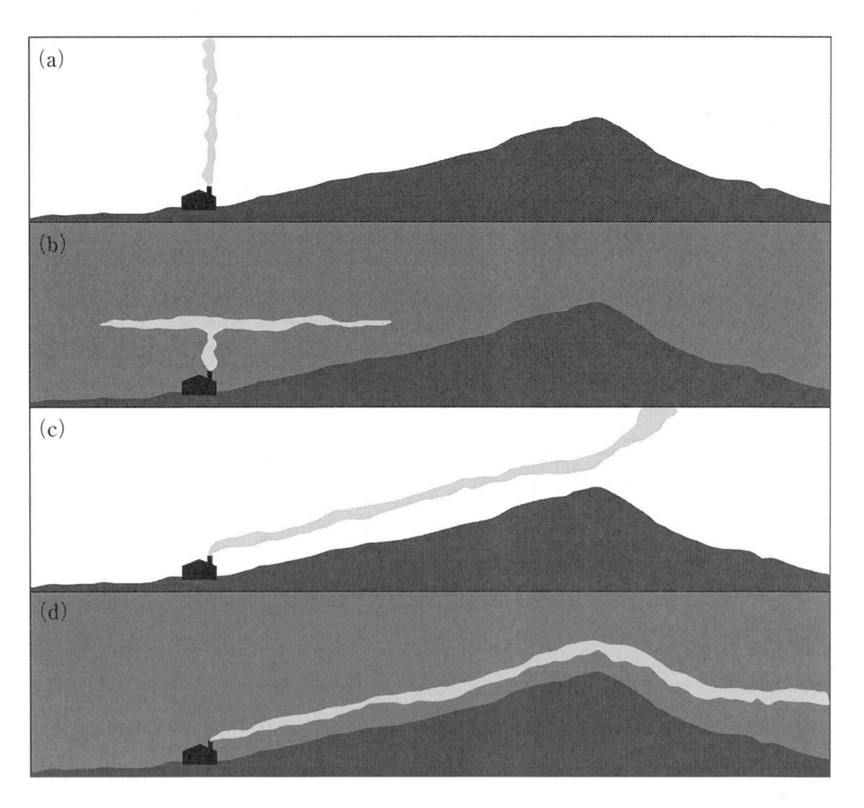

図8.4　安定な大気と不安定な大気。大気が夜間には安定、昼間には不安定だと、こんな現象がよくおきる。(a) 昼間で無風、(b) 夜間で無風、(c) 昼間で風あり、(d) 夜間で風あり。

すこし考えてみるとわかるのだが、安定な大気は、負のフィードバックや平衡状態のよい例だ。不安定な大気は、正のフィードバックや初期値に対する敏感性（わずかな誤差が大きな狂いに成長すること）の例になっている。これらについては何ページかあとで説明するので、それまで忘れないでいてほしい。

対流圏の大気は、ほとんどの場合、安定でもなければ不安定でもない。地表のある場所ですぐ上の大気を観測すれば、3回のうち2回は「条件つき不安定」という状態になっている。大気の気温減率が飽和断熱減率より大きく、乾燥断熱減率よりは小さいという意味だ。

このとき、上昇する空気の塊がどのような動きになるのかは、空気の塊に含まれている水蒸気の量によって違う。もし水蒸気で飽和していれば、上昇する空気の塊は、まわりの大気よりゆっくりしたペースで冷えるので、まわりの大気より軽くなって、ますます上昇する。つまり、大気が不安定であるときの動きになる。飽和していなければ、安定な大気の場合の動きになる。

ややこしい話ではあるが、「条件つき不安定」の大気は、すこし考えてみると面白い特徴をもっていることがわかる。いま、水蒸気で飽和していない空気の塊が地表にあるとしよう。そして、ここでは大気は安定で、対流はおきていないとする。そのとき、この空気の塊を強制的に持ち上げても（たとえば風が山の斜面をのぼっていくような状況を考えよう）、その力がなくなれば地上に下りてくる。大気は安定なのだから。

しかし、この空気の塊を持ち上げつづけると、空気の温度は乾燥断熱減率にしたがって下がり、いつかは飽和状態になる。この高度を「凝結高度」（または「持ち上げ凝結高度」）という。まわりの大気が条件つき不安定のとき、この高度より下では、上昇する空気の塊は、（乾燥断熱減率にしたがって）まわりの大気より速いペースで冷えていく。したがって、この時点では、空気の塊の温度はまわりの大気より低くなっている。

凝結高度より上では、空気の塊は湿潤断熱減率にしたがって冷えていく。こんどは、上昇する空気の塊のほうが、まわりの大気よりゆっくりしたペースで冷えていくことになる。そして、やがては、空気の塊の温度がまわりの大気の温度とおなじになる。この高度を「自由対流高度」という。自由対流高度より上では、空気の塊の温度がまわりの大気の温度より高いので、無理に持ちあげずにほうっておいても、空気の塊は上昇する。

山の斜面にあたった風が斜面に沿って上昇するとき、もし山頂の高さが自由対流高度より低ければ、まだこの風の温度はまわりの大気より低いので、風下の山の斜面を風は吹き下りていく。山頂が自由対流高度より上にあれば、この風はもう下降することなく、そのまま上昇しつづける。図 8.5 で、

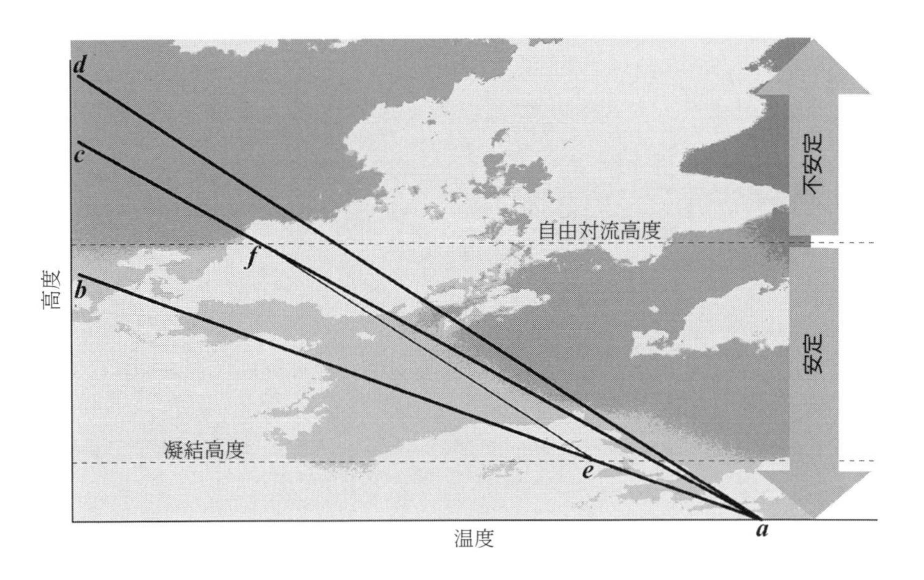

図 8.5　条件つき不安定。上昇していく空気の塊に対し、自由対流高度より下の大気は安定で、上では不安定だ。図の太い直線は、高度とともに空気の塊や大気の温度が変化する三つのケースを示している。空気の塊の乾燥断熱減率（*ab*）、条件つき不安定にある大気の気温減率（*ac*）、空気の塊の湿潤断熱減率（*ad*）の三つだ。水蒸気で飽和していない地表付近の空気の塊を持ちあげて上昇させると、その温度は *aef* の経路をたどって下がっていく。上昇を始めた空気の塊の温度は、「露点」（水蒸気が飽和して凝結が始まる温度）に達するまでは、乾燥断熱減率にしたがって下がっていく（*ae*）。ここで飽和した状態になるので、それ以降は、凝結して雲をつくりながら、湿潤断熱減率にしたがって温度が下がる（*ef* の部分は、*ad* と平行になっている）。*f* に達するまえに上昇させるのをやめると（山を駆けのぼる風なら、頂上についてしまったということ）、まだまわりの大気より温度が低くて重いので、下降して地表に戻る。*f* を超えると、そこで持ち上げるのをやめても、空気の塊は勝手に上昇していく。

この事情を説明しておいた。

このようないささか複雑な状況のもとで、気象の専門家たちは、このさき何日間かの天気を予報して数値で示そうとしているのだ。わたしがいまお話しした山越えの風は、シヌークという単純でわかりやすい例で、しかも、ざっくりとした定性的な説明だった。ここに現れる物理的なしくみははっきりしているし、定性的になら、どんぴしゃりの「天気予報」もできる（風上の斜面では雨が降るといった具合に）。

だが、気象の専門家に求められているのは、もっと詳細な予報だ。雨が降る確率、地点別の雨量予測、雨が降りだす時刻、そして気温。そのためには、正確な情報がいろいろ必要だ。海をわたってきた空気に含まれている水蒸気の量、風向と風速、地形、その場の大気の安定度。

もういちど、ボックス図 8.3 とおなじように、海から風が吹いてくる状況を考えよう。いま風はたっぷり水蒸気を含んでいるが、飽和はしていないとする。予想されるその地域の天気は、当然ながら、飽和している場合とは違ってくる。理由は、もうあきらかだろう。山の斜面を駆けあがるこの空気は、乾燥断熱減率にしたがって冷えていき、やがて凝結高度に達する。この凝結高度も計算しなければならない。標高 0 m での空気の温度と飽和水蒸気量の関係は図 8.1 からわかるが、こうした関係をもとに、観測や計算で実際の凝結高度を求めなければならないのだ。

この高度に達すると雨が降り始める。風はさらに斜面に沿って上昇し、こんどは湿潤断熱減率にしたがって冷えていく。雨が降りだす高度は、最初の風が水蒸気で飽和していた場合より、水蒸気が少なかったぶんだけ高くなる。山の各地の気温も、最初から飽和していた場合とは違っている。

山の大気が条件つき不安定になっているとしても、そのときの凝結高度より山頂が低ければ、風が山の斜面を駆けあがる際に潜熱が放出されることもなく、風下で暖かいシヌークが吹くこともないだろう。

全体をまとめて簡単にいえば、昼間の大気はふつう安定ではない。それは、やかんで沸かすお湯が不安定になっているのとおなじことだ。やかんの底を熱すれば、そのなかのお湯は、対流しながらぐらぐらと沸きたつ。大気の場合は、温まった地面がやかんの底だ。対流で熱が運ばれて、やかんの場合よりは穏やかに空気がかきまぜられる。

ときどき、地面近くの大気の温度が、その上の大気より低くなることがある。この現象を、気温の逆転という*11。気温減率がマイナスになるのだから、当然ながら、そこで空気の塊を上昇させるときの乾燥断熱減率や湿潤断熱減率より小さい。上空にいくほど暖かくなるこの気温の逆転*12は、安定な大気の特殊なケースだ。

やかんとお湯の例を考えると、天気の予報がいかに難しいかがよくわかる。やかんに水を入れて熱すると、温まってやがて沸騰し、ぶくぶくと泡がでる。そう予測することは簡単だが、天気予報に求められているのは、その泡が発生する場所と時刻なのだ。正確な観測データと物理学、統計学の知識がなければ、そんな芸当はできない。詳しいことは、すでに第6章でお話しした。

渦に飛びこむ

大気にはたらく力のほかに、気象にとって重要な物理学の法則がいくつかある。これらは、いつ、どんなところでも成り立つ一般的な法則なので、天気がこのさきどうなっていくかを計算するときにも、おおいに役立つ。そのような法則はたくさんあるのだが、つぎのふたつは、気象学にとってはあまりに重要なので、ぜひ説明させてほしい。そのふたつとは、「エネルギー保存の法則（熱力学の第一法則）」と「角運動量保存の法則」だ。

このふたつの法則がもつ重要な意味と、なぜそれがわたしたちに関係があるのかを、これから説明させてほしい。そうすれば、台風や竜巻といった渦が関係する現象が、よく理解できるようになる。

エネルギーの保存については、この章のはじめのほうでも、すでにお話しした。地表に接している空気の塊を考えよう。昼間に日が差すと、地面は太陽の熱で温められ、そして空気の塊は地面の熱で暖まる。この熱のエネルギーで空気の塊は膨張し、まわりの大気に対して「仕事」*13をする。膨張した空気は薄まって軽くなり、上昇する。そして重力の「位置エネルギー」を得る。この際に、もらったエネルギー（熱）と出入りした仕事（体積や位置の変化）の差が、内部エネルギー（温度）の増減量になる。エネルギー保存の法則とは、簡単にいえば、エネルギーの帳尻あわせだ。物理学では、とても扱いやすい法則で、計算も正確にできる*14。

エネルギー保存の法則で大切なのは、エネルギーは発生もしなければ消滅もしないで、つねに一定だというということだ。たしかにそうなのだが、わたしたちがいま考えている空気の塊のような場合は、事情がすこし違う。空気の塊がもっているエネルギーは摩擦で失われるし、熱そのものも塊の外に逃げたり、あるいは外から加えられたりする。時間の経過とともに、エネルギーの量は変化する。外界から完全に孤立していれば、たしかにエネルギーは保存される。だが、もし孤立していなければ、エネルギーは外界とのあいだで出入りしてしまい、エネルギーは保存されない。

わたしたちがいつも考える空気の塊は、実際のところ、まわりの大気に接していて、孤立はしていない。しかし、この場合でも、エネルギーが保存しているとみなす考え方は有効だ。たとえば、これまでにも、空気の塊は断熱的に上下に動くと考えてきた。この「断熱的」が、すなわち外界との熱の出入りがないという意味だ*15。

角運動量保存の法則は、頭に図形を描きながら理解しなければならない法則だ。角運動量は、向きと大きさの両方をもった、ちょうど「矢印」のような「ベクトル量」で、このベクトル量が保存される（一定である）というのが、角運動量保存の法則だ。そこが、量の多少だけを考えればよいエネルギー保存の法則とは違って、複雑な点だ。

ある物体が動いているとき、それを止めるのがどれくらい難しいか。その程度を表すのが「運動量」だ。大砲の玉を止めるのは、それとおなじ速度で動いている弾丸を止めるより難しい。大砲の玉のほうが重い（正確には「質量」が大きい）からだ。そして、大砲の玉を止めるのは、それとおなじ重さのボーリング玉を止めるより難しい。大砲の玉のほうが速く動いているからだ。

「角運動量」は、この運動量の考え方を回転する物体に応用したものだ。回転している物体を止めるのがどれくらい難しいかを表している。ある物体がもっている角運動量を決めるのは、重さと回転スピード（物理用語としては「角速度」）、それにその物体の大きさだ。

自転車の車輪を考えてみよう。いまこの車輪は、摩擦が小さい滑らかな車軸で車体に取りつけられているとする。摩擦がほとんどないので、回転するこの車輪は車体の影響を受けることもなく、外界から孤立した状態にあると考えてよい。くるくる回るこの車輪の角運動量を決めるのは、その重さと回転スピード、そして大きさだ。重さを２倍にすると、角運動量も２倍になる。車輪の半径を２倍にすると、角運動量は４倍になる[*16]。

物理学によれば、まわりから孤立した物体の角運動量は不変だ。つまり、保存される。現実の世界には、この法則が成り立っていると考えてよい場面が、たくさんある。

まっすぐ地面に立てた棒の先端にロープの端を取りつけ、ロープの反対の端にはボールがくっついているとしよう。いまロープでぶらさがっているボールに水平方向に勢いをつけると、ボールが棒のまわりを回りながら、ロープはぐるぐると棒に巻きついていく。巻きつけば巻きつくほどロープは短くなって、ボールは棒に近づく。つまり、回転の半径が小さくなっていく。このとき、ボールが棒のまわりを回る回転スピードも、同時に上がっていく。なぜなら、運動量が保存されるからだ。

つぎに、太陽のまわりを回るすい星が、太陽に近づいている状況を考えてみよう。近づくにつれて動きは速くなり、そのスピードは太陽にもっとも近い位置（「近日点」という）で最大になる。そして、太陽のわきでさっと向きを変え、スピードを落としながら太陽から遠ざかっていく。惑星と太陽についてのこの角運動量の保存は、とくに「ケプラーの第二法則」とよばれている（図 8.6）。

もうひとつ、角運動量保存の法則を説明する際によく登場する例を挙げておこう。氷の上でスケーターがスピンをする例だ。彼女は最初、両手を「T」

図 8.6　角運動量保存の法則。この法則は、エネルギー保存の法則とおなじく基本中の基本だ。(a) ケプラーの第二法則。これは、太陽 (*s*) のまわりを回る物体についての角運動量保存の法則だ。ある時刻の物体の位置と太陽を結んだ線 (*as*)、それからある時間が経過したときの物体の位置と太陽を結んだ線 (*bs*)、それと軌道で囲まれた部分の面積（グレーに塗った領域）は、経過時間がおなじならば、物体がこの楕円軌道のどこにあっても一定だ。したがって、この物体が 1 か月かけて *a* から *b* に動いたときにつくる面積と、おなじく 1 か月かけて *c* から *d* に動いたときにつくる面積は等しい。すなわち、物体の動きは、太陽までの距離が近いほど速い。(b) カナダ・マニトバ州のイーライで 2007 年に発生した最強クラスの竜巻。竜巻は角運動量保存の法則の好例だ。風は、下部に向かって半径が小さくなるほど速くなる。〔Justin Hobson 撮影〕

の字のように水平に広げ、片脚も水平に伸ばして回転しているとしよう。そして彼女は回転したまま、伸ばしていた片脚を下ろす。伸ばしていた腕も、体にぴったりつけたり、頭の上にまっすぐ伸ばしたりして体の中心に寄せる。つまり、回転の半径を小さくする。すると、運動量保存の法則により、彼女の回転スピードはあきらかに上がるのだ。

さあ、ここからは、大気中で発生するさまざまな渦をみていこう。とても大きな渦である低気圧や高気圧がどう発達してくのかについては、すでにお話しした。地球上の離れた2点に気圧差があれば、空気は気圧の低い部分に向けて、そして高い部分からは遠ざかるように動く。動く空気にコリオリの力がはたらいて、その進行方向は北半球では右に曲がる。その結果、図8.3の画像にあるような渦巻きができあがる。

熱帯低気圧の場合も、空気は渦を巻いて中心に流れこむ。このとき角運動量が保存されるので、風は中心に近づくほど速くなる。

気体や液体の流れには、どうしてこんなに多くの渦がみられるのだろうか。たとえば、洗面台にためた水が排水口から流れ出ていくとき、なぜまっすぐ吸いこまれずに、回転して渦を巻きながら出ていくのだろう。

ざっくりと言えば、最初にあったほんのわずかな回転が、水が排水口に近づくにつれ、角運動量の保存により強まっていったのだ。そして、水は、回転しない場合にくらべて、より効率よく流れ出していくことになる。

上昇する空気にみられる回転は、この洗面台の水ほどくっきりと渦を巻くわけではないが、考え方としては、洗面台の渦を上下さかさまにしたものだ。渦巻きには、空気をもっとも効率よく上空に送りこむはたらきがある*[17]。

気象学には、さまざまな種類の渦が登場する。大きさは数 cm のものから数千 km のものまで。継続時間も、数秒で消えてしまうものから数日も続くものまでさまざまだ。渦が発生する原因も、またじつにいろいろだ。まるで悪魔のいたずらのように。この渦現象を理解していくために、まずはその「悪魔」の話から始めよう。

じん旋風

じん旋風（訳注：「じん」は「塵（ちり）」、「じん旋風」は英語で「砂塵の悪魔たち（dust devils)」という）は、大気中にできる渦としては、いちばん小さなものだ。べつに珍しい現象ではない。目に見えないじん旋風も、たくさんある。もし、じん旋風が通った地面に巻きあげる砂やちりがなければ、この渦は見えない。もっとも、じん旋風が森林火災で煙や炎がでている場所にできたり、発電所からでる湯気のあたりにできたりすれば、地面に砂がなくても見えるわけだが。

これまでにお話ししてきた物理学の法則を使ってじん旋風について説明していきたいのだが、ここでちょっと遊んでみよう。あなたたちに天気の神様になってもらうのだ。これは、いまだけの遊び。ほんとうの神様にはならないでほしい。

さて、もうあなたは、大気の現象を引きおこすさまざまな条件を、好きなように集めてくることができる。そして、この新たな力を試すために、天気の神様の学校で習った簡単な材料を使ってじん旋風をつくってみる。じん旋風をつくるのに必要な材料は、以下のとおりだ。

・風の「シアー」を少々
・地表近くの不安定な大気
・砂やちりがばらまかれた熱い地面（砂漠のようなもの）

さて、つくろう。砂漠では、地面が熱くなって、その上の大気は不安定になっている。空気は上昇を始め、加速していく。そのとき砂もいっしょに連れていくので、空気の動きが見えるようになっている。

もしここに風の「鉛直シアー」があれば、すなわち、風の向きが上空で変化していれば、上昇気流は回転しはじめる。たとえば、地表では南から吹いていた風が、その数mほど上では西からの風になっていたとしよう（この場合は弱い風のほうがよい）。このシアーの影響で、上昇気流の向きが変わってくる。まもなく上昇気流は回転しはじめ、その全体が回転するようになる。上昇気流の渦巻きだ。回転が速くなると渦は細くなる。角運動量保存の法則にしたがって、渦の半径は小さく、回転スピードは速くなったのだ。というわけで、じん旋風の一丁あがりだ。

じん旋風は、半径が数 cm のものもあれば 100 m になるものもある。立ちあがる高さも、せいぜい 10 m くらいのものから、1500 m くらいのものまである。

回転する風のスピードは、大きなものほど速い。小さいじん旋風だと時速 40 km くらいだが、大きなものだと、その 2 倍ほどになる。寿命は、小さいと数秒のこともあるが、大きければ 1 時間以上になる場合もある。

直径 10 m のじん旋風は、計算によると、地面から 50 kW のペースで熱を吸いあげる。熱ばかりでなく、持ちあげる力も強い。じゅうぶんに発達したじん旋風の内部で気圧が 3 ヘクトパスカル下がったとすると、そこには 2.4 トンのものを持ち上げる力が生まれている。この力によって生まれているパワーをおおざっぱに見積もると、上昇気流の速さが標準的な秒速 4 m の場合で 95 kW になる。

というわけで、回転する上昇気流のパワーは、小さなものでさえ数十 kW にもなっているということだ*[18]。大きなじん旋風の写真を、図 8.7 でお見せしよう。

じん旋風でも、ときには数人の死者がでるような被害をおよぼすことがある。強いものになると、小さな竜巻くらいのパワーと破壊力をもっているからだ。大気中に舞っているちりのうち少なからぬ量が、無数のじん旋風によって巻きあげられたものだ。じん旋風の多くは、地面が温まってきた午後の早い時間帯に発生する。竜巻とは違って、雲のない好天のときに発生しやすい。

竜　巻

竜巻は、じん旋風のお兄さんだ。いや、遠い親戚といったほうがよいかもしれない。できるしくみが、まったく違うからだ。実際のところ、竜巻の発生のしかたにはいろいろあり、理論的な研究はここ 40 年でおおきく進歩し

図 8.7　米アリゾナ州の砂漠で発生した大きなじん旋風。〔米航空宇宙局“Phantoms from the Sand: Tracking Dust Devils Across Earth and Mars,” October 7, 2005（http://www.nasa.gov/vision/universe/solarsystem/2005_dust_devil.html）より〕

たにもかかわらず、そのしくみは、まだ完全にはわかっていない。

ほとんどの竜巻は、第7章でお話しした「スーパーセル」から生まれる。竜巻は「積雲状の雲と地面を結ぶ回転する空気の柱」だ。雲で生まれて、地面に達する。竜巻のなかでは水蒸気が凝結して水滴になっているので、たいていは漏斗状の雲として目で見える状態になっている。それに、ちりから自動車のボンネットにいたるまで、さまざまなごみを地上から巻きあげているので。

スーパーセルで竜巻が発生することは、そう多くはないが、ほとんどの竜巻、とくに強力で危険な竜巻は、スーパーセルにともなって発生する（例外は、雷雲にともなう寿命の短い「ガストネード」と、海や湖の上で積雲群がつくる「水上竜巻」だ*19)。

竜巻は、アップルパイのように、いかにもアメリカ的だ。いや、アップルパイよりアメリカ的といってよいかもしれない。わたしが子どものころ住んでいた英国にもアップルパイはたくさんあったが、竜巻に出くわした記憶はない*20。

大きな竜巻は、南極以外ならどこにでも発生する可能性があるのだが、なんといっても有名なのは、米国の「竜巻街道」だろう。メキシコ湾からカナダとの国境にかけての帯状の地帯、とくに南部のテキサス州と、その北隣のオクラホマ州だ。米国では、平均すると1日に2個の竜巻が発生している。もっとも、年間の発生数は、竜巻の姿そのものが変化しやすいように、年によってさまざまなのだが。

竜巻の強さをクラス分けする指標として重要なのが「改良藤田スケール(EF)」だ。竜巻が通ったあとに残された建物や樹木などの被害状況をもとにした指標だ*21。EF0の竜巻は弱くて、被害もほとんどでない。EF5だと破壊的な強さで、人的な被害もでる。EF5の竜巻は、自動車を巻きあげて吹き飛ばし、トラックを横転させ、石を木の幹にたたきつけ、道路のアスファルトをはがし、家をマッチ棒のようにばらばらにし、そして人の命を奪う。

竜巻の発生予測は、いまのところうまくいっていない。竜巻のしくみがまだよくわかっていないし、さまざまな発生のしかたをするからだ。たしかにスーパーセルにともなってできることが多いし、スーパーセルの強さと竜巻の発生確率に関係はあるのだが、その関係があいまいなのだ。強力なスーパーセルでも竜巻は発生しないことはあるし、発生するとしても、あるとき急に発生したり、スーパーセルのほんの一部分で発生したりする。弱いスーパーセルから強い竜巻が生まれることもある*22。

大きな被害がでるEF4やEF5の竜巻は、全体の2%にすぎない。ふつう、上空から地上に向かって急にすぼまっている「くさび型」の竜巻のほうが、下から上まで半径が一定の細い「煙突型」より強力だが、かならずしもそうだとはいいきれない。

竜巻は、ハリケーン内部で風の「シアー」が強い、西～北西から東～南東にかけての部分で発生することも多い。そして、多くの竜巻は、西～南西から東～北東に向かって進んでいく。もっとも、その動きはでたらめで予測不能なことも多く、ときには引き返してくることさえある。

竜巻の回転方向は、その90%が低気圧とおなじ向きだ。北半球なら反時計まわりだし、南半球なら時計まわりになる。竜巻を生むスーパーセル自体も回転しているが、その回転とおなじ向きということだ。

だが、右まわり、左まわりの数の違いは、コリオリの力が原因ではない。竜巻の大きさはせいぜい5 kmほどで、こんな小さなものには、コリオリの力はほとんど効いていない。スーパーセルの回転に対してさえも、コリオリの力は直接の影響は与えない。スーパーセルの広がりは50 kmくらいしかなく、やはり、コリオリの力にとっては小さすぎるのだ。

コリオリの力が有効なのは、おなじ渦でももっと大きな渦、すなわち次章でお話しする台風のようなものに対してである。この場合、台風の渦巻きは、確実に一般の低気圧とおなじ回り方になる。

もうひとつ指摘しておこう。竜巻は、それを生みだすスーパーセルのほんの一部分であり、どうということのない付属品にすぎない。スーパーセルの威力は、竜巻とは比較にならないほど強大だ。そうはいっても、EF5の竜巻がまさに家を破壊しようとするさまを見れば、たんなる「付属品」だとはとても思えないだろう。上空の雲のなかの強い風や雨とは違い、竜巻はまさにわたしたちが生活している地面を襲う。その力に驚くのも、無理はない。

ところで、地球上でなぜ米国の中央部にだけ「竜巻街道」があるのだろうか。一言でいえば、メキシコ湾からくる湿った風とカナダからの冷たい風、西からロッキー山脈を越えてくる乾燥した風が、そこで出合うからだ。ただし、この答えは、すこし単純化しすぎだ。地形の重要性や、竜巻の発生に必要な条件には触れているが、これでは、竜巻はそう簡単にはおきないという事実に答えられない。

天気の神様は、竜巻をつくる完全なレシピを、まだ手にしていないのだろうか。レシピはおそらくいくつかあるのだろうが、気象学者も、まだどれも手に入れていない。このレシピが複雑で天気の神様の手にも負えないのだとしたら、その成り立ちを探るには、渦をつくる「悪魔たち」に密着して観察するしかないだろう。

竜巻づくりのレシピに含まれるべき主要な材料については、わたしたちは、すでにいくつか知っている。

・スーパーセル（激しい雷雨をもたらす強い対流による雲、回転つき）
・風の鉛直シアー
・温かい海の水

さきほどの簡単な答えにあるメキシコ湾とカナダ、ロッキー山脈は、じつはこれらの材料を提供してくれていた。あと必要なのは、簡単な物理の法則と気象学の基礎知識だけだ。水温の高いメキシコ湾の海は、スーパーセルと、そこから生まれる竜巻にエネルギーを与える。メキシコ湾からの暖かくて湿った風は北に向かい、おそらくカナダのほうからくる冷たい風に乗り上げて上昇する。西のロッキー山脈から吹いてくる乾いた風は、風の鉛直シアーをつくる。もし条件がうまく合えば（この条件は５月にいちばん合いやすいようだ）、湿った風は上昇するとともに低気圧とおなじ向きに回転し、スーパーセルの誕生となる。

数秒の寿命しかない弱い竜巻がある一方で、１時間以上も続く強い竜巻もある。竜巻は、雨が降っている場所にやってくると、たいていは消滅する。強い竜巻ほど、その場所を動こうとしない。

竜巻が物を持ち上げる力は、じん旋風のときとおなじようにして見積もることができる。まず気圧差について考えてみると、スーパーセルで生じている速い上昇気流は、100 ヘクトパスカルものおおきな気圧差に相当する*[23]。つまり、スーパーセルによって生みだされた竜巻の内部では、気圧がその外側より 100 ヘクトパスカルくらい低くなっている。竜巻の広がりは 0.8 km を超えることもあり、そうだとすると、物を持ちあげる力は 500 万トンにもなる。上昇気流の速さを時速 160 km とすると、そのパワーは 200 GW だ。身近な例で比較すると、中国の「三狭ダム」にある世界最大の水力発電所は 20 GW なので、その 10 倍ということになる。

竜巻が回転（ほとんどは低気圧とおなじ回転方向）する理由については、専門の研究論文でもさかんに議論されている。竜巻はふつう、上昇気流と下降気流の境目にできる。スーパーセルに付随する竜巻の場合は、スーパーセルが移動していく前面にある下降気流より、後面の下降気流のところにできることが多い。それが意味するのは、高度による風速、風向の違い（風の鉛直シアー）が、くるくると回転する空気の管をつくりだしているということだ。

この空気の管は、はじめは水平に横たわっているが、上昇気流で持ちあげられて立ちあがる。暖かい空気が下の端に流れこみ、空気の回転に加わる。こうしてこの回転する空気の管は下に向けて成長し、地面に達する。図 8.8 で、模式図を使って説明しておこう*[24]。回転する空気の管が大気中でできるときの、一般的な説明にもなっている（図 8.8 (a)）。

この理論が優れているのは、回転する直立した管を考えることで、低気圧とおなじ向きに回転する空気の渦が、その反対の回転より優勢になることを説明できる点だ。じん旋風も竜巻もメソ低気圧も、そうなっている。竜巻には、本体の渦のなかに、さらに小さな渦が発生している場合がある、これを「多重渦」の竜巻というが、その発生のしくみも、この理論で説明できる。

スーパーセルは、そういつもできるものではないし、竜巻となれば、もっとまれだ。風のシアーや立ち上がった渦の状態が、うまい具合にこれらの発生条件に合致することは、そう多くはないからだ*[25]。

(a)

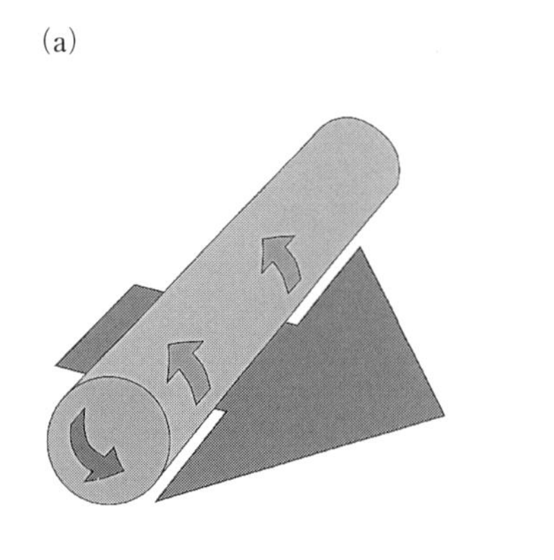

(b)

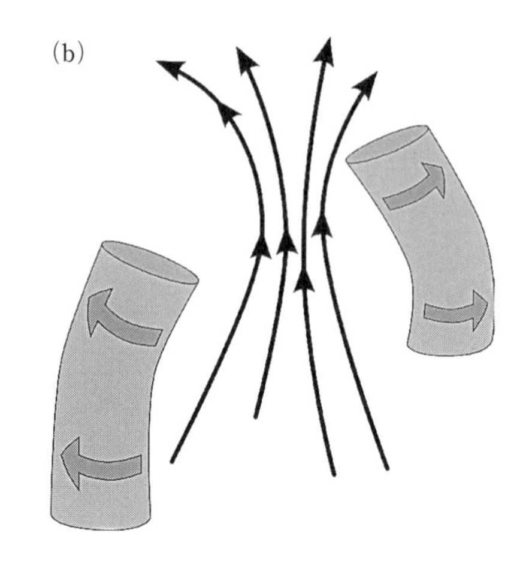

図8.8「低気圧まわり」（上から見て反時計まわり）の空気の回転。ここで紹介するのは、あまり規模が大きくない（コリオリの力が関係しない）空気の回転について述べた説だ。(a) 地面に近いところで左から右に向けて風が吹いているとする（大きな矢印）。このとき上空では、逆に右から左に向けて風が吹いているとしよう（矢印は描いていない）。風に「鉛直シアー」がある状態だ。このとき、上下の風のあいだに、水平に横たわった回転する空気の管が発生する。葉巻がころがっているような感じだ。これとおなじように回転する空気の管は、この図の右側で上昇気流、左側で下降気流がおきている場合でもできる。(b) 水平に伸びている空気の管のまんなかに上昇気流がくると、その部分が持ちあげられて、管が「U」の字を上下さかさにしたような形になる。すると、管はそこでちぎれて、回転するふたつの直立した管になる。もとは葉巻がころがるような水平の向きに回転していたものが、この時点で、こまのように立ってまわる回転に変わっている。ふたつの管の空気の回転方向は逆になっている。この空気の管の回転が生みだす風によって、上昇気流には「低気圧まわり」の回転が生じ、メソ低気圧や竜巻（回転する上昇気流）に発達する。

台　風

もしそれが太平洋の北東部や大西洋で発生すれば、「ハリケーン」とよばれる。北太平洋の西部なら「台風」だ。南太平洋やインド洋だと「サイクロン」になる。ここでは、とくに必要がないかぎり、これらを総称して台風ということにしよう*[26]。

図8.9は、台風を上から見たところだ。さきほどお話ししたじん旋風が、つつましやかな大気の渦だとすれば、その反対の極端にある強大な渦が台風だ。じん旋風が爆竹なら、台風は超新星爆発*[27] といったところだ。

図 8.9　これは、わたしの知るかぎり、台風の広がりをよく示している最高の画像だ。2005 年 9 月に発生したこの台風「ニビ」は消滅まで 12 日間かかり、東アジア一帯に 9 億 7200 万ドルの損害を与えた。日本の上に 1320 mm の雨を落とし、風速は時速 177 km にもなった。中心気圧は 75 ヘクトパスカルも低下した。台風が渦を巻くようす、目の壁雲、そしてその広がりがよくわかる。〔国際宇宙ステーションから撮影した画像を公開する米航空宇宙局のサイト（http://spaceflight.nasa.gov/gallery/images/station/crew-11/html/iss011e12347.html、2005 年 9 月 3 日）より〕

台風を構成している部材は、暴風雨である。暴風雨の塊が、いくつも集まって台風になっている。図 8.10 は、天気の神様が、この暴風雨の塊をどうやって集めて「台風」という神社をつくるのかを示している。これまでにお話しした物理の原理を振りかえれば、台風がなぜこのような構造になるのかわかるはずだ。

その説明をするまえに、まず、台風の大きさとパワーをみておこう。そうすれば、台風の風の吹き方や、暴風雨の塊がどこからくるのかがわかりやすくなる。

台風のエネルギー源は、台風が発生、成長する海域で海からもらう熱だ。陸上の雷雨が、上昇する空気の塊とまわりの大気の温度差からエネルギーを直接もらっているのとは対照的だ。広い海域で海面の温度が 27°C 以上になっていると、そこで台風が生まれる可能性がある。北半球で 6 月から 11 月にかけて台風がよく発生するのは、それが理由だ。この時期には、熱帯の

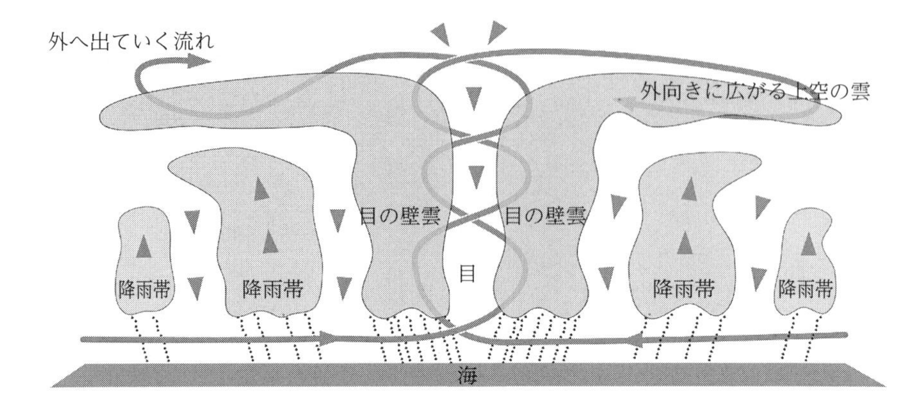

図 8.10　台風の構造。この断面図で「目の壁雲」と上空を外に広がる雲として描かれている部分は、立体的には、まんなかを上下につらぬく中空の穴が開いたキノコのような形をしている。降雨帯（訳注：帯状の降雨域のことで、断面図では雲の塊になっている）は、目の壁雲のまわりを回転している。降雨帯では暖かく湿った空気が上昇し、降雨帯にはさまれた領域で冷たい空気が下降してくる。上昇気流のスピードは、目の壁雲のなかがもっとも速い。目のなかは下降気流になっていて、雲もなくおだやかだ。その下の海は荒れている可能性が高いのだが。この構造の全体が、北半球では反時計まわりに回転している。上空で外に出ていく流れだけが時計まわりだ。

海が温まっているのだ。

台風は大きい。その半径は、平均で 665 km もある。この範囲で降る雨の量は、1 日あたり 1.5 cm だ。この観測事実から、台風のパワーを計算することができる。この雨はすべて、海面から蒸発した水がもとになっている。上昇気流に乗って対流圏の上限ぎりぎりまでのぼり、そこで凝結して、水蒸気がもっていた潜熱を放出する。この潜熱についてはよくわかっているので、この雨の量をもとに計算すると、そのエネルギーは 60 万 GW になる。平均的な台風でも、世界中の発電量の 30 倍ものエネルギーを消費しているわけだ*28。

台風の水平方向の広がりは、1300 万 km^2 以上もある。上下方向には海面から対流圏界面まで達していて、つまり、これだけ広い面積の対流圏すべてを独占していることになる。竜巻や雷雲とは違い、台風は広がりのわりに背が低い上下につぶれた形をしている。

みずから降らせる雨によって海面水温が下がれば、エネルギーの供給が断たれてしまう。雷雲のなかで降る激しい雨が、上昇気流を弱らせてしまうのと似ている。風に鉛直シアーがあって上空で風速や風向が変わると、台風の寿命は短くなる。上陸すると、エネルギーの供給がなくなるので衰える。

台風が生まれると、その後の進路やスピードは予測できる。台風が上陸すれば大きな被害がでるので、予測して警報をだすことは重要だ。台風はとても大きいので、上陸して海からのエネルギー供給がとだえても、数日間は消滅しない。

2005 年夏のハリケーン「カトリーナ」は、米国のニューオーリンズで 1300 人の命を奪い、被害額は 1250 億ドルに達した。米国で死者がもっとも多かったハリケーンはテキサス州のガルベストンを襲ったもので、8000 人が死亡した。そのほとんどは「高潮」*[29] による死者だった*[30]。

ハリケーンの強さは、「シンプトンスケール」でクラス分けされる*[31]。もっとも弱い「カテゴリー 1」は最大風速が時速 120 km で、最強の「カテゴリー 5」になると、時速 185 km を超える。

こうしたハリケーンの暴風は、海の水を押しやって潮位を高める。カテゴリー 5 のハリケーンともなると、6 m くらいの高潮が発生することがある。これまでで最多の命を奪ったのは、1970 年にバングラデシュでおきた高潮だ。サイクロンによる高潮がなくても、ふだんから洪水に悩まされているこの国で、推定で 30 万人が亡くなった。上陸したハリケーンによる被害は、風速の 3 乗に比例して大きくなるといわれている*[32]。

台風の構造を、図 8.9 と図 8.10 に示しておいた。上から台風を見おろすと、反時計まわり（北半球で）に渦を巻く雲が見え、中心部は「目」とよばれる空洞になっている。上下方向に切った縦の断面には、雨を降らす雲がいくつも並んでいる。

外から中心に向けて進んでいくと風は強まり、「目の壁雲」で風速は最大になる。そこを過ぎて目のなかに入ると、風速は急に落ちてゼロになる。中心部に近づくと気圧は下がり、920 ヘクトパスカルくらいになることもある。気圧がもっとも低いのは目の部分で、小さな目（たとえば直径 16 km）のほうが、大きな目（たとえば48 km）より風が強い傾向にある。

もっとも強い上昇気流は、目の壁雲の部分に生じている。その強さの源になっているのは、海面と、その12 km上空にある対流圏界面とのあいだにある100℃もの温度差だ。

図8.10からわかるように、気流の上昇域と下降域が、中心から遠ざかる方向に交互に並んでいる。上昇気流でつくられる大量の雲は、てっぺんの巻雲の高度で横に広がっていく。

これまでにお話しした気象の物理をもとにすると、台風の構造に関するさまざまな点を理解できる。風が中心に向かって渦を巻く原因になっている力は、台風の中心と外とのあいだの気圧差とコリオリの力だ。中心に近づくほど風が強くなるのは、角運動量保存の法則のためだ。中心近くでは風の回転スピードが上がっているので、遠心力が強くなる。すると、気圧の低い中心部に向かって風が吹きこもうとしても、遠心力のほうが勝って、もうそれ以上は中心に近づけなくなる*33。こうしてできるのが、台風の目だ。

目の壁雲の下で気圧が低いのは、強い上昇気流のためだ。強い雨は、もちろん湿った空気が上昇して冷えることでもたらされる。台風では、雨雲の帯が、中心から外に向かって何本も渦を巻くように延びている。これは、地表付近では、風が周回しつつ中心に向かって流れこんでいるからだ。

台風の発生、発達と消滅について、簡単にまとめておこう。

温かい海では、水が蒸発し、その上の空気が暖まって上昇を始める。熱帯特有の嵐の誕生だ。これが発達してくると、気圧の差によってまわりから空気が流れこむ。この流れの向きは、コリオリの力によって北半球では右に、南半球では左に曲げられて、低気圧としての渦になる。

空気の上昇により、大気の温度はさらに上がる。空気に含まれていた水蒸気が冷えて凝結し、そのとき凝結熱を放出するからだ。その結果、空気は対流圏界面まで昇りつめ、高い高度をおおう雲として横に広がっていく。その上にある成層圏は大気が安定しているので、ここより上には行けないからだ。

上昇した空気は冷えて水蒸気が凝結し、激しい雨が降る。まわりの風に流されて台風が上陸すると、海から供給される熱がなくなるので、エネルギー源が断たれて台風は消滅に向かう*34。

大切な前線の話

大気に発生する渦は、物理的には単純なしくみでできる複雑な現象として、とても印象的なものだ。こんどは、もっと身近で日々の天気に関係し、テレビで天気予報を見れば、かならずといってよいほどいつも目にするものを紹介しよう。「前線」である。

大気中を飛んでいく重さ 11 kg の砲弾の道筋は、物理的な計算で予測できる。計算するための数式は単純だし、この砲弾の位置や動きを示すために必要な変数も 6 個だけだ。三つの座標軸、すなわち x 軸、y 軸、z 軸と、それぞれのまわりの回転を表す三つの変数の計 6 個だ。

こんどは、海の上に、この砲弾とおなじ重さの空気があるとする（体積は約 9 m^3 だ)。その動きを考えるには、もっとたくさんの変数が必要になる。空気は流体であり、砲弾とは違って形が変わるからだ。空気の部分部分は違う向きに動くし、別の回転をしていることだってある。空気の境界も、決まったものがあるわけではない。空気は膨らみもすれば縮みもするし、もちろん形も変わる。だから、流れる物体をあつかう「流体力学」は、ふつうの「力学」より、はるかに複雑なのだ。

わたしたちは、これまで「空気の塊」を考えるとき、温度などはきちんと示してきたが、どれくらいの量の空気なのかは、はっきり定めていなかった。この空気の塊は、あまり大きくはなく、ざっくり言えば、じん旋風、あるいはひとつの街のような大きさを想定している。

さてここで、もうひとつ、あまりはっきりしない概念を導入しなければならない。きちんとした正確なことが好きな人たち、おそらくは時計職人とか薬剤師のような人たちは、このあいまいさに、うろたえてしまうかもしれない。だが、大気を流体としてあつかおうとすれば、どうしても避けられない。それは「気団」という概念である。

気団は空気の集まりで、「空気の塊」と似ているが、サイズがそれよりははるかに大きい。これまでにお話しした空気の塊がじん旋風のサイズだとしたら、気団は台風サイズだ。気団は、大陸や海の半分くらいをおおってしまうようこともあるような、大きな空気の集まりを表している。

それぞれの気団の中では、密度や温度が一定だ。気団が異なれば、密度や温度、湿度までもが違うということだ。だから、異なるふたつの気団が接すれば、そこに境目ができる。この境目こそが「前線」なのだ。

前線は、密度の違う空気の境目として定義される。密度には温度が深く関係し、そして湿度もすこし関係するので、これらも考慮に入れなければならない。気象学にとっての前線の重要性を最初に指摘したのは、ノルウェーのヴィルヘルム・ビヤークネスとその仲間たちで、第一次世界大戦のころの話だ。気象学の「前線」という言葉も、戦争で敵と向かい合う最前列を意味する「前線」からきたものだ。

前線は、おもに中緯度でみられる。そこでは、高緯度側の冷たい空気と赤道側の暖かく湿った空気が出合う。この出合いが、中心の低圧部と前線をともなう温帯の「低気圧」をつくりだす。それを、これからお話ししていこう。前線の付近では、雷雨や霧、それに風向きの急な変化などの現象が、しばしばおきる。

ここでは、この章でお話ししてきたシンプルな物理現象をもとに、前線を五つのタイプに分けて紹介しよう（図 8.11）。日々の天気に密接に関係する前線は、あなたの頭上にも毎日のようにあるものだし、テレビの天気番組でもおなじみなはずだ。

1. 「寒冷前線」は、前線のなかでもっとも動きが速い。前方にある密度の小さい空気では、その動きを止められないのだ。進む方向は、北半球ではたいてい北西から南東の向きだ（南半球では南西から北東に向かう）。寒冷前線は、冷たい空気が進んできて暖かい空気にとって代わろうとしている境目なので、寒冷前線が通りすぎると気温は急に下がる。

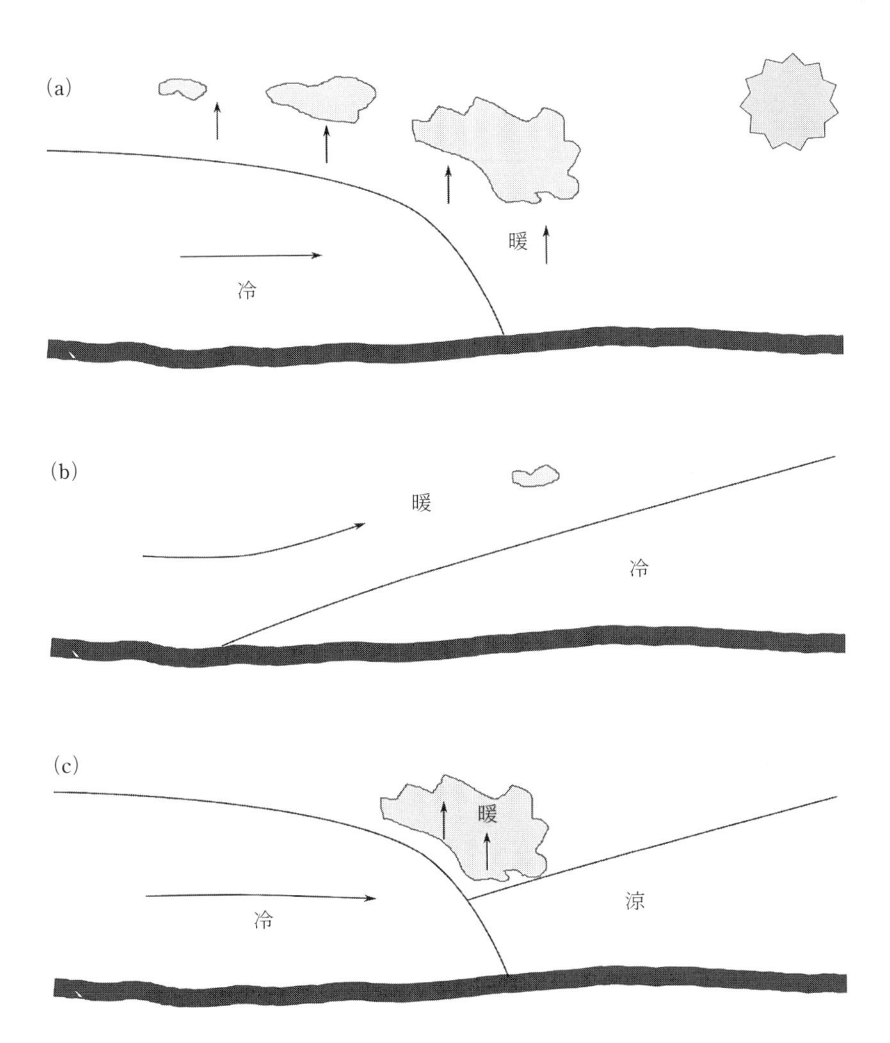

図 8.11　気象に現れる前線。(a) 寒冷前線。地表にある暖かい空気の下に、冷たい空気が左から侵入してきているところ。暖かい空気は、冷たい空気の上に押しあげられる。このとき、暖かい空気の水蒸気が凝結して雲ができると、雲は冷たい空気の上をおおうことになるので、太陽の熱は、冷たい空気より暖かい空気のほうを、より強く暖めることになる。そのため、ふたつの空気の温度差は、いっそう大きくなる。冷たい空気の先頭は切り立っているので、暖かい空気は急上昇する。(b) 温暖前線。暖かい空気が冷たい空気の上にのぼっていく。その境目の傾斜は寒冷前線よりゆるいので、空気の上昇も、寒冷前線の場合よりゆるやかになる。(c) 閉塞前線。暖かい空気が、冷たい空気と「涼しい空気」(温度が冷たい空気より高く、暖かい空気より低い) にはさまれている。暖かい空気は地面を離れて上昇する。

寒冷前線の通過にともなっておきる現象としては、気圧の上昇、強い雨、視程の低下、その後の湿度低下や風向きの急変が挙げられる。手前にある冷たい空気が前方の暖かい空気の下に潜りこんで持ちあげ、冷やすので、この暖かい空気が湿っていれば、水蒸気が凝結して雨が降る。この話の展開は、もうおなじみだろう。北半球では、寒冷前線はふつう、低気圧の中心から西ないし南の方向に延びている。

2. 「温暖前線」は、低気圧の中心から東側に延びるので、ふつうは南西から北東の向きにゆっくりと進むことになる。温暖前線が通りすぎると、気温は上がって気圧は下がり、風向きの急な変化、弱い雨、そしておそらくは霧、湿度の上昇といった現象もみられる。温帯低気圧ができると、寒冷前線と温暖前線はふつう図 8.12（a）の位置にあり、やがて図 8.12（b）のように変化する。気象学では、それぞれの前線を図 8.12 に示したような記号で表している。

気づいていないかもしれないが、このような前線のパターンは、天気図でもう何百回も目にしているはずだ。おなじ場所には、おなじような気団が繰り返しやってくるからだ。カナダの北部には、冬になると、しばしば「北極高気圧」とよばれる大陸性の寒帯気団がつくられる。そして、メキシコ湾には熱帯海洋性気団が。まえにお話ししたように、このふたつが北米大陸の上で出合い、そこが竜巻街道になる。

地形や陸と海の分布などの影響でおなじ気団が繰り返し発生する現象は、世界の他の地域でもおきている。ヨーロッパに住んでいる人なら、「アイスランド低気圧」とか「アゾレス高気圧」という言葉を聞いたことがあるだろう。

3. 「閉塞（へいそく）前線」は、暖かい気団が、ふたつの冷たい気団にはさまれたときに生じる。このふたつの冷たい気団がくっついてしまうと、暖かい気団は押し上げられて地面から離れる。その結果、地面から離れるほど気温が高くなる「気温の逆転」がおきる。冷たい気団が暖かくて軽い気団の下に両側から「くさび」のように入りこみ、それを持ち上げてしまうと考えると、イメージしやすい。

実際には、その過程はもっと複雑で、気象学では、前線の発生と発

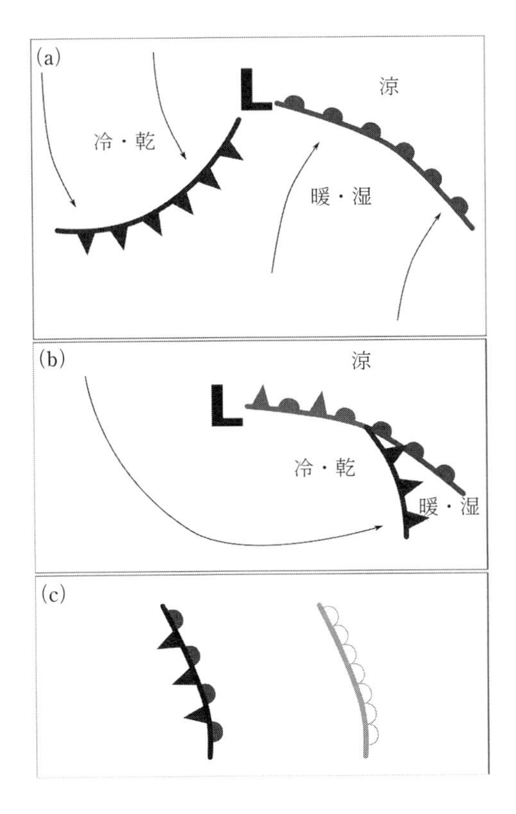

図 8.12 いろいろな前線。(a) たとえば米国の中西部のような安定した「涼しい空気」(温度が冷たい空気より高く、暖かい空気より低い)が広がっている場所に、低気圧 (L) ができたところ。これは上から見た平面図で、しばしば地図に重ねて描かれる。北のカナダからは冷たくて乾いた空気が流れこみ、南のメキシコ湾からは、暖かくて湿った空気がやってくる。そう、スーパーセルがつくられる状況だ。暖かい空気と涼しい空気の境目が温暖前線で、曲線の片側に半円を並べた記号で表される。半円が並んだ側に前線は進む。寒冷前線は、曲線の片側に三角形を並べて示す。やはり、三角形が並んだ側に進む。(b) 寒冷前線は温暖前線より動きが速いので、やがて温暖前線に追いついて、閉塞前線をつくる。閉塞前線は、曲線の片側に半円と三角形を交互に並べて表す。(c) 他の前線の表し方。停滞前線 (左) とドライライン (右)。

達、それに衰弱と消滅に、それぞれ「フロントジェネシス」「フロントリシス」という専門用語をあてているほどだ。それはともかく、ここではそんな複雑な話は必要ない。暖かい空気の下に冷たい空気のくさびが打ちこまれるという単純なイメージのほうが、ずっと役に立つ。

ついでに、あとふたつの前線を紹介しておこう。気象学者にとっては重要でも、わかったからといって、その知識がとくに役に立つというほどでもない前線なのだが*35。

4. 「停滞前線」は、お察しのとおり、立ち往生しているかのように動かない前線だ。停滞前線が重要になるのは、その上に低気圧が重なったときだ。長時間にわたって多量の雨が降る。
5. 「ドライライン」は、温度が違う気団の境目ではなく、湿った空気と乾燥した空気の境目にできる。他の前線とは違う種類の記号で表される（図 8.12（c）に示してある）。ドライラインは、やはり地形の影響で、たとえばロッキー山脈の東側といった決まった場所に繰り返し現れる。ドライラインに沿って、竜巻をともなうスーパーセルが発生することもある。

地表が受けとる熱の量は部分部分で違うので、それが原因となって、大気には水平方向と鉛直方向の流れが生じる。この流れが、物理的には単純だが、いざ計算しようとすれば数式的には複雑な法則のもとで、さまざまな大気の現象を生みだす。

大気のような流体には、渦や流れの乱れが発生しやすい。空気が回転して、そこに風向、風速が変化するまわりの風が加われば、スーパーセルの激しい雷雨や竜巻のような複雑で劇的な現象が生まれる。

前線は、中緯度の低気圧に、いつもきまって付随している。空気を（対流とは違う方法で）上下方向に動かすので、降雨のおもな原因となる。

第9章

極端な気象
―これが新しい「ふつう」の姿なのか―

黒鳥とそのしっぽが、社会経済学の世界を動かしている。

ナシム・タレブ

予想もしなかった「黒鳥」が現れるのは、社会経済学の世界にかぎったことではない*1。もちろん「極端」というのは、その定義からして「ふつう」ではありえないので、この章のタイトルは、すこし奇妙な感じがするかもしれない。だが、極端に激しい気象は、その土地にも、そして襲われた人々の心にも深い傷を残すので、どうしても記憶にとどまる。この本も、残すところあと2章となった。この章では、なぜ極端な気象が増えてきているのか、その現状と将来の姿についてお話ししよう。

熱を感じて

まず、熱波*2の影響から話を始めよう。それには、ふたつの理由がある。ひとつは、すくなくとも米国では、多くの死者をだす気象の筆頭だということ。もうひとつは、統計的な記録がきちんと残っている点だ。

熱波による死者が台風やハリケーン、洪水による死者よりも多いと聞くと、驚くかもしれない。だが、熱波におおわれる地域は、たとえば洪水に襲われる地域より広い。洪水は劇的な現象なのでマスメディアの関心を引きやすいが、熱波にカメラを向けたところで、これといって写るものはない。しかも、熱波による死者は知らぬ間にじわじわと増えていき、熱波が直接の死因になるともかぎらない*3。

1995年の夏、米国のシカゴは熱波に苦しめられていた。7月14～20日の1週間で、高温が直接の原因で亡くなった人は485人に達し、関連死をあわせると、この熱波による死者は739人にもなった。この数字は、1871年にシカゴでおきた大火による死者の2倍だ。

米国全体でみると、1992～2001年の10年間で、高温による死者は2190人。おなじ期間に洪水で亡くなったのは880人、ハリケーンは150人だった。

世界に目を向けて2003年と2010年のヨーロッパを考えると、この米国の数字が小さなものに見えてくる。図9.1に示したように、2003年の熱波はフランスが中心だった。実際、この熱波によるとみられる3万人の死者のうち、半数近くがフランスで亡くなっている*4。

7年後には、さらにひどい事態がやってきた。2010年のロシアの夏は焼け

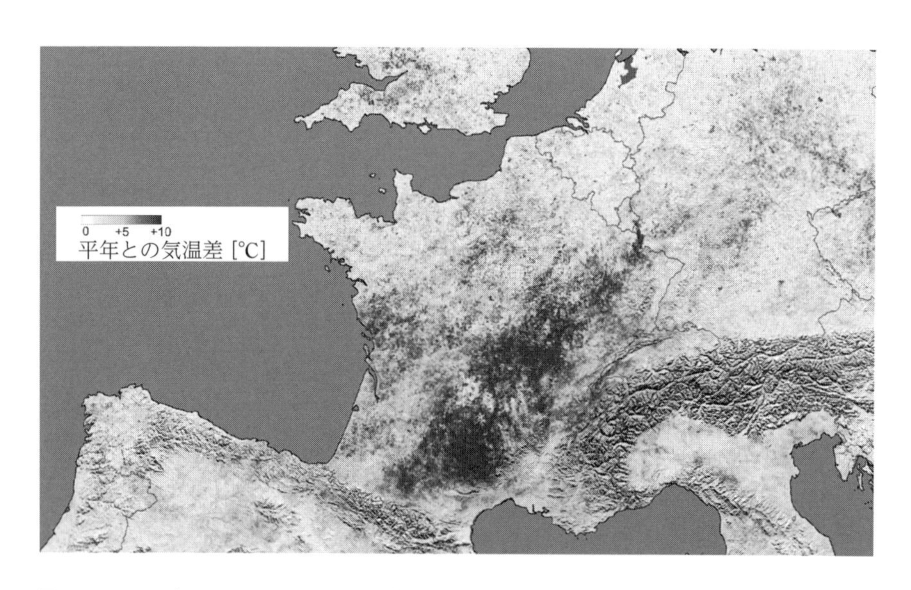

図9.1　2003年7月にヨーロッパを襲った熱波。この熱波で3万人くらいが死亡し、そのうちの1万4000人がフランスで亡くなった。〔米航空宇宙局の資料（http://earthobservatory.nasa.gov/IOTD/view.php?id=3714）より。画像はReto Stockli、Robert Simmonが作成〕

つくようで、観測史上もっとも暑い夏を記録した。モスクワでは7月29日の最高気温が37.8℃に達した。この気温は、米アリゾナ州の保養都市トゥーソンならどうということはないかもしれないが[*5]、冬の厳しさで有名なモスクワの人たちにとっては、とんでもない暑さだった。

この熱波で、ロシアは高温だけでなく、過去40年で最悪の干ばつにも見舞われた。農作物は大打撃をうけ、森林火災の多発による大気汚染も深刻だった。このときの死者は約5万5000人に達した。

一般的にいって、熱波は、高体温のほか脱水症状や熱性けいれん、熱射病などで人の命を奪い、熱による膨張で建物などを傷め、林野火災や干ばつの頻度や規模も増すことになる。植物の環境浄化もききにくくなり、土壌の浸食[*6]や汚染も進む。

熱波とは、どのような状態を指すのだろうか。熱波の基準は国によって違い、その定義はあいまいで、食い違っていることもある。たとえば、こんな定義がある。熱波とは、これまでに観測された気温の90パーセンタイル[*7]を超える高温を、3日間つづけて観測したときをいう。世界気象機関は、一日の最高気温が1961～90年の平均値より5℃以上高い日が、5日間にわたって続いたときを熱波としている。統計学が入ってきて、話がすこし見えにくくなってきた。

いま紹介した2通りの定義には、そのいずれにも、それを超えたときに熱波となる基準の気温が含まれている。どちらの定義でも、一日のうちの最高気温がその基準を超えれば熱波ということになる。実際には、そのような高温が一日のうち5時間にわたって続いていたほうが、5分の場合より問題は大きくなるのだが、このような事情は定義には含まれていない。

熱波の厳しさに関係するもうひとつの要因は、夜間の最低気温だ。夜間の最低気温が下がらないことは、昼間の最高気温が高くなることと同様に致命的だし、火災も増える。

湿度はどうだろうか。米国南西部の乾いた熱波は、生理学的な見地からは、インドの湿った熱波より、まだしのぎやすい。

熱波をどう定義しようとも、熱波の頻度と、熱波におおわれる地域の面積は、増加傾向にある。1951～80年の30年間、ある瞬間に熱波におおわれている地域は平均して地球上の0.1～0.2％だった。1981～2010年の30年間になると、その割合は10％に増えた。2011年から始まる30年間には、この割合はさらに増えることになるだろう*8。

暑い日の年間日数は、1950年にくらべて2倍になっている。もちろん、熱波への対処のしかたは、その国がもっている資源や社会の発展度によって違う。それに、なにをもって「暑い」とするかが地域によって違う。カナダの人が暑くて汗をかくような気温でも、メキシコの人はなんとも思わないだろう*9。

干ばつ

かつて古代ローマ人から「幸福のアラビア」とよばれていたイエメンは、このさき数年で崩壊してしまうかもしれない。長いあいだ続いた国の分断による緊張とか人口の増加のためではなく、ただたんに、水がなくなってしまいそうなのだ。そして、減っていくこの水資源をだれがどう使うのかという問題が、イエメンだけでなく、中東全体に広がっている。それでなくてもこの地域は、民族的、宗教的な緊張が高いというのに。

中東には世界の約1％の真水しかないが、そこに5％の人が住んでいる。チグリス川とユーフラテス川をめぐってはトルコとシリア、イラクが、ヨルダン川ではイスラエル、レバノン、ヨルダンが、ナイル川ではエジプトとエチオピア、スーダンが紛争を繰り広げてきた。

世界最大の湖であるカスピ海の東方にあるアラル海は、いつの時代も水深が浅かったとはいえ、その面積が1960年代の10％になってしまった。これは、自然に水が減ったとか気候の変化によるものではなく、直接の人為的な災害だ。50年ほどまえ、旧ソ連政府は、アラル海に注ぐシルダリア川とアムダリア川の流れを、かんがいのために変える計画を立てた。水量は減って塩分が濃くなり、魚がほとんどいなくなった。漁業はすべて絶え、地域の経済は大きな打撃をうけた。

この地域を引き継いだカザフスタン、ウズベキスタン、トルクメニスタン、タジキスタン、キルギスの国々は、アラル海の面積を復活させるべく対策を講じている。たとえばカザフスタンは、アラル海の水位を上げ、塩分を薄め、すこしでも水産資源を復活させるためのダムを建設した。ここに、ひとつの教訓を読みとることができる。人間が犯した環境管理の失敗は、よく考え、きちんと投資して工事をすれば、取り返すことができるということだ。その際になにより大切なのは国際協力だ。

こうした国際協力にはタイミングが大切で、環境変化のため真水を手に入れにくくなっている現在こそ、まさに必要とされている。「水ピーク」という概念が 2010 年に登場した。この考え方は、石油の生産量が減少に転じる時点を指す「石油ピーク」から派生したものだ。使えばなくなる資源にとって、このようなピークは避けられない*[10]。

水ピークという考え方は、実質的には水も使えばなくなる資源であることを示している。湖にある水も、地面の下の帯水層（たとえば、かつては大量の水があった北米大陸中西部の大平原「グレートプレーンズ」のオガララ帯水層）にたまっている水も、使えばなくなってしまう可能性があるということだ。

水ピークには、おそらく 3 種類ある。ひとつは、世界中で使う水の量が、水の総量を減らさずに使える限界に達してしまったとき。もうひとつは、地下の帯水層の水をくみ上げすぎて回復不能になったとき。そして、人間にとっての水の価値がどうのこうのではなく、水を育む環境そのものが破壊されてしまったときだ。

水ピークが強調しているのは、世界中で真水が手に入りにくくなっている点だ。2025 年までに、世界で 18 億人が水不足に陥ると予想されている。

国際連合は、気候の変化が、水をめぐる深刻な争いの可能性を高めていると警告する。「水戦争は、もうすぐそこにきている」というのだ*[11]。たんに、その場で水を奪いあうだけではない。地球温暖化により人の移動が余儀なくされ、それが水戦争に拍車をかける。

現在の地球温暖化はこのさきも進み、その影響の現れ方は地域によって違う。一般的にいって、熱帯地方の南北にある乾燥した地域ではますます乾燥が進み、水や耕作に適した土地が足りなくなる。そうなれば、人口が増えつづける途上国の人たちは、当然ながら、より気候に恵まれた地域に移動していく。北半球の亜熱帯無風帯*[12]（ハドレー循環とフェレル循環の境目にある砂漠地帯）では、政治的な、そしておそらくは軍事的な緊張が高まるだろう。

中米側からメキシコの国境を越えて米国に入ろうとする不法移民は、実際に増えつづけている。ヨーロッパ南部の国々には、よりよい生活を求める多くのアフリカの人々が、命をかけて船で押しよせている。

環境の変化にともなう人口の移動を予言するのはそう難しくはないし、極端な気象をあつかうこの章で触れておくのも悪くはないかもしれない。だが、わたしには、水資源や農地を求めて「守りの戦い」に終始するのは、まだ早いように思われるのだ。干からびたアラル海が、たとえ部分的で一時的なものであったとしても、回復してきていることを思い出してほしい。中東では、塩水を真水に変える施設が増え、コストも下がってきている。中国では、この 10 年で何百万もの人が水の供給状況と衛生状態の改善に恵まれ、貧困からの脱出の手がかりをつかんでいる。

このような最近の変化は、すべて人の手による技術的なものである。そして、もしこの技術的な革新が国と国との政治的な協力をともなうなら、そしておそらくその場合にだけ、気候の変化からくる環境悪化のシナリオに対抗することができるのだろう。

先進国での話だが、この考え方で難局を切りぬけられるかどうかを試す好例がある。イエメンより豊かで政治的にも安定しているが、ひどい水不足に見舞われた地域の話だ。米カリフォルニア州は、2015 年の春まで 4 年間にわたり、ここ 100 年以上もなかったというほどのひどい干ばつに襲われた。その被害は州の半分以上におよび、2015 年 4 月、ジェリー・ブラウン知事は緊急事態を宣言。はじめて水の使用制限をおこなった。

ところが、この制限から農家は除外された。かれらは、米国内のくだものや野菜、ナッツの需要の半分をまかなっており、そのためのかんがいに、たくさんの水を使っていた。

2005年3月、米航空宇宙局は、カリフォルニア州の水は1年以内に干あがるとの見通しを発表した。あの豊かなセントラルバレーの農地に、もう水はほとんどないというのだ。その水不足をおぎなうため、農家はどんどん深く井戸を掘った。その結果、地下水位は15 mも低下してしまっている。

この地下水の減少は、環境にとって致命的だ。すでにあちこちで地盤が沈下しており、場所によっては30 cmも低下している。セントラルバレーで地下水のない状態が新たな「ふつう」の姿になるのも、そう遠いことではないだろう。カリフォルニア州が、農業の衰退や人々の生活の質を落とすことなく、この水不足にどうやって対処するのか。はたして、それができるのか。カリフォルニア州は2016年5月、水の使用制限を解除した*[13]。

寒波から逃げろ

これまでに、熱波と水不足、その影響についてお話ししてきた。この節とつぎの節では、それとは正反対の現象についてみていこう。極端な寒さと、多すぎる水の話だ。

いくら寒いといっても、すくなくとも逃げこむ場所と社会の援助がある先進国では、他の極端な気象ほどには死者はでない*[14]。もっとも、経済的には、大被害になることもある。

人の健康に対する影響としては、しもやけや低体温。広範囲を襲った寒波やその後に引きつづく経済的な損失としては、農作物がやられてしまったり、家畜のえさの量を増やす必要があったり、あるいは家畜が死んでしまったり、そのほかにも、水道管が凍結したり、暖房を強めることで火事が増えたり。火事についていえば、寒いときの火事は被害が拡大しやすい。水道管が破裂していたり、道が凍って火事現場に近づけなかったりして、消火活動に支障がでるからだ。

寒波の厳しさは、ひとつの国でも地域によって差があるし、熱波にさらされるところが、寒波でもつらい思いをするわけではない。熱波の場合は、郊外より都心のほうが大きな問題になる。都心では、道路やビルに熱がたまって気温を押しあげる「ヒートアイランド現象」がおきるからだ。この現象が都心では寒さをやわらげるので、寒波の影響は郊外のほうに強くでる。

寒波の影響は、その地域のふだんの気候とも関係している。暖かい米国のフロリダ州に寒波がくれば、せっかく実ったくだものがだめになってしまうかもしれないが、それがカナダと国境を接する気温が低いミネソタ州ならば、たいした被害にはならないかもしれない。

水、水、水、……

一年に世界中でおきる気象災害の3分の1は、水の形でやってくる。洪水だ。アジアやアフリカなどの途上国では洪水によって多くの人が命を落とし、先進国では経済的な大打撃をうける。気象災害による犠牲者の半分は、洪水によるものだ。

犠牲者の数からいって史上最悪の自然災害は、1931年の7月から11月にかけて中国の黄河、長江、淮河（わいが）でおきた洪水だ。死者の数は、370万人とも推定されている。

もうすこし最近では、1999年12月にベネズエラでおきた大洪水で、3万人が亡くなっている。2005年に米国を襲ったハリケーン「カトリーナ」では、ニューオーリンズで1500人の死者がでた。そのすくなくとも一部は、堤防が決壊して土地が6mの水にひたったためとみられている。洪水によって人はおぼれ死ぬし、衛生状態が悪化したり感染症が広まったりして命を落とすこともある。

洪水は、国や自治体、保険会社に毎年、何十億ドルもの損害を与えている。2012年に米国で洪水による被害額がもっとも大きかったのは、ニューヨークに隣接するニュージャージー州の35億ドルだった。

世界銀行は、被害額がこのように大きくなる傾向にあることを懸念しており、その軽減のための対策をとるように呼びかけている。被害額があまりにも大きくなっている現実を考えるとき、もし費用をまかなえるならば、洪水を防ぎ、被害を軽減するためにさまざまな対策を講じていくのは当然のことだろう。堤防や放水路、水門やダムを建設し、豪雨や雪解けによる川の増水、あるいは沿岸の海面の上昇に備えるのだ。

米国のミシシッピ川に沿って、すでに3500マイル（約5600 km）の堤防が築かれている。他の先進国では、ポー川、ライン川、ロアール川、ビストゥラ川、スケルト川、ドナウ川などでもこうした堤防がみられる。

海からの浸水を防ぐものとしては、ロンドンにあるテムズ川の巨大防潮施設「テムズバリアー」や、カナダ・バンクーバーのフンディ湾（世界でもっとも潮位が高くなる）にある防潮施設、そしてもちろんオランダだ。オランダの国土の3分の2は海からの浸水のおそれがあり、その浸水を防いでいるのがゾイデル海計画（ゾイデル海という名の湾を閉じて淡水化し、同時に干拓もおこなって国土面積を1650 km^2 増やした）や、デルタ計画（そのときつくられた防潮水門は、米国土木学会から「現代土木建築の七つの奇跡」のひとつに選ばれた）による防潮施設だ（図9.2）。

このような構造物の建設は、気候の変化や郊外の開発でいっそう難しくなってきている。建設に際しては高度な技術が必要で、洪水がどのように拡大し、どのような場合に発生するのかをコンピューターで正確に予測することも必要なのだが、それが難しくなっているのだ。

土地が低い貧しい国（たとえばバングラデシュ）や小さい国（たとえばセーシェル）にとって海面の水位上昇は脅威だが、それから国を守るための巨額の投資をおこなう余裕がない。川の土手にスラム街ができているような貧しい国、開発途上の国では、非常に激しい雨が続いたあとでおきる急激な増水で、多くの人が命を落とす。

地球温暖化の進行で、激しい雨はさらに強度を増し、その頻度も増えると予想されている。世界中の川の洪水で被害をうける人は、2030年までに3倍になるという*[15]。

図 9.2　オランダの東スルヘデ防潮水門にある三つの可動堰（かどうぜき）のうちのひとつ。デルタ計画の一環で建設された。この防潮水門は 1953 年の北海沿岸大洪水をうけて建設された。英国のテムズバリアーが建設されたのも、この大洪水がきっかけだ。〔Vladimir Šiman が 2008 年に撮影〕

暴風雨

極端に激しい暴風雨についてみていこう。ここでは、北大西洋で発生するハリケーンを中心に話をしていくことにしよう。よく記録が残っているし、なにより多くの読者にとって身近だろうから*16。

ハリケーンの記録がきちんとしてきたのは、19 世紀の半ばからだ。図 9.3 に、米国に上陸した最大級のハリケーンが載せてある。まず注意してほしいのは、ハリケーンによる死者数を左右する要因はふたつあることだ。ひとつは強さ。もうひとつは進路と時代である。

むかしは、このような自然現象を事前に予測し、被害に備えることがじゅうぶんにできなかった。残念なことに、いまでもそれが現実である国が世界

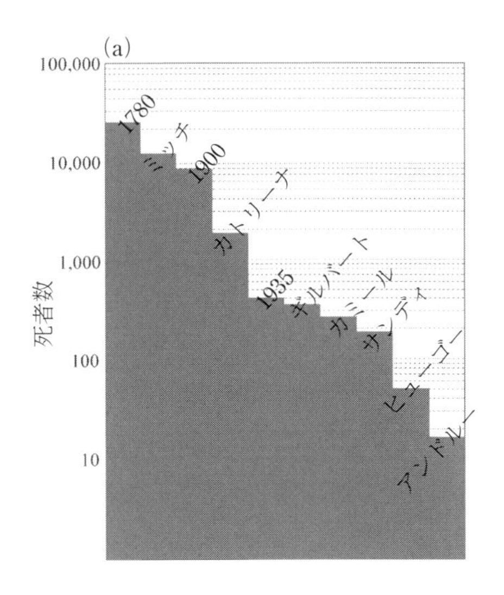

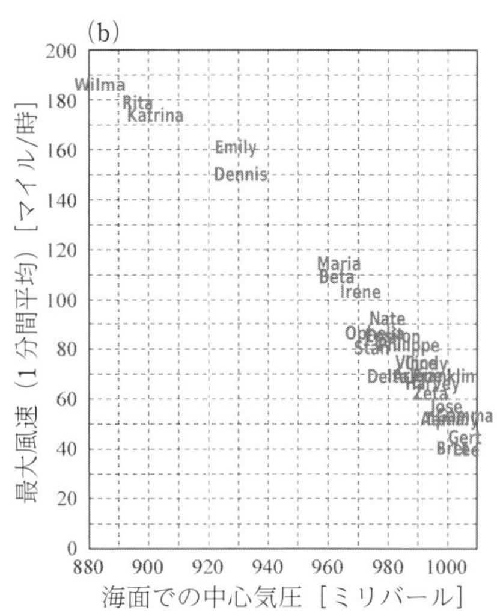

図 9.3　ハリケーンのデータを2通りの方法で示した。(a) 死者数でみたハリケーンの強さ。ミッチは1998年、カトリーナは2005年、ギルバートは1988年、カミールは1969年、サンディは2012年、ヒューゴーは1989年、アンドルーは1992年に発生した。(b) 2005年に発生したハリケーン。縦軸は1分間平均の風速の最大値で、横軸は海面高度での中心気圧。

中にある。したがって、強いハリケーンによる死者数はむかしほど多く、その強さがおなじであれば、先進国より途上国での死者数が多い。

図9.3からわかるように、歴代5位までのハリケーンのうち三つは、ハリケーンに名前をつける習慣ができるまえのものだ*17。「ミッチ」は、中米のホンジュラスを中心に猛威をふるった。「カトリーナ」も例外的に強かったことがわかる。

繰り返し述べていることだが、人が犠牲になる原因として最大のものは、猛烈な風で海の水が陸に押しあげられる高潮だ。飛んできたものに当たったり、倒れた木や建物の下敷きになったりするのではない。カトリーナの場合もまさにそうで、これについては、もうすこしあとでお話ししよう。

強いハリケーンでも死者が多いとはかぎらないのは、ハリケーンは遠くの温かい海の上でできるものであり、その3分の2は上陸しないからだ*18。

ハリケーンの強さを示す客観的な指標としては、中心部の最低気圧と最大風速*[19]がよいだろう。この二つが無関係ではないことが、図9.3（b）をみるとわかる。もちろん、風の物理をあつかった第8章のお話からも納得してもらえると思う。図9.3（b）からは、中心部の気圧が低いほど最大風速が大きいことがわかる。ここでもまた、カトリーナの強さは際立っている。

カトリーナは、もっとも強い台風ではなかったが、大型で、上陸も1回ではなく2回だった。カトリーナのもとになった熱帯低気圧は、2005年8月23日にバハマの近くで発生して勢力を増しながら西に進み、フロリダ州南部に上陸する直前にハリケーンの強度に達した。上陸地での被害は大きく、14人が亡くなった。

カトリーナはフロリダ半島を東から西に横切ってメキシコ湾にいったん入ったあと、進路を北に変え、ルイジアナ州のニューオーリンズ付近に再上陸した。ルイジアナ州全体での死者は1577人にのぼった。そのまま内陸部を北上しながら勢力は弱まり、進路を北西に変えたのち、8月31日にオハイオ州で消滅した。

ルイジアナ州とミシシッピ州の沿岸では高潮が8.5mに達し（米国での最高記録だ）、その水は沿岸から平均10kmくらいの内陸部までおよんだ(川の洪水の2倍の距離だ)。あちこちで防潮堤は決壊し、ニューオーリンズの街の80%が水につかった。防潮堤が役に立たなかったことに批判の声が高まり、さらに性能の高い防潮堤が再建された。

カトリーナの影響がおよんだ範囲は広い。陸域の23万3000 km^{2}以上が被害をうけた。暴風雨は、やや弱まったものまで含めると、バハマやキューバ、北米大陸の東部にまでおよんだ。カナダ東部のセントローレンス川沿いでは、100 mmの雨量を観測した。

最終的な死者数が何人になるのかは、わからないかもしれない。公式な1833人の死者のほかに、行方不明者も705人いる。経済的な損失額は過去最高で、1080億ドルにのぼった*[20]。

不幸の風

強風は、そしてそれがとくに強力な突風の場合は、人がつくった構造物に強い力をおよぼし、こなごなに砕いてしまうこともある。一定の向きの風なら、建物や背の高いバスのような車を押し倒そうとするだけだが、突風は、建物を、まるでその強度をさまざまな方向から試すかのように揺さぶる。

猛烈なスピードの風は、自動車を飛ばして建物の屋根に乗せ、街をマッチ棒のようながれきに変えてしまう。オクラホマ州の州都オクラホマシティの郊外では1999年5月3日、竜巻にともなう時速512 kmもの風速が記録されている。ムーアの街は、1945年に空爆されたドイツの都市のようだった*[21]。

ヨーロッパにやってくる暴風は、米ニューイングランド沿岸のあたりで生まれた温帯低気圧にともなうものだ。この暴風は、冬季に英国北部やスカンジナビア地域をしばしば襲い、ときに進路を南に曲げて西欧の国をひとなめする。

自然災害による損害は、こうした暴風によるものが、米国のハリケーンについで多い*[22]。強風のため海の水が陸に押し寄せて洪水となり、送電用の鉄塔が倒れたり、安全確保のため発電所が止まったりして停電になる。海上交通は止まり、道路は閉鎖されて鉄道も止まる。木々は道路や家に屋根に倒れかかる。

1987年10月に英国のイングランドやフランスで吹き荒れた暴風雨では、推定1500万本の木が倒れ(4分の1が英ケント州とフランスのブルターニュ地方だった)、何日にもわたる停電で何十万人もが影響をうけた。この暴風雨では、その性質はまったく違うものの、ハリケーンに匹敵する速さの風が吹いた。英国で支払われた保険金額は20億ポンド、フランスでの被害額は230億フランと推定されている*[23]。

平均すると、ひと冬に4個か5個の暴風雨がヨーロッパを襲っている。1999年12月にやってきた三つの暴風雨(アナトール、ローサー、マーティン)は、2012年に換算して135億ドルの損害を与え、150人が死亡した。

地球温暖化のせいなのか

マスメディアでは、極端に激しい気象がたくさんニュースとして報じられ、その多くは地球温暖化の結果とされている。第６章で統計学について考えたみなさんなら、なにかある特定の現象の原因を地球温暖化に求めることができないことは、よくわかっていると思う。極端に外れたデータが得られたからといって、平均値が変わったとはいえないのとおなじことだ。

地元の天気予報で、あすの朝、あなたの家の近くでは５mmの雨が降るといっていたのに、あなたの家の庭のバケツにたまった雨は６mmだったとしよう。これはなにを意味しているのか。たまたま６mmだったのか、それとも雨量の平均値が変わった結果なのか。

この雨が実際にはどれだけ降ったかを報じる天気番組で、「５mmの雨を予想していて、実際に降った雨も５mmでした」といえば、あなたの家ではたまたま５mmではなく６mmだったということなのだ。また、「５mmの雨を予想していましたが、実際に降ったのは７mmでした」という結果を報じたとしても、やはりおなじこと。あなたの家とのずれは、たまたまなのだ。

かりになにかの平均値が変わったとしても、ふつうはこのような「たまたま」の変動で隠れてしまう。したがって、ふだんとは違う現象がおきても、その原因をただちに平均値の変化に求めることは、まず不可能だ。

だが、このような極端な気象が頻発した場合はどうなるのだろう。たとえば、大西洋で発生したハリケーンの数は、1851～2010年の平均では、１年間に5.4個だった。ところが、それを1995～2010年にかぎると、１年間に平均7.9個になる。

もっと一般化していうと、ここ何十年かで、極端な気象の発生数は増えている。2014年を思い出してみよう。インド北部付近のカシミール地方では記録的に暖かい年で、大洪水が何回もおきた。米カリフォルニア州やブラジルでは干ばつが。サイクロン「フッドフッド」による強風が、インドの東部から中部にかけて大被害をもたらした。東アジアではスーパー台風の「ノグリー」と「ハグピート」が発生。6月16日には米ネブラスカ州を双子竜巻が襲い、エリー湖に臨むバッファローでは、湖の上をわたってきた湿った風で2mもの雪が降った。

科学雑誌「ナショナルジオグラフィック」は2013年、その年の極端な気象のリストをつくった*24。こうした企画は、いまでは一般向けの新聞や雑誌でおなじみになり、社会が気象に注意を向けるきっかけになっている。だが、それはいつも地球温暖化や気候変動の文脈で説明されている。ある現象がたてつづけにおきたとき、それは、その背後に潜むなんらかの傾向を反映しているといえるのだろうか。

その可能性はある。実際に極端な気象が観測されるようになって30年くらいしかたっていないので、まだはっきりしたことはいえないのだが、地球温暖化がこれらの現象を増やしていることをうかがわせる証拠は、増えつつある。

自然災害による米国での損失保証額は、2012年には360億ドルにのぼり、今世紀に入った最初の10年間の平均にくらべて50% 増えている。暴風雨がもたらすここ数年の雨の量も、40年まえより増えている。おそらく、地球全体の気温が上がって、大気中の水蒸気が増加しているからだ。

「いったい、なにがおきているんだ。たてつづけに激しい気象に見舞われるのは、わたしたちが地球の気候を変えてしまったからなのか。それとも、たまたまそんな不運が続いているということなのか」*25

おそらく、そのどちらも正しい。将来の気候をコンピューターで予測計算すると、地球温暖化で極端な気象の頻度は増える。ただし、ここでもういちど指摘しておくが、ある1回の現象を取りあげて、その原因が地球温暖化にあるのかどうかを判定することは、まず不可能だ。

この点は、健康と環境の関係を考えるとわかりやすいだろう。原子力発電所の周辺に白血病の人が多かったり、喫煙者に肺がんが多かったり、炭鉱で働く人にじん肺症が多かったりした場合、数のうえでは健康状態と環境のあいだに関係が認められるとしても、それがほんとうに原因と結果の関係になっていることを証明するには、それとは別の研究が必要だ。喫煙と肺がん、炭鉱労働とじん肺症のあいだの関係は確認されているが、地球温暖化と極端な気象との関係については、まだ研究が進められている最中だ*[26]。

気象の変化を地球温暖化に結びつけることは、なんらかの具体的な手がかりがみつかれば、可能なのかもしれない。あなたが森でシカの死体を発見したとしよう。この森のシカは、その3割がオオカミに、7割がクマに食い殺されることを、あなたは知っている。このとき、もしそれ以上のデータがなければ、あなたは、このシカがクマにやられた確率は7割だと推定するほかない。だが、もし、死体のまわりに足跡が残っていたら、死因についてもっと正確な見積もりができるだろう。

ある気象の平均像が変化した原因が気候の変化にあるのかを調べることを、「気候へのアトリビューション」*[27]という。気象の変化を引きおこした原因を、気候の変化のなかに探すのだ。この手法は、まだ確立してはいない。2003年にヨーロッパを襲った熱波のように、気候変動との関係が認められるものもあれば、2010年のロシアの熱波のように、そうでないものもある。2013年以降におきた極端な気象について、20の研究グループがその原因を探った。そして、つぎの結論を得た*[28]。

1. 人為的な原因による地球温暖化のため、ひどい熱波のリスクはおおきく増す。
2. 干ばつや洪水などその他の現象については、地球温暖化のはっきりした影響は認められない。
3. 2013年に発生した三つの激しい暴風雨について検討したが、地球温暖化との関係は認められなかった。

科学の研究ではいつもそうなのだが、いまなにがおきているかを明確に語るには、もっとたくさんのデータが必要なのだ。

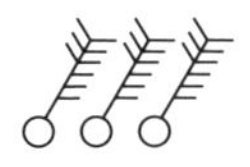

極端に激しい気象の現象が、世界中で増えている。途上国では、熱波がもっとも多くの死者をだす危険な現象で、その頻度は、地球温暖化のために増えている。激しい気象にともなっておきる洪水は、さらに多くの人命を途上国で奪っている。洪水のほか干ばつや寒波、台風やハリケーン、暴風雨などは、「ブロッキング」という現象がおきるとひどくなることがある（ボックス 9.1)。世界の気象の変化が止まって、こう着してしまう現象だ。ある現象の原因が地球温暖化にあるのかどうかを探る「アトリビューション」の研究は、いま進行中で、まだ議論の余地がある。

ボックス 9.1
ブロッキング

中緯度では、風は全体として西から東に流れているので、天気は西から東に移動していく（図 3.6 (b))。しかし、ときどき「ブロッキング」という現象がおきて、天気の移動が止まってしまうことがある。この現象がおきるしくみは、まだよくわかっていないが、上空の寒帯ジェット気流の道筋をみると、ふだんは西から東に向かう「東西流型」の流れが、ブロッキングのときには、南北に蛇行する「南北流型」（図 3.8 (c)）になっている。

ジェット気流は、北大西洋の気温が高いと蛇行する。そして、南北に振れた部分が本流から切りはなされ、ふだんなら東に流れていく大きな空気の塊が、独立した渦として取り残されてそこに居座ると、ブロッキングの状態が発生する。

この変則的な流れのパターンは 5 日から数週間くらい続き、天気の変化を止めてしまう。その結果、高温や低温、乾燥した状態や雨などの天候が、ふだんなら考えられないくらいの長期にわたって続くことになる。

北半球のブロッキングは、太平洋東部や大西洋では春に多く、ロシア西部やスカンジナビア地方では冬におきる。ブロッキングがおきるとき、そこには大きな高気圧ができており、この大きな高気圧の移動スピードが低気圧より遅いため、全体の動きがとどこおってしまう。

ブロッキングには、いくつかの型がある。「Ω（オメガ）型」と「双極型」は、ボックス図 9.1（a）と（b）にそれぞれ示しておいた。このほかにも、環状型、分流型、寒冷渦型などがある。

わたしが住んでいる米国北西部の太平洋側では、2014～15年の冬はとても暖かかった。何週間も続けてよく日が照り、風も弱かったのだ。2010年の夏にロシア上空に居座った双極型のブロッキングは深刻だった。双極型の高気圧の部分（ボックス図 9.1（b））が、すでにお話ししたような熱波を引きおこした。南側にある低気圧の部分は、異常なほど強い夏の季節風をパキスタンにもたらした。

ブロッキングで天気が停滞すれば、それは極端な気象につながりがちだ。乾燥している季節なら干ばつに、雨の多い季節なら洪水にというように。

天気予報の関係者は、いつこのブロッキングが発生するかを知りたがる。ブロッキングの状態になると災害がおきやすくなるし、このさきの数日間はきょうとおなじ天気が続くと思えばよいからだ。

ブロッキングと極端な気象の頻度は、数十年まえから増えてきている。夏にかぎれば、2倍以上になっている。将来の気候を予測するコンピューターシミュレーションは、この変化をあまりうまく計算できていない。実際の発生数よりも、少なめにでてしまうのだ。それはそれとして、いくつかのシミュレーションでは、今世紀の最後の20～30年くらいにはブロッキングの発生が減るという計算結果がでている。だが、それはまださきの話だ。とりあえずは、極端現象をもたらすこのブロッキングの発生を正確にうらなえるよう、シミュレーションの精度が上がってくれること願うばかりだ†。

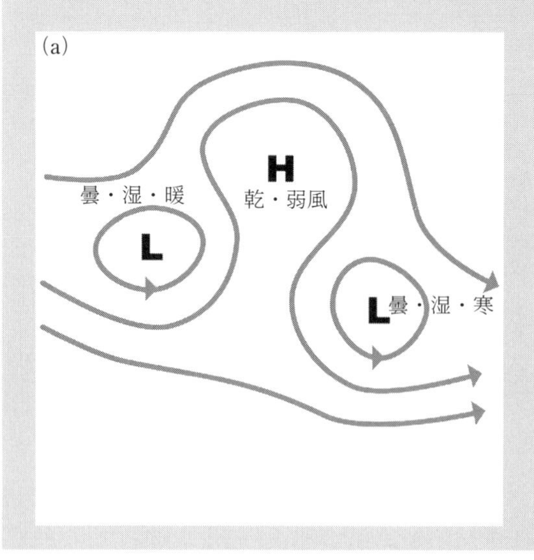

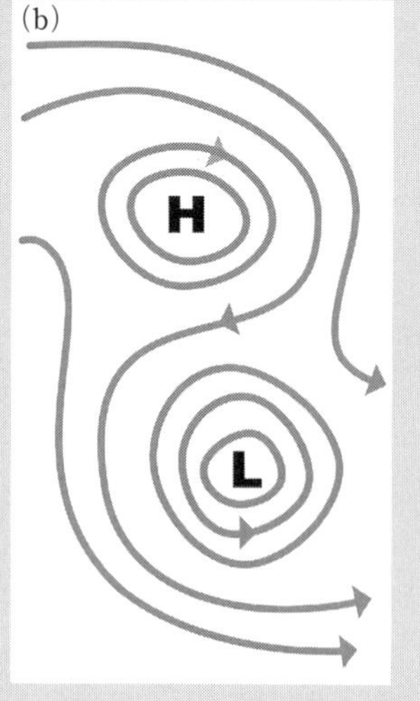

ボックス図 9.1　ブロッキングの型。(a)「Ω 型」：高気圧（H）が発達して、西から東（左から右）へ向かう全体の動きを妨害してしまう。実線は、気圧が地上の半分になるくらいの高度での等圧線を表している。風は、コリオリの力のため、等圧線に沿って吹くことを思い出してほしい。(b)「双極型」：高気圧（H）と低気圧（L）のあいだを風がぬうように吹いている。そのため、西から東への進行が妨げられている。(c) 2010 年 2 月 11 日に米国の東海岸を襲った「雪の大決戦」。ブロッキングの影響だ。ブロッキングは 2013 年 3 月にも、ワシントン D.C. に「春分の異様な寒さ」をもたらした（R. Grow (2013)）。〔米航空宇宙局のサイト（http://earthobservatory.nasa.gov/NaturalHazards/view.php?id＝42680&src＝nha）より。画像は Jeff Schmaltz 作成〕

†極端な気象とブロッキングについての一般向けの解説は、D. Carrington (2014)、R. Grow (2013) を、より専門的には、D. Coumou, et al. (2014)、S. Häkkinen, et al. (2011)、T. N. Palmer (2013) を参照のこと。極端な気象のリスクが増していることは、R. Harrabin (2013) で一般向けに解説されている。

第10章

天気予報の世界

どんな天気になるのか知っておきたい人なんて、はたしているのだろうか？　悪い天気にきまっているんだから、あらかじめ知ったところで嫌な気分になるだけだ。

ジェローム・K・ジェローム

一日の始まりに、わたしたちは天気予報を見る。きょうはなにを着ていくか、なにをすればよいかを知るために。だが、きょうの天気がもっと身に迫って重要な人たちもいる。

トラックやバスの運転手、船の運行者のような輸送業にかかわる人たちにとって、天気は仕事に深く関係している。道路に雪や氷があるか、見通しを悪くする霧はでないか、洪水になるような雨は降らないか、悪天候で行き先を変更したり運行中止にしたりする必要はないか。

農家の人たちにとっては、短期の予報も長期の予報も必要だ。乾いた小麦畑に水をまくべきか、トウモロコシはいつ収穫すればよいか、霜から守るため果樹を囲うのはいつにすればよいか、家畜を別の牧場に移動させるのはいつがよいか、害虫の駆除はいつにしようか。

空港の管制にかかわる人たちは、天気予報をもとに、いつ空港を閉鎖し再開するか、飛行機の行き先を変更するか、変更するとしたらどこへ向かわせるかを決めなければならない。

漁師なら、嵐を避けたい。森林の管理が仕事なら、山火事に対処するため、どう人員や機材を配置すればよいかを知りたいだろう。小売業者は、客の需要にこたえるため、たとえば小型発電機を再発注しておくかどうかを決めようとして天気予報を利用する。

建設業者は、どのような風が吹き、雨の激しさはどうなるのかを知っておく必要がある。水道やガスなどの公共事業も、需要をあらかじめ予測できれば、効率的な供給ができる。干ばつのときの水道や、寒波や熱波のときの電気など。

軍隊の作戦も天気に左右されるので、多くの軍隊は、気象データの収集と天候の予報に積極的に取り組んでいる*[1]。

そして、大気の汚染が発生しそうな状況であれば、気象会社はそれを一般向けの情報として流す。たとえば、谷あいの地域でスモッグが濃くなりそうだとか、森林火災のときの煙や火山噴火の噴煙がどちらに流れていきそうだとか。

天気や気候は、わたしたちのなすこと、ほとんどすべてに関係している。世界中の生産物の3分の1は、多かれ少なかれ天候に左右されている。わたしたちがなにを着るか、そしてビールを飲むかどうかも、お天気しだいだ。清涼飲料の広告をいつだすかさえも、天候と無縁ではない。

小売業も気温によって売り上げが変わるし、米フロリダ州をハリケーンが襲えば、オレンジジュースの価格にも影響する*[2]。製パン業は、長期的な天候を考えて小麦の先物取引をどうするか決める。エネルギー関係も、発電施設をどこにつくるか、発電量をどれくらいにするかを決める際に、天候を参考にする。風力発電や太陽光発電のことを考えれば、それはあきらかだろう。

予報はどんどん進歩している

世界の人口が増えるとともに、より確かな天気予報が求められるようになってきた。天気予報の精度は、つぎの要因で向上している。

- 大気の状態に関係する基本的な物理がよくわかってきた。
- データの収集技術が向上した。
- コンピューターの性能が大幅に向上した。

はるか遠いむかし、農家や船員たちは不安げに空を見上げ、これから天気がどうなるかを知ろうとした。17 世紀には、そのために使える気圧計や温度計が発明されていた。18 世紀になると、気象の組織的な観測が始まった。観測点の数も増え、カバーできる地域も広がっていった。そのころの天気予報は、いまの天気に気圧計の観測結果を組み合わせた程度のものにすぎなかった。19 世紀に電信網が広まると、天気予報の世界もおおきく進歩した。遠くで観測された天気が、実際にその天気がそこにやってくるまえに、わかるようになったのだ。

理論面でも、1890 年代から始まっていた研究で気象のしくみがわかってきて、その結果、天気予報の質もしだいに向上してきた。コンピューターで天候を予測計算する「数値予報」の基礎となったのは、英国のルイス・フライ・リチャードソンが 1922 年に公表した重要な論文だ。ただ、計算には手間がかかり（手計算だったのだ）、入力するデータもあまり精度がよくなかったので、天気予報は遅れ、間違いも多くなりがちだった。

こうした面倒な計算をコンピューターで瞬時にこなせるようになったのは、第二次世界大戦後だ。そして 1950 年代になると、コンピューター計算による予報の精度が、熟練した予報官の予報結果を上まわるようになる。

第二次世界大戦が終わると、気象の遠隔観測が広く展開されるようになり、それがデータ収集の大きなステップになった。まず気象レーダーが、そして赤外線カメラが整備された。さらに気象衛星が登場し、地球規模で気象の情報を集められるようになる。これによって、高気圧、低気圧といった大きさの現象（「総観規模」の現象）の全体像を把握できるようになったのだ。

1990 年代になるとデータの収集は自動化され、陸や海からより多くの、より精度の高いデータが集まるようになる。民間の気象業者に観測データを提供する米国で唯一の国家機関である国立気象局は、全米に 122 の施設をもっている。このことからも、天気予報がどれだけ広範囲に、密におこなわれているかがわかるだろう。

こうして何十年にもわたって天気予報は改善されてきたが、近年の進歩は、さらにめざましい。それを物語る指標は、いろいろある。2002 年の時点で、3～4 日さきの予報は、1980 年代の 2 日さきの予報とおなじ精度になっている。英国の気象庁によると、現在の4日さきまでの予報は、30年まえの翌日の予報とおなじ精度だ*3。また、現在の7日さきまでの予報の精度は、20年まえの3日さきの予報とおなじだともいわれている。

どうみても、天気予報の精度は上がっている。わたしたちは、もう、パトリック・ヤングのこんな言葉にうなずくわけにはいかない。「天気予報の困ったところは、無視するには当たりすぎ、信じるには外れすぎる点だ」*4

極端な気象に目を向けると、天気予報の進歩を物語るもっとよい指標がみつかる。極端な気象の激しさと頻度が増してきていることは、すでにお話しした。そして、人口が増えれば増えるほど、このような激しい気象の影響をうける人も多くなる。だから、このような現象については、予報の精度を上げるという観点からの研究も、精力的に進められてきた。

その努力は実を結んでいる。ハリケーンの進路予報は、かなり正確になった。ハリケーンの目の24時間さきの予測位置は、1970年代には120海里（約220 km）の誤差があったのに、1990年代には、それが80海里（約150 km）になった。48時間さきの予測位置だと、250海里（約460 km）が150海里（約280 km）になっている。72時間さきだと、380海里（約700 km）から240海里（約440 km）だ。

この予測精度の向上は、米国立気象局のルイス・ウッチェリーニの言葉に、よく表れている。「いまやわたしたちは、5～7日さきのハリケーンを予測できるようになった（20年まえは、翌日の状態がやっとだった）」*5

1987年当時だと、米国の「竜巻街道」に住む人たちが竜巻の襲来を知ることができたのは、平均すると、それが玄関先にくる3分半まえだった。それが、現在では14分に延びた。研究者たちは、2020年までにこれを1時間に延ばそうとしている。

米ミズーリ州ジョプリンは2011年5月22日、「藤田改良スケール」で最強のEF5にランクされる竜巻におそわれ、158人が亡くなり、経済的な損失は28億ドルにのぼった。将来も、おなじような竜巻がおなじように不運な街を襲えば、その経済的損失は似たようなものになるかもしれないが、時間の余裕をもって警報をだせるようになることで、失われる命はきっと減るだろう。

ハリケーン「サンディ」(2012年10月22日〜11月2日）は、8か国で233人の死者をだした。米国の東海岸を直撃し、ニューヨークでは高潮で停電がおきて、街の通りや地下鉄の駅は水びたしになった。

人々に大きな被害を与えたこのサンディは、米国立気象局をも困惑させることになった。コンピューターで気象を予測する米国立気象局の「全地球予

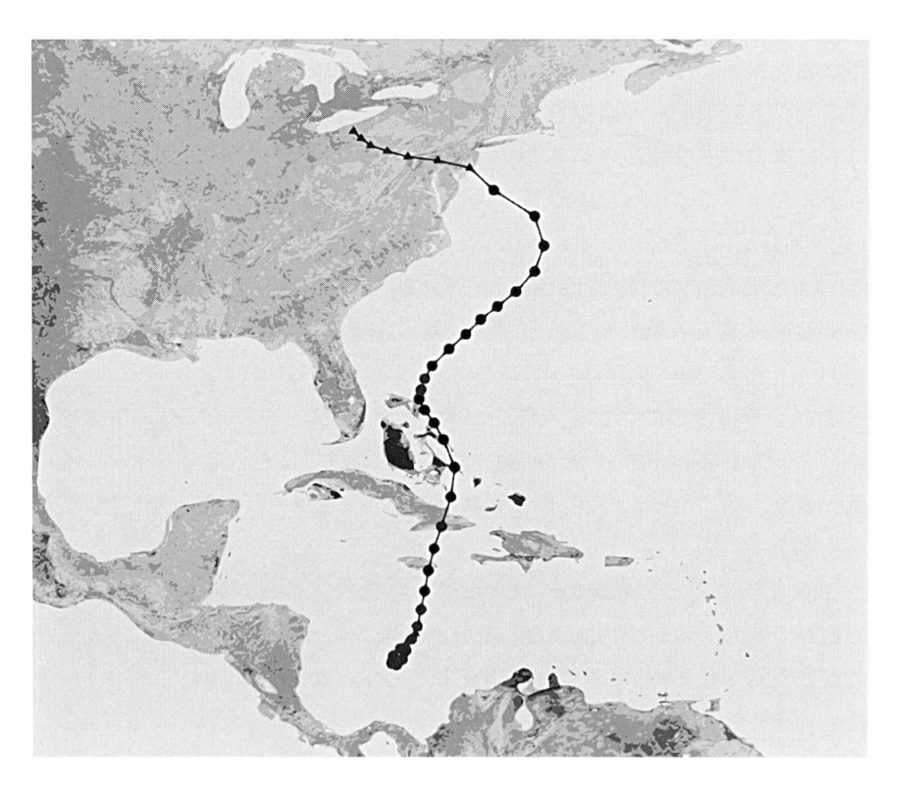

図 10.1　ハリケーン「サンディ」の進路。2012年の10月22日から31日にかけて、カリブ海から米国東海岸に達した。米国立気象局は、サンディが進路を左に曲げることを予測できなかった。〔米国立気象局 "Hurricane Sandy: October 29, 2012"（http://www.weather.gov/okx/HurricaneSandy）より〕

報システム」は、英国にある国際組織「ヨーロッパ中期予報センター」のシステムと並ぶ世界最高峰の精度を誇っている。国立気象局のシステムは、サンディはカリブ海から北上して、そのまま上陸せずに沖に抜けていくと予報していた。ところが、北上したサンディは進路を西に向け、ヨーロッパ中期予報センターの予測どおり、米国の東海岸を直撃したのだ（図10.1）。この失敗が契機になって特別な法律が制定され、米国立気象局の予報システムは大幅に改良されることになった*6。

このように予報が外れるのは、天気予報はもともとある幅をもってしか予測できない性質をもっているからであり（どんな天気予報でも100%当たることはない）、さらに米国の場合は、ここ数年、ヨーロッパにくらべて予算が少なかったことにも原因がある。そういう事情はあるにせよ、天気予報の精度は実際に上がってきており、これからも、たしかに上がりつづけるだろう。

将来のことを、なぜそんなに自信たっぷりにいえるのか。予算うんぬんはさておき、現状からみて、そう断言できる根拠はあるのか。

天気予報の質が向上しており、これからも向上していくと考えられる理由を、すでに述べてきたことではあるが、つぎに三つ挙げておこう。

1. 基本的な科学の知識が、蓄積されてきている。その結果、あの難解なことで悪名高い「ナビエ・ストークスの方程式」が、ごくふつうに天気予報の計算に使われるようになった。1960年代までは、天気予報といえば、過去の似た天候のパターンに照らしあわせて将来をうらなう作業のことだった。だが、これではうまくいくはずもない。第6章でお話ししたように、気象には、出発点がほとんどおなじでも、そのさきの結果はおおきく変わってしまう性質があるからだ。そして現在は、入力するデータには誤差が避けられないことも、あらかじめ考慮に入れたうえで、天気予報の計算をおこなっている。
2. 天気を予報するために使うデータは、地表のものであれ大気中のものであれ、より密になっていく。たとえば、低高度をまわっている観測衛星は、縦、横、高さの3次元のデータを5分おきに送ってくるようになるだろう（現在は15分おきだ）。

3. コンピューターの計算スピードはより速くなり、はるかに多量のデータを扱えるようになる。その結果、もっと小さな「サイコロ」（第4章でお話しした）を単位として計算ができるようになり、たとえば雲ができるようすや山の起伏といった、現在の計算では考慮できていない要素も、取りいれられるようになる。こうした小さな現象についての計算精度を高めることが、大規模な現象に関する予報の精度向上につながる。

気象レーダーをはじめとするさまざまな機器を使った観測で、上空の気温や風速などのデータが、細かく得られるようになってきた。大気の物理的性質を考えると、この点はとても重要だ。すでにお話ししたように、大気の現象は「カオス」に満ちていて、小さなスケールの現象が大きなスケールの現象に影響を与えるからだ。

最近はコンピューターの性能が上がってきて、雷雲のような小さな対流も、かなり正確に予測できるようになってきた。計算の単位となる「サイコロ」を小さくできるようになって解像度が上がり、雷雲を「見る」ことができるようになったからだ。

小さなスケールでおきる大気現象の物理的な理解が進めば、台風のような大きなスケールの現象についても、よりよい計算が（近い将来には）おこなえるようになる*7。

気象産業

これまでの天気予報には、その時代に応じていくつかの方法があった。まず、「天気は変わらない」ことを前提にする方法。これが、もっとも単純だ。あすの天気はきょうとおなじと考える。世界のどこでもこの方法で大丈夫というわけではないが、多くの地域で、70% はこれで当たる。この方法は、ある意味では、科学的な根拠にきちんともとづいている。天気はたしかに変わりやすいが、変化に要する時間は、ふつう1日より長いという事実だ。

もうすこし工夫して、天気の変化傾向を考慮に入れることもできる。きょうの天気と過去数日の天気から、天気がどちらに向かっているかを判断する方法だ。さきほどの方法よりたくさんのデータが必要だし、現在の傾向から将来の状態を求めるための計算能力も要求される。きょうと過去の天気、それに天気は変化するものだという考え方を、もっとも単純な形で取りいれたのが、この方法なのだ*8。

気候学的な方法もある。これはいまお話しした方法とは違い、ある日の天気は、過去のその日付の平均的な天気とあまり違わないという考え方によるものだ。この考え方で、つぎの11月15日のシアトルの天気は最高気温が華氏52度、雨量が0.2インチで、おなじ日のトゥーソンでは、それぞれ73度と0.02インチになると予報するわけだ。

「天気というものは、平均からそう大きくずれることはない」というこの考え方は、けっこうよくあてはまる地域もあれば、うまくあてはまらない地域もある。

過去のデータと比較して天気の移り変わりを推定する方法について、いまお話ししてきた。現在の天気を見て、その地域で過去に現れたよく似た天気を探し、あしたの天気は、そのときとおなじになると予報するのだ。

複雑な計算をコンピューターが瞬時にこなせるようになるまでは、このやり方が最善の方法ではあった。だが、天気は、いまの状態がすこし違うだけで、そのさきがおおきく変わってしまう性質をもっているので、この方法による天気予報は、うまくいかなかった。あすの天気ならなんとかなるにしても、1週間さきの天気となると、もうどうしようもない。

そして最後は、現在の天気予報で使われている数値予報の方法だ。コンピューターで将来の天候を計算するこの方法の基礎にあるのは、大気の動きに関連する物理学的な知識、それにもとづく数式を解くためのコンピューターの能力、それと、計算の出発点になるきちんとした観測データだ。

いまのところ、この数値予報を超える方法はないが、まったく人が関与する必要がないかというと、そうでもない。パターン認識の能力は、依然としてコンピューターより人のほうがまさっているからだ。

すでにお話ししたように、数値予報の計算方法が違えば、天気の予報結果は異なってくるし、計算のスタートに使う観測データがわずかに違うだけで、予報結果はやはり別物になる。いくつかの計算結果を平均すれば、その予報はかなり改善される。だが、めったに現れないような天気のパターンになっているときには、経験豊かな予報官が数値予報の結果に修正を加えたほうがよい場合もある。数値予報の強みと弱みを知っていて、来るべき天気のどのような特徴をその地域の人たちに伝えたらよいかも気にかけている予報官が必要なのだ。

天気の観測データが集められ、精査され、天気図として描かれ、そして数値予報に組みこむ準備が整うと、天気予報の担当者たちは、さまざまなスケールの天気予報に着手する。世界の天気、アジアや北米といったもうすこし狭い領域の天気、そしてあなたの街の天気。

いまお話ししたように、ただコンピューターの計算結果を待っていればよいわけではない。老練な予報官の直感も必要だ。

まず、観測データを図にする。こうすると、現在の天気のパターンや、そこでおきている物理現象が一目でわかる。等温線の図をつくれば、そこに寒冷前線があることは、一目瞭然なのだ。この天気がどう変化していくかを考える際に、どんな点に注目すべきなのかもわかるだろう。現在のデータを過去と照らしあわせてみることもある。「暴風雨が近づいているな。このパターンは、これまでに何度もあった」。こうして、おおまかな天気の推移と来るべき変化の見当をつける。観測点のない地域の天気予報も、基礎になるデータは周辺の観測点から補われているので大丈夫だ。

そして、いく通りかの数値予報の結果が比較され、その軽重を検討したのちに統合される。コンピューターはこの結果を天気図に描き、最近では予報の文章まで書いてくれる。ここまできたところで、老練な予報官の出番になる。

「ナウキャスト」は「ナウ（now＝現在）」と「フォーキャスト（forecast＝予報）」を組みあわせた造語で、6時間以内といったごく近い将来の予報を指す言葉だ。ナウキャストで使われる手法は数値予報とは違うが、そう遠からず、大きな技術的進歩がもたらされるだろう。

ナウキャストの目的は、ある特定の地域の天気が、ほんのすこしさきの時刻でどうなるかを正確に予報することだ。たとえば天気が荒れているとき、あるいは、天気がとても気になる場合（重要なスポーツ大会を予定の時刻に開会してもよいか）などに利用される*9。

このほか、特殊な状況の予測に特化した天気予報もある。たとえば、スーパーセルが発生したとき、それが竜巻を生みやすいかどうかを調べたり、雪が降るかどうかを経験則に照らして予測したりする*10。

専門家が経験則に頼ると聞くと、わたしたち一般人はそれが非科学的だと思いがちだ。しかし、実際のところ、こうしたやり方は科学ではよくあることで、問題はない。この方法は過去のできごとに裏づけられており、物理的に細かく計算するよりよく当たることもある近似的な手法なのだ。別の言い方をすれば、専門家は、このような状況であればどんな天気がやってくるかを過去の経験から予測できるが、なぜそうなるのかは、まだ理論が追いついていないので、わからない。というより、複雑すぎて理論的に証明のしようがない。

こうした経験則には、つぎのようなものがある。

1. このさき18時間以内の天気予報には、コンピューター計算より、現在の状況をきちんと把握することのほうが大切だ。それよりさきは、コンピューター予測のほうがよい。
2. 気圧が700ヘクトパスカルの高度で相対湿度が70%を超えていたら、雲が発達する。したがって、700ヘクトパスカルの高度で相対湿度の等値線を描いたとき、70%の線より相対湿度が高い領域では、もしいま晴れていても、曇りを予報することになる。
3. 700ヘクトパスカルでの相対湿度が90%を超えていれば、雨になる。

4. 降水があるとき、それが雨になるのか雪になるのかは、850ヘクトパスカルの高度での気温が目安になる。マイナス5°Cの等温線より南側は雨、北側は雪だ（北半球の場合）。

まとめておこう。現代の天気予報は、詳細な数値予報を基本にしている。計算方法や気象がもつカオス的な性質による狂いを減らすため、たいていはいくつかの計算結果の平均をとる。これに無数の経験則を加味し、さらに、その地域の特性に応じた微調整が人手で加わる（ボックス10.1）。

あと何年かすれば、コンピューターの性能がもっと上がって、人手でおこなう作業は減っていくかもしれない。だが、その場合でも、完全に人ぬきというわけにはいかないだろう*11。

ボックス10.1
天気予報相互表示システム

米国の国立気象局では「天気予報相互表示システム」が2003年から使われており、気温や気圧、湿度といった予報値を大きな天気図に簡単に図示できるようになっている[†]。気象局のコンピューターが計算した結果を、たとえば、より細かく2 km間隔で表示したり、人手で変更を加えたりできるようになっている。天気図（テレビ向きだ）の意味するところを、自動的に文章に翻訳することもできる。図は利用者の使いやすい形式（たとえばGPS機能のついた携帯機器）でダウンロードでき、文章は数か国語で提供されている。1960年代には黒板にチョークで描きつけられていた「天気予報の顔」は、すっかり様変わりした。

[†]たとえば、D. P. Ruth (2002) を参照のこと。

天気予報の顔

すべての科学のなかで、気象学ほど、その成果を専門家ではない一般市民に伝えようと努力している分野はない*12。これはもちろん、みんなが気象の予測結果を、化学や経済学の最新の成果よりも、あるいは物理学（気象も基本は物理学だが例外だ）の成果よりも知りたいと思っているからだ。

一般市民に伝える天気予報の情報は、多くの場合、米国なら国立気象局、英国なら気象庁といった国の機関から公表される。そして、むかしから新聞には天気予報が掲載され（最初は 1861 年 8 月 1 日付のロンドンの「タイムズ」紙だった*13)、そしてラジオでもテレビでも伝えられるようになった。

テレビは、天気予報と、とくになじみがよい。天気図や人工衛星が撮影した画像のような視覚情報を、有効に伝えられるからだ。現在では、インターネットやソーシャルネットワークのような新しいメディアでも天気予報が伝えられるようになっているし、アキュウェザー、ウェザーデータのような民間のサービスもある。

民間の予報会社による特殊な天気予報に対する需要は増している。たとえば、土壌に含まれている水分の予測のように、ふつうの人にはあまり必要はないが、ある特定の産業にとっては重要な気象情報を提供している。

いまでは、自動車の販売業者なら、あられやひょうが近づいているという情報をスマートフォンで事前にキャッチしているだろうし（図 10.2)、大規模なスポーツ大会や屋外の催し物を運営する人は、きょうの午後、その場所で雨や雪が降るかどうかといった細かい最新の情報を、つねに手に入れようとするかもしれない。

貨物船は、行く手の海がどういう状態になるのかを、いつも知っておかなければならないし、高層ビルの建築現場で働く人は、あす暴風雨がくるとなれば、機器を下ろして待機しなければならない。

サーファーは、この週末はどこの海岸で岸向きの風が吹き、波の高さはどれくらいになるのかをインターネットで調べることができる。スキー場でこれから降る雪の質や量、なだれの発生確率、気温や体感温度もわかる。電力会社は、電線に凍りつくような冷たい雨（電線が切れてしまうことがある)、そして雷について最新の予報を入手できる。

この本を書いている時点で、米国民の 30% が地元のテレビから、20% がケーブルテレビから、20% が地元のラジオから、20% がインターネットで、10% が新聞で気象情報を得ている。

図10.2　野球のボールくらいの大きさのひょうが自動車に当たると、このようになる。米テキサス州のラボックで降った。〔米国立気象局 "Thunderstorms Cause Wind and Hail Damage Across Southern Lubbock County: 29 April 2012" (http://www.srh.noaa.gov/lub/?n=events-2012-20120429-storms) より〕

人々は、なにを知りたがっているのだろう。雨量や気温、風速、湿度などを実感しにくくなっているのだろうか。なぜ人々は、これらの気象情報を手に入れたいのだろう。あす、自分や子どもたちが着る服を決めるため。今週末の予定や庭仕事、旅行の日程を考えるため。仕事や学校に行く道順、仕事の手順を決めたいから。

わたしたちに提供される天気予報には、時間スケールの面でも空間スケールの面でも、さまざまな種類がある。

時間スケールについていえば、48時間さきまでの短期予報、7日さきまでの中期予報、7日を超えた長期予報など。いうまでもないが、このうちでもっとも当たらないのは長期予報だ。

気象情報に含まれる現象の空間スケールも、時間スケールとおなじくさまざまだ。すでにお話しした熱波のような総観規模の現象（広がりが 1600 km 前後*[14])、暴風雨のような「メソスケール」の現象（160 km 前後)、米カリフォルニア州南部のサンタアナ山脈の斜面を重力で吹き下りる熱風のような小規模な現象（16 km 前後)。

その土地に特有の小規模な現象は、天気予報泣かせだ。現象の規模が小さくて、コンピューターによる数値予報で使う「サイコロ」（計算に使う最小の大きさ）では解像できないこともあるからだ。

国の機関が公表する天気予報の結果は、実際に社会に伝えられるまえに、もういちど気象専門家のチェックを受けることが多い。この段階で、湖や山などその地域に特有の地形で生ずる小規模な気象が考慮されることになる。

天気予報につきものの不確かさをどう伝えるか。それは難しい問題だ。天気予報を受けとる一般の人たちは、統計学をじゅうぶんに理解していないのがふつうだからだ。とはいえ、天気予報を聞く場合、人々は不確かさを含んだ表現のほうを好む。世論調査によると、「あすの最高気温は華氏 75 度でしょう」というより、「あすの最高気温は 73 度から 77 度のあいだになるでしょう」という表現を好むのだ。みんな正確なことを知りたがるが、気象というものが本質的に不確かさを含むことを、きちんと理解しているようだ。

つまり、天気予報の担当者は、「天気がどうなるか、よくわからない」と発言したとしても、それで信頼を失うことはないということだ。「あすは穏やかな天気でしょう」と予報しておきながら嵐がくれば、それはさすがにまずいだろうが*[15]。

気象の不確かさを示すものとしてもっともなじみ深いのは、第 6 章でも触れた「降水確率」*[16] だ。天気予報で降水確率を示すようになってから数十年になり、一般の人にも、すっかりおなじみになった。しかし、そのほんとうの意味を知っている人は、あまりいない。

「あす朝の降水確率は 40%」といったとき、多くの人は、つぎのどれかの意味だろうと考える。正解はひとつだ。

1. 雨が降る面積は全体の40%
2. 雨が降る時間が全体の40%
3. この予報が10回であれば、そのうち4回で雨が降る。
4. 予報官の40%が、雨が降ると信じている。

もしあなたが3番目の選択肢を選んだなら、降水確率を正しく理解している米国民の19%に入っている。テレビの天気番組でも、確率予報の意味を誤って伝えていることがある。もし、あす午前中の降水確率が40%、あす午後の降水確率が40%となっている図を示しながら「あすの降水確率は40%でしょう」と説明したら、それは間違いだ。あすの午前も午後も降水確率が40%なら、その日全体の降水確率は64%になる。

テレビの天気番組には、降水確率を大きめに伝える傾向がある。それが意図的なものだという調査結果もある。実際に予想されている降水確率が5%であっても、それを番組で伝えるときには、やや誇張して20%に膨らませるわけだ*17。

どの天気番組でも、多かれ少なかれ、こうしている。それはなぜか。もし、雨が降らない（低い降水確率を、人はしばしば雨が降らないと解釈する）という予報を聞いたのに雨が降れば、みんなは怒るだろう。逆に、雨の確率が高いといっておいて雨が降らなくても、人々はよかったと思うだけで、怒らない。降水確率を高めに伝えるこの傾向は広く知られていて、「ウェット・バイアス」という名前もついている*18。

天気予報を社会に伝える方法が洗練されていることは、テレビの予報番組を見ると、よくわかる。科学の他の分野にも一般の人に語りかけるのが上手な人はいるが*19、それが少数にかぎられた分隊であるとすれば、テレビで天気予報を担当している人たちは、軍隊が一丸となって進んでいるようなものだ。

かれらは大学で気象学のさまざまな側面を学ぶ。そこには、マスメディアをとおして気象学をどう伝えるかといった点も、たいていは含まれている。

カナダ・サスカチュワン州のレジャイナで活躍している気象レポーターのトム・ブラウンは、かつてこう言ったことがある。「お天気キャスターの資格として大学の学位は必要ない。ただし、天気の説明は、気象学の専門家にも認めてもらえるようなしかたでしなければならない」*[20]

天気予報に特化してその伝え方を教える学校もあるし、気象学やジャーナリズムに関連して教えるところもある。世界気象機関によると、テレビをとおして天気を伝えようとするなら、大気の物理学、化学だけでなく、ジャーナリズムやメディア・コミュニケーションについても、きちんとした知識をもっている必要がある。

いうまでもないが、この数十年で、天気予報の見せ方は飛躍的に進歩した。わたしは、1970年代にカナダの大西洋側で活躍していたアート・グールドを覚えている。かれは記憶力が抜群だった。当時、天気図は黒板に描かれていたが、グールドはカナダや米国の何十もの主要都市の気温を記憶していて、流れるようなおしゃべりをしながら、その気温を天気図につぎつぎと書きこんでいったのだ。

デジタル時代の現在は、それとは違う能力が必要だ。おなじみのお天気キャスターはいま、黒板に描かれた天気図の前ではなく、緑色の無地の幕の前に立っている。この緑色の部分に、天気図や人工衛星が撮った画像を重ねて合成し、それをテレビ画面に映しだすのだ。お天気キャスターは緑色の服を着てはいけない。その部分が、画面上では透明になってしまうからだ*[21]。

かれらは、テレビ画面には映らないよう脇に置いたモニターを見て、自分の視線をどこに向ければ自然なのかを考える。より説明がしやすいように、緑色の幕ではなく、実際に天気図などを映しだす本物の大きなスクリーンを置く場合もある。

気候を変える

わたしたち人類は、気象に関する知識を使って、天気や、場合によっては気候までをも人工的に変える方法を知ろうとしている。すなわち、たとえ限界があるにせよ、天気を自分たちの望むように、物理のしくみを使って変えていこうというのだ。現実に、人工的に雨を降らせることにはすでに成功しているし、その他の現象についても研究が進められている。世界の平均気温を下げることも、やがてできるようになるかもしれない（上げることにはもう成功してしまっている）。

気候を人工的に変えていくこの方法は、「ジオエンジニアリング」とよばれている。降雨のような短期的な現象を狙うよりも新しい分野だ。いずれの方法にも、賛否両論がある。その理由のひとつは、ほんとうにそれがよいことなのか、という点にある。

そこが問題なのだ。天気や気候を人工的に変えたとき、それがやがてどういう危険を生むことになるのか、わたしたちにはわからない。現状のわずかな違いにも敏感に反応する、気象のカオス的な性質を思い出してほしい。きょう、米国のワイオミング州で雲の種を空にまいたり、あす、太陽光に対する南極大陸の反射率を人為的に上げたりしたとき、それが遠い将来にどういう影響をおよぼすのか知るすべがないのだ。

もっと研究が進めば、そのような問題は解決できると考える人もいるし、気象への人為的な介入は、眠れる怪獣を目覚めさせてしまうようなものだと考える人もいる。ここで、ある専門家の言葉を紹介しておこう。「（天気や気候を人間が変えるのは）個人的には、とんでもないことだと思う。だが、わたしたちは、二酸化炭素の放出量をこのままにすれば、地球の平均気温をむかしに比べて4℃も上昇させてしまう。これと比較して、いまなにもしないのがどういうことなのかを考えるべきなのだ」*22

地球の平均気温が4℃上がるといっても、べつにたいしたことではないと思うかもしれない。結局はそんなに上がらないだろうし、すくなくともわたしたちの住んでいるところでは、長袖のシャツを着るか半袖にするかといった違いでしかないだろうと。

しかし、現実には、そのような気温の上昇は、世界の気象や気候に深刻な影響をおよぼすことになるはずだ。気温の上昇は、大気が受けとる太陽からのエネルギーが増えたことを意味する。大気と海洋が一体となったシステムが、このような変化に敏感に反応することは、すでにお話ししたとおりだ。大気に含まれるエネルギーが増えることで、その反応がいっそう激しくなる。

大気と海洋のシステムのなかでは、さまざまな現象がおたがいに結びついているので、気候が変化すれば、当然ながら、個々の気象にも変化が現れる。そのような変化をまるめて表現すれば「4°C の気温上昇」ということになるのかもしれないが、そんな言葉では言い表せない大きな変化が、世界の各地でおきるだろう。

気温が下がる地域もあれば、とても暑くなる地域もある。気温が上がれば、大気に含まれる水蒸気の量も増え、降水量は増加する。その際、地球全体で一様に増加するわけではない。

地球規模での大気の循環も激しくなるだろう。この循環が現在のように安定していられるかどうかは、気温の上昇幅による。コンピューターの計算によれば、2°C の上昇までならなんとかなるが、それを超えると、もう人知のおよぶ領域ではない。おそらく正のフィードバックが効いて、現在の安定した気候とはまったく別の、新たな気候の状態に移行してしまう可能性がある。

地球の平均気温が上がると、極端な気象が増えるといわれている。いま雨の多い地域では、暴風雨などによる雨量がますます増える。いま乾燥している地域はますます乾燥し、干ばつは長びくことになるだろう。気象の変化にまっさきに、そしてはっきり気づくのは、中緯度の住人かもしれない。強い台風やハリケーンなどが増えるからだ。

影響の受け方は、その国の地理的環境によっても違う。極域の陸地にある氷（氷河や氷床）が解け、海水の熱膨張もあいまって海面の水位が上がると、バングラデシュやセーシェルのような低地の国々は深刻な影響を受ける。沿岸に街があっても、どうということはない国もあるだろう。スイスのような内陸国は、まったく影響を受けない。いや、より正確には、直接の影響は受けないというべきだろう。

気候の変化がおよぼす影響は、このように地域によって違う。それが、国と国との関係を難しくすることは間違いないだろう。それが戦争に発展するとみる学者もいる。干ばつに打ちひしがれた人々が国境を越えてくることなどが、その原因になりかねない*23。これらはすべて、平均気温のわずかな上昇が引き金になるのだ。

気象や気候を変えるには、どのような方法があるのだろうか。

まず、短期的な気象からみていこう。これまでのところ、技術的にもっとも確かで有名なのは人工降雨だ。空に雲の種をまくのだ（図10.3）。これによって雨が降れば、干ばつを弱め、大気中の汚染物質を洗い流すこともできる。

人工降雨をはじめて試みたのはビンセント・シェーファー。1947年のことだった。米ニューヨーク州にあるアディロンダック山地の上空に、飛行機からドライアイスをまいたのだ。雲の底からは、飛行機の飛跡に沿って雪が降りはじめた。雪は地上に落ちるまえに蒸発してしまったが、原理はこれで確立された。

現在では、雲の種としてはヨウ化銀が一般的だ。結晶の形が氷の結晶に似ているので、そのまわりに大気中の水蒸気を集める凝結核としてはたらく。

図10.3 地上や上空から雲の種をまく。雲の種（ヨウ化銀、ドライアイスなど）は凝結核となり、雲のなかの水蒸気を水に変えて雨となって落ちてくる。〔協力：DooFi〕

その結果、雨粒ができ、うまくいけば、それが地上に落ちてくる。凝結核は雨粒よりずっと小さいので、まいた凝結核よりはるかに多量の雨がつくられることになる。

人工降雨は、シェーファーの最初の試みから進歩している。雲の種をまく方法として、飛行機のほかにロケット、飛行機を射撃する高射砲も使われるようになったし、ドローンを使えば、有人の飛行機では危なくて近づけない雷雲の底にも、種をまけるようになるだろう。

ただし、この人工降雨がほんとうに役立っているのかというと、その点については異論もある。批判的な人は、この方法で雨をつくりだすことはできないという。いずれ降ってくる雨のタイミングを、すこし早めているにすぎないというのだ。

つぎに紹介するのは、暴風雨を防いだり弱めたりする方法だ。現時点では、まだ研究が始まったばかりだ。いくつかの方法が提案されている。

1. レーザーを雷雲に当てて、内部にたまりつつある電気を放電させてしまう。
2. 温かい海面をなにかでおおってしまい、台風やハリケーンの内部で水滴が生まれないようにする（エネルギーの供給を減らすことになる）。
3. 台風やハリケーンの目になにかをまいて、エネルギーを散らしてしまう。
4. 台風やハリケーンの周辺部にすすをまき、太陽光を吸収させて大気の対流を変える。
5. 吸湿性の物質をまいて、水分を吸着してしまう。

これらになかには、雷雨のように小さな規模の暴風雨になら適用できるものもあるが、台風やハリケーンのような総観規模の現象に対しては使えないだろう。台風などに効果を生むためには、膨大な量のすすをまかなければならない。

干ばつを軽減したり嵐を弱めたりする気象の人工改変は、これまで何十年にもわたって、科学研究では傍流だとみなされてきた。しかし現在は、気象研究の先頭を走っている感もある*[24]。

もっとも大規模な研究プログラムといえば、中国のものだろう。1500人の専門家、30機の飛行機とその乗員、3万7000人の臨時職員（意識の高い農民）、7113の高射砲、それに4991のロケット発射台。この状況がまるで軍事行動のようにみえるというなら、そのとおりかもしれない。気象の人工改変に関する研究は、軍事力を増強するという観点からの興味とも無縁ではないかもしれないのだ*[25]。

気候を変えるジオエンジニアリングが実現すれば、その運用の規模は、人工降雨のような短期的な気象の人工改変がちっぽけなものにみえるほど大きく、そして長期にわたるものになるだろう。実現可能性のある方法として、専門家は以下のようなものを挙げている（恐ろしいと思う人もいるわけだが）。

- 飛行機で成層圏に硫黄をまき、火山の噴火がおきたときとおなじような状態にする。
- 大気中の二酸化炭素を吸収させるため、人工樹木を開発する。
- 船から大気に大量の微粒子を放出し、海上での雲のでき方を変える。
- 北極の上空に硫酸のエーロゾルをまいて、海氷の減少を増加に転じさせる。
- 船から海に鉄をまいてプランクトンを大増殖させ、二酸化炭素を吸収させる。

ここで挙げたアイデアを、図にまとめてみた（図10.4）。これらのアイデアはコンピューター上では検証されており、中期的には予期せぬ結果は生じないとされている。

しかし、これには当然のことながら異論もある。大気と海洋が一体となったシステムは、本質的に予測を受けつけないカオスの性質をもっているの

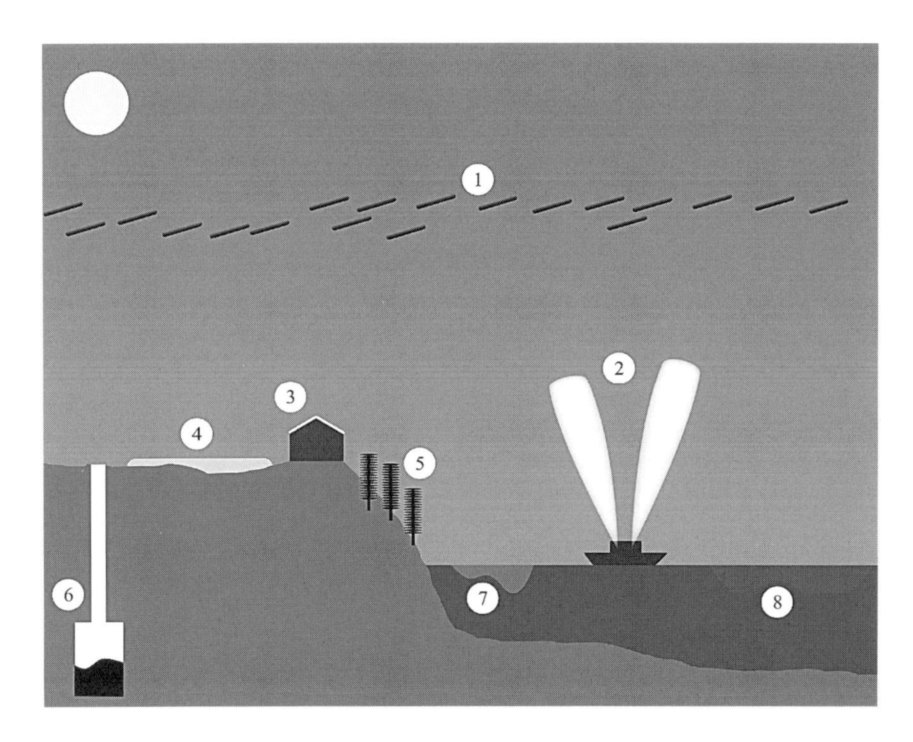

図 10.4　気候を人工的に変える方法。実現可能性の高いものから低いものまで、いろいろな提案がある。(1) アルミニウムでできた微小な鏡を何兆個も上空にただよわせ、太陽の光を反射させる (2) 海上の空に雲の種をまいて、海からの水蒸気を雨として落としてしまう (3) 家の屋根を白っぽい材料でつくり、太陽の光を反射させる (4) 干ばつに強い白っぽい農作物を育て、太陽の光を反射させる (5) 人工樹木に大気中の二酸化炭素を吸収させ、地中に埋める (6) 農業ででた炭素を含むごみを地中に埋める (7) 海に鉄をまいて光合成をするプランクトンを増やし、大気中から海に溶けこんだ二酸化炭素を吸収させる (8) 二酸化炭素を吸収する人工微生物を開発し、海にまく。

で、わたしたちが手を加えたとき、遠い将来になにがおきるかを予測することができない。ジオエンジニアリングによる気候の改変は、いちど進めてしまうと後戻りは不可能で、ジオエンジニアリングによる問題の解決が、新たな問題の発生になってしまいかねない。

コンピューターを使った計算によると、たとえば、北極の上空にエーロゾルをまけば、たしかに北極域の気温は下がって氷床の融解は食いとめられ、逆に増える可能性もあることが示されている。しかし同時に世界の降雨パターンに影響を与え、インドにとって大切な季節風を止めてしまうことになる。そして、アフリカのサヘル地域を、徹底的に干あがらせてしまう。

このような長期的な結末は、はっきりとは見通せない。だからこそ、気候の人工改変という考え方そのものに恐れを感じる気候学者もいるわけだ*[26]。

大気現象の理解、観測データの質や量、コンピューターの性能の向上があいまって、天気予報の精度は十年単位でよくなってきたし、これからも改善されていくだろう。現在の天気予報は、コンピューターによる数値計算の結果に、小さな規模の現象を説明できるよう経験豊かな担当者がすこし手を加えるという方法が主流だ。天気予報を社会に伝えるその見せ方は、どんどん洗練されてきている。上空に雲の種をまいて雨を降らせる人工降雨は、すでに 60 年の歴史がある。規模の大きな暴風雨や気候を人工的に改変することも研究されているが、遠い将来にどのような結果が生じるかという点については、ほとんどの研究者が懸念をいだいている。

『きょうのお天気』は、これでおしまい

予測というものは、とても難しい。とくに、それが将来の予測である場合には。
ニールス・ボーア

気象と気候をめぐるわたしたちの旅も、おわりを迎えた。お話しし残したことがないわけではないが、わずか数百ページの本のなかでこの複雑なテーマを網羅するのは、しょせん無理なことだ。みなさんが、大気と海洋の物理学の複雑さと深さをいくらかでも知り、その現象の根本で関係しあういくつかの原理を学びとってくれていることを願う。

天気予報という試みは、人類が達成した偉業のひとつに加えてもよい。この旅で、わたしはその思いを新たにした。何世紀にもわたって続けられてきたこの知的な努力を考えるとき、それはおそらく量子力学や進化論などにも匹敵する。いや、データの収集や、そのための組織づくりは、それを超えているといってよいだろう。

急成長してきた製薬産業も、さまざまな実験をして大量のデータを集めることが必要だ。だが、気象産業のように、毎日毎日のデータが欠かせないというわけではない。原子爆弾を開発した第二次世界大戦中のマンハッタン計画でも、物理学者たちの知的努力が発揮されたといえるだろうが、それさえも、地球の気象と気候のシステムを理解しようとして、大規模に延々と続いてきた国際的な取り組みにくらべれば、小さくみえる。

気象と気候について言い残したことがいくつかあるので、それをお話しして、この本を締めくくることにしよう。

図 C.1 の写真は、2015 年 6 月 23 日の午後 1 時 5 分に、カナダ・バンクーバー島の西海岸にあるトフィーノの近くの海岸で、西の方角を撮影したものだ。この緯度（北緯 49.1 度）の天気は、たいてい西からやってくる。コリオリの力や偏西風の話を思い出してもらえれば、わかると思う。

このときまでの数日間は、まさにこの写真のように、暖かくて晴れたよい天気だった。ところが、天気予報では、その天気は続かないといっていた。2 日間ほど曇りがちになって弱い雨が降り、またよい天気に戻るという。そして天気は、そのとおりになったのだ。

この予報は、天気が無から生まれることを物語っているようで、印象的だ。なにしろ、このトフィーノの西隣には、何千マイルも離れた日本の街まで、なにもないのだから。

図 C.1　カナダのブリティッシュ・コロンビア州、バンクーバー島の西海岸にあるトフィーノ近くのスクーナー・ビーチで、西の方角を見たところ。わずかに写っている雲には、物語がある。〔筆者撮影〕

だが、人工衛星やその他の方法で集められたデータと数値予報の力で、実際に、このカナダの小さな街の天気を正確に予報することができる。というか、天気予報の専門家が身につけている深い知識をもってすれば、高度な観測技術や数値予報などなくても、空を見るだけで、このさきの天気を予測することができる。

わたしは、この写真を米海洋大気局のクリス・ワムスレーに見せ、ここに写っている空から天気を予報できるものか聞いてみた。かれの答えは、驚くべきものだった。

「上空にかすかな、かぼそい雲がでていれば、わたしは、それが過去の嵐に関係しているかもしれないと考える。これからやってくる西のほうに嵐があって、それで散り散りにされて運ばれてきた雲ではないかと考えるわけだ。つまり、この雲は、ごく最近、西のほうで天気が荒れていたことを示している。だから、あすかあさってあたり、おそらくここでも雨が降るだろうね」

クリスは、さらに続けて説明した。「上空にでている細い巻雲型の雲は、その場でできることもあるので、やがてかならず嵐がやってくるとはいえないが、荒天のとてもよい目印になる」。第7章でお話ししたとおりだ。

これまでみてきたように、天気予報は、コンピューターによる数値予報で得られた結果に、熟練した予報担当者の手がすこし加わって完成品になる。コンピューターにしても予報担当者にしても、その基礎にあるのは気象に関する物理法則だ。コンピューターは、その法則を数式の形で内蔵している。予報担当者は、この法則が意味するところを実地でなんども学び、かみしめ、応用して、気象の世界がどう動いているのかを経験則として、直感がはたらくまでに磨きあげた。

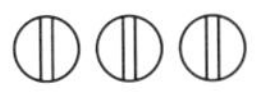

これからなにを話すのかを話し、話したのちに、いまなにを話したのかを話す。この本でみなさんは、第8章で紹介したこの「呪文」どおりに、おな

じ事柄に別の視点から繰り返し触れてきたはずだ。難しい点や重要な点を繰り返しお話しすることで、太陽からの放射のような事柄について納得できるチャンスを、できるだけ増やしたいと思ったのだ。

わたしは一般向けの科学の本を、航海術から生物物理学にいたるまで、たくさん書いてきた。だが、この本ほど関係する知識が多岐にわたり、複雑なものはなかった。だから、どのように書けばわかりやすくなるのかを、よく考えた。深く理解するには、あるていど専門的なことも必要だ。だが、読みやすくするために、数学の記述は避けよう。おなじ事柄を繰り返し説明するときは、退屈にならないよう、視点を変えてお話しすることにしよう。そう考えたのだ。

おなじ内容が繰り返しでてきたのには、別の理由もある。気象学や気候学では、さまざまな物理学的な要素が、たがいに結びついて一体になっているからだ。たとえば海について。海が温められる話が、まず第2章ででてきた。これに関連する話題は、第8章をはじめ、第6章をのぞくすべての章で扱った。海が太陽の放射を吸収し、大気とおたがいに関係しあい、熱帯低気圧を生み、気候の変化に影響を与える。気象は、大気だけでなく、海の表層までを含んだ現象だ。そして気候は、海の底まで関係している現象なのだ。

偶然性が深くかかわる現象については、きたるべき個々の状態を正確に予測することはできないが、平均的な状態の推移なら予測可能だ。これは第6章でお話ししたとおりだ。それならば、気候（平均的な大気の状態）は予測可能なのか。見方によっては、天気よりは予測しやすいともいえるが、それも程度の差でしかない。複雑でいくつもの要素が絡みあう現象では当たり前のことなのだが、気候もカオス的な性質をもっている。だから、予測できるといっても、その度合いはかぎられている。

遠い将来を見通さなければならない気候の予測にとって、さらに問題なのは、気候に影響することは確実なのに、あらかじめ計算に組みこむことができないできごとの存在だ。火山が噴火することはだれでも知っているが、たとえば、2060年代にいくつの火山が噴火し、成層圏に達する火山灰の量がどれだけになるのかは、だれにもわからない。気候は、海中だけでなく、地中深くでおきるできごとにも影響を受ける。というわけで、気候の世界は、気象の世界より、やはり奥が「深い」。

気候の予測には、さらにいろいろなことを考えなければならない。わたしたち人間の活動が気候を変えてしまうほどのものであるとすれば、そしてどうもそれは事実のようだが*1、将来の気候を予測するには、世界の経済も予測しなければならない。途上国も、先進国とおなじように化石燃料を使いながら発展していくのか。太陽光や風力のような「再生可能エネルギー」は、対費用効果の観点から、いつ、どれくらい使えるようになるのか。このさき50年で、人類はどれくらいの量の燃料を使うのか。

経済について、わたしたちはよく理解できているとはとうていいえず、いまいましいほど予測不能だ（2008年の経済危機を思い出してみればよい）。つまり、わたしたちの大気大循環モデルで気候をどこまで正確に予測できるかは、大気の物理の理解うんぬんより、むしろ、わたしたちが人間のことをどれだけよくわかっているかにかかっているのだ。

付　録

本文に関係する数学の計算を、この付録にまとめておこう。ここでは数字の大きさを表すのに「べき乗」を使い、温度はすべて絶対温度（K）である。

太陽からの電磁放射

わたしたちの太陽から放射される電磁波のパワーは膨大で、全体で 3.846×10^{26} W にもなる。太陽の半径は 69 万 6000 km なので、太陽表面におけるエネルギーの密度は 63 MW $\mathrm{m^{-2}}$ だ。地球の平均半径は 6371 km、太陽からの距離は 1 億 5000 万 km（位置関係は図 1.1（a）に示しておいた）なので、地球に届く太陽エネルギーは平均 1.73×10^{17} W、地球の位置で受けとるエネルギーの密度は平均 1365 W $\mathrm{m^{-2}}$ になる。

シュテファン・ボルツマンの法則

太陽から放出されるエネルギーの密度 p_{S}（太陽表面 1 $\mathrm{m^2}$ から 1 秒間に放出されるエネルギー）は、太陽の表面温度を T_{S} として、

$$p_{\mathrm{S}} = \sigma T_{\mathrm{S}}^4$$

という単純な関数で表すことができる。温度は絶対温度で表している。これがシュテファン・ボルツマンの法則で、19 世紀に熱力学の原理から導かれた。σ は定数で、$\sigma = 5.67 \times 10^{-8}$ W $\mathrm{m^{-2}}$ $\mathrm{K^{-4}}$ である。

太陽の表面から放射されるエネルギーの密度の値は「太陽からの電磁放射」で示しておいたので、それを使ってシュテファン・ボルツマンの式で計算すると、太陽の表面温度は約 5760 K になる。太陽から地球に届く 1365 W $\mathrm{m^{-2}}$ のエネルギーが地球の表面全体に行きわたることになるので、地表が受ける平均的なエネルギーは、図 2.1 からわかるように、この値を 4 で割って約 341 W $\mathrm{m^{-2}}$ になる。エネルギーの 30% は反射されて宇宙に戻ってしまうので、その分を差し引いたうえでシュテファン・ボルツマンの法則を適用すると、地球の温度 T_{E} は 254 K となる。この単純化した計算では、いくつものことを仮定している。そのうちで根本的なのは、地球も太陽も完全な黒体だという仮定だ。

熱力学によると、黒体からの放射スペクトル（単位波長、単位立体角から 1 秒間に放射されるエネルギー）は波長と温度を使って、

$$B(\lambda, T) = \frac{2bc^2}{\lambda^5} \frac{1}{\exp(bc/\lambda k_{\mathrm{B}} T) - 1}$$

と表される。h、c、k_{B} は、物理的な基本定数（たとえば、c は光速で 2.998×10^8 m $\mathrm{s^{-1}}$）。この式は「プランクの公式」とよばれている。この式の T に太陽や地球の温度を代入す

ると、図 1.2 に描かれた曲線が得られる。プランクの公式を立体角と波長で積分するとシュテファン・ボルツマンの式になる。

ガラス板でふたをされた花壇の計算

図 4.1 でみたように、花壇に 1 枚のガラス板でふたをするだけで、内側の気温は高くなる。それは、つぎのようにして計算できる。シュテファン・ボルツマンの法則によると、熱の出入りが一定になっている平衡状態のとき、ガラス板がない場合（図 4.1（a））の地面の温度 T_0 と、太陽から 1 m^2 に届く 1 秒あたりのエネルギー P_0 の関係は、つぎの式で表される。

$$P_0 = \sigma T_0^4$$

この式は、太陽から届くエネルギー（左辺）と、黒体を仮定した地面から宇宙に放射されるエネルギー（右辺）が釣り合って等しいことを意味している。

さて、花壇の上部にガラス板をかぶせて、花壇を温室のようにおおってしまおう（図 4.1（b））。このとき、花壇の囲いの外側の温度 T_1 は、太陽からのエネルギー P_0 を使って、

$$P_0 = \sigma T_1^4$$

と表すことができる。このふたつの式をくらべると、$T_1 = T_0$ であることがわかる。囲いの内部では、

$$P_0 + \sigma T_1^4 = \sigma T^4$$

という釣り合いが成立している。したがって $T = 2^{1/4}\, T_0$ となり、$T_0 = 270$ K であるとすれば、$T = 321$ K、すなわち 48°C になる。第 4 章で述べたとおりだ。

ガラス板を 1 枚ではなく、複数の n 枚にして一般的に表すことも、そう難しくはない。ガラス板が 2 枚なら $T = 3^{1/4}\, T_0 = 355$ K、n 枚なら $T = n^{1/4}\, T_0$ となる。金星の表面温度は、単純な黒体放射の釣り合いを考えた場合の 4 倍になっている（$T = 4\, T_0$）。これは、ガラス板を 256 枚も重ねた温室効果に相当するものだ。

大気層が薄い場合のエネルギー収支

大気層が図 4.3 のように薄い場合でも、おなじように計算することができる。大気層の外側では、

$$P_0 = (1 - A)\sigma T_E^4 + \frac{1}{2}\sigma T_a^4$$

の釣り合いが成り立っている。そして大気の内部では、

$$aP_0 + A\sigma T_E^4 = \sigma T_a^4$$

となっている。さらに、地表面での釣り合いは、

$$(1-a)P_0+\frac{1}{2}\sigma T_a{}^4=\sigma T_E{}^4$$

となる。ここで、T_E、T_a はそれぞれ地表面と大気の温度、a と A はそれぞれ、大気に吸収される短波放射と長波放射の割合である（図 4.3）。最初の式と最後の式から、

$$T_E=\left(\frac{2-a}{2-A}\right)^{1/4}T_0$$

が得られる。T_0 は大気がないと仮定した場合のこの惑星の温度で $T_0=(P_0/\sigma)^{1/4}$。a と A はいずれも 0 と 1 のあいだの数値なので、この惑星の表面温度 T_E は、第 4 章で述べたように、0.84 T_0 から 1.19 T_0 までの値をとりうることになる。

地球のエネルギー収支

図 4.4 からわかるように、大気のエネルギー収支は

$$aP_0+A\sigma T_E{}^4=\sigma T^4+\sigma T'^4$$

であり、地表のエネルギー収支は

$$(1-r-a)P_0+\sigma T^4=+\sigma T_E{}^4$$

である。a、A、r として第 4 章にある値を使い、さらに、地表面の温度が $T_E=288$ K であると仮定すると、下層の大気の温度として $T=254$ K が、上層の大気の温度として $T'=243$ K が得られる。したがって、この単純なモデルによると、大気により宇宙に反射される太陽放射のエネルギーは、大気が宇宙に放射するエネルギーを 19% 上回っていることになる。

地球が大気をもたない黒体であると仮定したときの地表の温度は、地表付近での気温減率を 6.5 K km^{-1} とすれば、実際には 5.4 km の高度での気温となり、それは対流圏のまんなかくらいの高さに相当する。黒体を仮定した際の大気上端の温度に相当する高度は、現実の大気では 8.6 km で、対流圏界面の高度に近い。

水滴が浮かんだ大気の視程

大気中に w g m^{-3} の密度で液体の水が含まれていて、その水滴の平均直径が d m だとしよう。そのとき、水滴 1 個の質量 m は、密度を ρ として $m=\pi\rho d^3/6$ g となる。したがって、1 m^3 に含まれている水滴の数 n は、どの水滴もおなじ大きさだとすれば、$n=w/m=6w/\pi\rho d^3$ である。平均すると $1/n$ m^3 の体積に 1 個の水滴が含まれていることになるので、1 個の水滴がしめる空間を立方体と仮定すると、1 辺の長さは $n^{-1/3}$ m となる。この立方体を、ひとつの面に垂直の方向から見ると、1 辺が $n^{-1/3}$ m の正方形のなかに、直径 d m の円（水滴）が浮いていることになる。したがって、手前から向こうになにかが通過しようとしたとき、円にぶつかる確率 p は、円の面積 $\pi(d/2)^2$ と正方形の面積

$n^{-2/3}$ の比、つまり $p=\pi d^2/4n^{-2/3}$ となる。光が進むときの平均自由行程 λ は、$\kappa=\lambda n^{1/3}$ として $(1-p)^{\kappa}\varepsilon=1/2$ である。n が小さいとき、この式は

$$\lambda=\frac{d}{3}\frac{\rho}{w}$$

となる。ボックス 7.1 の数字は、この式を使って計算したものである。

あられやひょうの大きさ

あられやひょうのサイズは、上昇気流が速いほど大きくなることを、第 7 章でお話しした。説明を簡単にするため、その形は球形だとしよう。半径を r とすると、その質量 m は、密度を ρ として

$$m=\frac{4}{3}\pi r^3\rho$$

で表される。空気の抵抗力は、空気の抵抗係数 c_{D}、空気の密度 ρ_{a}、上昇気流のスピード v を使って、

$$D=\frac{1}{2}c_{\mathrm{D}}\rho_{\mathrm{a}}\pi r^2 v^2$$

と書ける。上昇気流から受ける上向きの力と下向きの重力が釣り合い、あられやひょうが上昇も下降もしないで浮いているとすれば、重力加速度を g として $D=mg$ となるので、これから

$$r=\frac{3}{8}c_{\mathrm{D}}\frac{\rho_{\mathrm{a}}}{\rho}\frac{v^2}{g}$$

が得られる。

用語集

（訳注：学術的な正確さより感覚的な把握を優先した説明も多い）

NEXRAD　大気現象を測定するドップラーレーダー。NWXt generation weather RADer から取った。

雨雲　雨を降らす雲。

アルベド　地面のような物体の表面で電磁波が反射される割合。

アンサンブル予報　気象や気候を予測するとき，その計算を始める際に必要な最初の観測データがはっきりわからないため，すこし異なる何通りかのデータから計算を開始する手法。計算結果も，ある一定の実現確率をもった，幅のある状態として示される。

安定な大気　鉛直方向に上下せず，静かに層をなしている状態の大気。

移流　熱をもった物体が移動し，その物体ごと熱も移動すること。熱の移動の一形態。

移流霧　暖かくて湿った空気が冷たい地面の上に移動してきたとき，地面に接した低いところに発生する雲。

ウィンドシアー　風の向きや強さが，場所によって急に変わっていること。このなかを進もうとすると，急に違う向きからの力を受ける。

ウェット・バイアス　天気予報を一般の人に伝えるとき，降水確率を，実際に予測されている値より大きめにいう傾向。

エルニーニョ・南方振動　太平洋の熱帯域でほぼ周期的に発生する，風や海面水温の変化。

温室効果　大気中にとらえられた電磁放射により，地表が温められること。

温度躍層　流体で，深さとともに急に温度が変化する層。海では，海面下の浅いところにある。

カオス的　ある時刻の状態が，その現象を支配する規則にしたがって，その直前の状態で決まるが，出発点になる最初の状態がわずかに違うだけで，あとの結果がおおきく違ってくるとき，そのシステムはカオス的であるという。最初の状態が完全にわかっていないと，そのさきの状態は予測不能で，まったく意味をなさない。

ガストフロント　積乱雲の下降気流が地面に衝突し，周囲に広がるときに発生する突風。

風応力　風から受ける力の一種。たとえば，海の上を風が吹くと，海面は摩擦力で風に引きずられる。

寒帯前線　極循環とフェレル循環の境目。南北両半球にあり，ここで気温がおおきく変化する。

気温減率　高度が増すとともに気温が下がっていく割合。大気そのものの気温減率，水蒸気で飽和していない空気の塊を上昇させたときの乾燥断熱減率，水蒸気で飽和している空気の塊を上昇させたときの湿潤断熱減率がある。

気温の逆転　高度が増すとともに気温

が上がっていく状態。

気化熱　液体を、おなじ温度の気体にするときに必要な熱。

気候　長い期間を平均した気象のパターン。ふつうは30年くらいの平均を想定する。

気候のアトリビューション　ある特定の気象について、その原因がどのていど気候の変化にあるのかを調べること。

凝結核　大気中の水分が凝結して水滴をつくる際に、その中心の核となる微粒子。

極軌道　地球をまわる人工衛星の軌道の一種で、北極と南極の上空を通るもの。

極循環　南北両半球の緯度60～70度のあたりで上昇し、より高緯度で下降する大気の循環。

空気の集まり（air mass）　密度と温度がほぼおなじとみなせる、天気図にも表せる程度の広がりをもった空気のまとまり。

空気の塊（parcel）　気温や湿度などの空気の性質が一定だとみなしてもよい、やや小さな空気のまとまり。

雲の種まき　人工的に雨を降らせるため、大気中に凝結核となるもの（ヨウ化銀の結晶など）をまくこと。

雲放電　雲にたまった電気が、雲の内部だけで放電する現象。はっきりした稲妻は見えず、幕電光ともよばれる。

系統誤差　ある傾向をもった測定誤差。たとえば、きちんと調整されていない機器で測定したとき、その機器のくせで生まれてしまう誤差。

決定論的　ある時刻における状態が、そのまえの状態から原理的には完全に予測できること。

巻雲型の雲　高い高度にできる、細い髪の毛のような雲。

高気圧　中心部の気圧の高いところからは、風が渦を巻きながら外向きに吹いていく。渦の巻き方は、北半球では時計まわり。

光度　天体が1秒間に放出するエネルギー。

黒体　すべての放射を反射せずに吸収する仮想的な物体。

黒体放射　周囲と平衡状態にある黒体が放出する熱放射。波長と放出されるエネルギーの関係は、プランクの公式で表される。

コリオリの力　物体の位置を表す座標系が回転しているために、動いている物体にはたらいているようにみえる慣性力（見かけの力ともいう）の一種。地球の表面にいる人からは、地表を動く物体は、この力のために進路を曲げられているようにみえる。何百マイルという規模で動く大きなサイズの現象でなければ、この力は小さいものとして無視できる。

コンベアー・ベルト　水温や塩分の違いで駆動される、深海にまでいたる海洋の循環。

ジェット気流　細くて速い大気の流れ。対流圏界面の近くには、規模の大きなジェット気流がある。

ジオエンジニアリング　気候を人工的

に変えること。

紫外線　可視光より強いエネルギー(波長はより短く、振動数はより大きい)をもった電磁波。

自動地上観測システム（ASOS）　自動的に気象データを集める施設。

自由対流高度　水蒸気で飽和した空気の塊を上昇させたとき、空気の温度がまわりの大気より高くなって、そこより上では放っておいても上昇するようになる、その高度のこと。

シュテファン・ボルツマンの法則　黒体の表面から放射されるエネルギーの密度と表面温度を関係づけた物理法則。

条件つき安定　大気がこの状態にあると、そのなかを水蒸気で飽和している空気が上昇した場合には不安定になり（さらに上昇しようとする)、飽和していない空気ならば安定になる（もとの位置に戻ろうとする)。大気は、ふつうこの状態にある。

蒸発散　水分が土壌から蒸発したり、植物の葉から蒸散したりすること。

シングルセル型の雷雲　雷雲のうちで、もっとも弱く寿命も短い。水平方向の風の向きや強さは、高度によって変わらない。

じん旋風　大気現象としてはもっとも小さくて寿命の短い渦。温かい地面の上の大気が不安定な状態にあるとき、よく発生する。

水蒸気　気体の状態になった水。

数値予報モデル　天気のコンピューターシミュレーションに使う数式の集まり。計算の出発点となる観測データを正確に与えることができれば、数日さきの天気を予測できる。

スコールライン　寒冷前線に沿ってできる、雷雲の並び。

スーパーセル型の雷雲　雷雲のうちで、もっとも強力で寿命も長い。水平方向の風の向きや強さは高度によって違い、竜巻を発生させることもある。

スペクトル　どの振動数にどれくらいの量のエネルギー（たとえば電磁放射のエネルギー）が分布しているかを示したもの。

静止軌道　地球をまわる人工衛星の軌道の一種で、上空のおなじ位置に静止しているようにみえる赤道上空3万6000 km の軌道。

成層圏　対流圏のすぐ上にある大気の層で、高度が増すとともに気温が上がる。

正のフィードバック　システムのなかに乱れが生じたとき、それがやがて増幅していく過程。乱れが、さらなる乱れを引きおこす。不安定な大気は、この状態にある。

世界気象機関（WMO）　国際連合の専門機関のひとつ。気象観測などで各国の協力を進める。1950年設立。

積雲型の雲　濃くて背が高い、ふわふわした感じの雲。

赤外線　可視光よりやや波長の長い（振動数の小さい）電磁波。熱として感じられる。

セル　気象や気候をコンピューターで

計算する際にデータを与えるます目のこと。ひとつのます目のなかでは、気温や気圧などは一定だと仮定している。
(訳注：訳書では「サイコロ」と訳した)

前線　密度の異なる気団どうしが接しているところ。

潜熱　物体の温度が変わらないまま、その状態のみが変わるときに出入りする熱。

層雲型の雲　水平に広がった雲。

総観規模　天気図で表現できる数千kmの長さのスケールのこと。

大循環　ひとつの海洋全体をめぐる大規模な海の流れ。風が表層につくりだす。

大循環モデル　地球の気候をコンピューターで計算するための数式の集まり。

対地放電　雲と地面のあいだの放電現象。1本の、または複数に分かれた稲妻が見える。

代用データ　直接は測定できないため、間接的な方法で推定したデータ。遠い過去の大気中の二酸化炭素濃度を、厚く積もった氷床を深くくりぬいた「アイスコア」を使って推定したデータなど。

対流圏　大気のなかで、もっとも高度の低い層。地面に接している。この上には成層圏がある。

対流圏界面　対流圏とその上の成層圏の境界。

竜巻　積乱雲と地面とのあいだにできる、回転する強力な空気の柱。

暖水塊　周囲の海水とは温度も塩分も違う大規模な水の塊。周囲より温かく、地中海から大西洋に流れ出てくるものもある。

炭素循環　大気や生物、陸や海のあいだで炭素が行き来すること。

短波放射　気候の物理では、おもに可視光の波長域の放射を指す。

地衡流と地衡風　海で隣接する部分どうしの水圧差とコリオリの力が釣り合って流れているのが地衡流。地衡風もおなじ原理で吹く風で、等圧線に沿って吹いている。ただし、実際には地面などとの摩擦で、等圧線からすこしずれる。

長波放射　気候の物理では、マイクロ波の波長域の放射を指す。

低気圧　中心部の気圧の低いところに向かって、外側から渦を巻きながら風が吹きこんでいく。渦の巻き方は、北半球では反時計まわり。

デレーチョ　雷雲が一列に並び、線状の暴風雨帯になったもの。

電磁放射エネルギー　物体から「光子」として放出されるエネルギー。可視光も、その一種。

伝導　接触している物体と物体のあいだでの熱の伝わり方。

ナウキャスト　ほんのすこし時間がたつと天気がどうなるかを予測する、地域的な天気予報。

熱塩循環　海水の密度の違いによって生じる、地球規模の大きな海流。密度の違いは、海面が熱せられたり、陸から淡水が流れこんできたりしておきる。

熱帯収束帯　赤道近くを吹く東よりの貿易風が南北から衝突する帯状の領域。

無風帯としても知られる。

熱的平衡　ふたつの物体のあいだで熱の移動がないとき、これらの物体は熱的平衡の状態にあるという。

熱容量　熱を蓄えておく能力。一定の量の物質が、どれだけ多くの熱を蓄えておけるかということ。

熱力学　熱や、熱と他の形態のエネルギーの関係を研究する学問。

ハインドキャスト　気象や気候のモデルの正確さを検証するため、すでにおきた過去の天候を、それ以前の状態から「予報」してみること。

バタフライ効果　ほんのすこしの乱れが大きな変化に発展すること。カオス的なシステムの特徴。

ハドレー循環　熱帯域での大気の循環。赤道上で上昇し、亜熱帯で下降する。

パラメーター　その物理システムを特徴づける数量。たとえば振り子なら、ひもの長さなど。もっとシステムが複雑な場合は、いくつかのパラメーターを組みあわせて、そのシステムの特徴を述べることになる。

パラメーター化　気象や気候でみられる小さなスケールの現象や複雑な現象を、そのまま扱わず、より簡便な方法で計算に組み入れてしまうこと。

ハリケーン　温かい海の上で発生する、総観規模の大気の渦。発生する地域によって、サイクロン、台風ともよばれる。

パワー　1秒あたりのエネルギー。エネルギーの流れ。

標準偏差　データの散らばり具合を示す統計学の数値。平均値からプラス方向とマイナス方向にこの標準偏差だけ離れた範囲内に、データの68%が入っている。

不安定な大気　上下に動かしたとき、正のフィードバックがかかる状態の大気。このなかで空気が上昇すると、さらに加速される。

フェレル循環　中緯度にみられる平均的な大気の動き。亜熱帯で下降し、それより高緯度で上昇する。

フェーン　山の風下側の斜面を駆けおりる暖かくて乾燥した風。シヌークとよぶ地方もある。

負のフィードバック　システムのなかに乱れが生じたとき、それがやがて収まっていく過程。乱れが乱れを静めていく。安定な大気では、こうなっている。

ブロッキングのパターン　ふつうなら移動していく天候の動きを停滞させてしまう気圧の乱れ。

放射　自発的に放出されるエネルギー。「光子」の流れである電磁波や、素粒子ニュートリノの流れなど。

放射照度　大気の上端に入射する太陽エネルギーの密度。

保存則　物理学において、あるシステムに含まれているなんらかの量の総和が一定であることを述べた法則。たとえば、ある物理システムで、エネルギーが「運動エネルギー」「位置エネルギー」などさまざまな形態をとったとしても、それらの合計は一定である。

マイクロ波　可視光や赤外線よりエネルギーが低い電磁波。

マルチセル型の雷雲　シングルセル型の雷雲がいくつか集まったもの。

ミランコビッチ・サイクル　地球の傾きや公転軌道がゆっくりと変化する周期。気候の変化の原因になる。

目の壁　台風やハリケーンの中心にある目を壁のように囲む、もっとも風の強い領域。

持ち上げ凝結高度　空気の塊を上昇させたとき、凝結が始まる最低の高度。ふつうは雲の底がこの高さ。

雪あられ　落ちてくる雪の結晶のまわりに、過冷却になっていた水滴がくっついたもの。

雪玉地球　遠い過去に、地球表面のほとんどが氷に覆われていたという仮説。

履歴　物理システムがなんらかの力を受けて変化するとき、その変化のしかたが過去の状態に左右されること。

ロスビー波　南北に蛇行するジェット気流には、このロスビー波が含まれている。中緯度の天候におおきく影響する。

若くて弱い太陽のパラドックス　初期の地球に液体の水は実際にあったのだが、当時は太陽の光は弱すぎて、水はすべて凍っていたはずだという矛盾（パラドックス）のこと。

注　釈

お話を始めるまえに

＊1　1メートルは1.09ヤード、1キロメートルは0.62マイル、1キログラムは2.2ポンドだ。物理学に詳しい人なら、この最後の言い方には首をかしげるかもしれない。本来は別物の「質量」（キログラム）と「重さ」（ポンド）を、おなじものとみなしているからだ。そこはご勘弁を。摂氏の温度を華氏にするには、摂氏の数値を5分の9倍して32を足せばよい。「付録」に載せてある専門的な計算では、すべて「メートル」「キログラム」などの単位を使った。

これからお話ししたいこと

＊1[訳注]　原著には「weather」という言葉が頻出する。この本では、「climate（気候）」が長い期間を平均した大気の状態を表すに対し、「weather」はおもに短い時間で変化する大気の現象を指して使われている。日本語の「天気」は、現在の空の状態を「晴れ」「くもり」などの簡潔な言葉で示したもの。「気象」は、大気の現象をすべて含めて指す場合もあれば、短い時間で変化するものに限って使われる場合もある。翻訳に際しては、これらの点を考慮し、文脈に応じて「weather」を「天気」「気象」「大気の現象」などと訳し分けている。

＊2　将来の気候を予測するというのは、いつなにがおきるかわからない地雷原を歩くように難しいものだ。その種明かしは、第4章ですることにしよう。「短期的」「長期的」という言葉は、天気予報と気候の予測とでは意味合いが違う。また、気候予測のためには、天気予報よりさまざまな種類のデータが必要だ。

＊3　米オクラホマ州のムーアを猛烈な竜巻が襲ったかと思えば、2013年から2014年にかけての冬には、「極渦」が北米に厳しい寒さをもたらした。この本が出版されるまでに、わたしたちの生活を脅かす「極端気象」は、もっと増えているかもしれない。

＊4[訳注]　原著ではハリケーン（hurricane）となっているが、翻訳にあたっては、とくに必要がないかぎり「台風」と訳す。ハリケーンも台風も、おなじ熱低低気圧。北太平洋の西部で発達すると台風とよばれ、北米の太平洋沖や大西洋沖で発達したものがハリケーンとよばれる。

＊5[訳注]　「洪水」という言葉には、いくつかの使い方がある。専門分野によっては、河川の水量が通常より増えた状態を「洪水」、それがあふれてまわりの土地を水浸しにした状態を「氾濫（はんらん）」として使い分けることもある。この使い方だと、水があふれていなくても「洪水」ということになる。だが、一般にはこの「氾濫」を指して「洪水」ということが多いので、「flood」は原則として「洪水」と訳すことにする。

＊6　ここでこのように指摘しておきたかったのは、気候変動についての世間の意見が、他に例をみないほど見事にふたつに割れているからだ。ほかに似たようなことがあるとしたら、銃規制や中絶の権利くらいだろうか。気候は、大気の状態を広い地域で、そして長い期間にわたって平均した客観的なものだ（「そんな気候がいいなあと思っても、実際に体験できるのは、そのときの天気だけ」とよくいわれる）。だからこそ、客観性を旨とするこの本で気候について書くのは、まさに理にかなったことなのだ。

＊7　デービッド・ダーベスは、シカゴ大学の教授。物理の論文や教科書を書き、すばらしい教師で、しかも、エジンバラ大学でともに大学院生としての生活を送った友人だ。ここでちょっと触れておきたいのは、デービッドは「単位」をまぜこぜに使う点だ。わたしは、この本では「メートル法」の単位を使い、米国で一般に使われるフィート、華氏、カロリーなどを、その後にかっこ書きで添えておいた。わたしがここで狙っているのは、細かな数値の計算ではなく、ようするにどういうことなのかという説明だ。米国で使われるフィート、華氏などよりもメートル法を優先したこの順序の逆転を、どうかお許し願いたい。（訳注：翻訳に際し、これらの添え書きは省いた）

＊8　2003年にフランスを襲った熱波では1万5000人近くの人が亡くなり、そのほとんどがお年寄りだった。この年、ヨーロッパの夏は、中世以降でもっとも暑かった。

第1章　熱を感じて

＊1[訳注]　核融合という現象を利用してエネルギーを取りだす装置。現在の原子力発電は、ウランなどの原子が分裂する「核分裂」で出るエネルギーを利用して発電している。核融合炉は、水素などをたがいに融合させる「核融合」の際に出るエネルギーを利用する。核融合炉は、まだ実用化されていない。太陽などの恒星の内部では、水素の核融合がおきている。ここで恒星を核融合炉に例えているのは、そのためだ。

＊2[訳注]　気体を高温にすると、気体に含まれている分子は原子に分かれ、さらにマイナスの電気を帯びた電子と、プラスの電気を帯びた陽イオンに分かれる。これがプラズマの状態だ。

＊3[訳注]　「W（ワット）」は、1秒あたりのエネルギー（仕事率）を表す単位。「M（メガ）」は「100万倍」を意味する接頭語。100万Wが1MWになる。

＊4[訳注]　目に見える可視光や赤外線、紫外線、それに電波やエックス線などを総称して「電磁波」という。いずれも光速で空間を伝わる波だ。

＊5[訳注]　天文学でいう「光度」は、ある天体が1秒間に出すエネルギーの総量のこと。照明などの明るさを示すときもおなじ「光度」という言葉を使うが、その単位は「カンデラ」で、天文学の光度とは別物。

＊6[訳注]　科学では、1.2×10^6 のように、整数部を1桁にして、それに10を何回かけたかで数字を表すことが多い。たとえば、10^2 は10を2回かけたこと、つまり100倍を表す。1.2×10^6 は1.2に10を6回かけた120万のことだ。

＊7　北極と南極の逆転は地球でもおきているが、そうたびたびあるわけではないし、きまった周期でおきているわけでもない。というより、あるとき突然やってくるようだ。平均すると30万年に1回の割合でおきていて、前回の逆転は78万年前だ。この現象は、地球の気候には影響を与えないようだ。たとえば、以下を参照。“2012: Magnetic Pole Reversal Happens All the (Geologic) Time,” November 30, 2011, NASA (http://www.nasa.gov/topics/earth/features/2012-poleReversal.html.)。

＊8　R. A. Goldberg (1982)、H. Miyahara and Y. Yokoyama (2010)、O. M. Raspopov, et al. (2008). 太陽エネルギーの変化と気候の関係について、もうすこし一般向けに書かれたものとしては、米地質調査所の “The Sun and Climate,” Fact Sheet FS 095-00, August 2000 (https://pubs.usgs.gov/fs/fs-0095-00/fs-0095-00.pdf) と、米航空宇宙局の “Why NASA Keeps a Close Eye on the Sun's Irradiance,” May 25, 2010 (http://www.nasa.gov/topics/solarsystem/features/sun-brightness.html.) を。

＊9　ケルビンは、熱力学を含むさまざまな物理学の分野で、たくさんの重要な貢献をしている。「ケルビン温度」（絶対温度ともよばれている）は、かれの名からつけられた名称だ。

＊10　地球の年齢に関して19世紀から20世紀にかけて行われていた議論については、たとえば以下を参照。M. Livio (2013), chap. 4、K. Sircombe (2004)。地球内部の放射性物質が出す熱についての新しい測定結果は、L. Rybach (2007) で報告されている。放射線の量、そしてそれによって地球内部で生みだされる熱の量は、しだいに減っていく。熱を生みだす放射性物質が崩壊して、少なくなっていくからだ。現在、地球は誕生から45億6800万年たったと見積もられている。A. Bouvier and M. Wadhwa (2010) を参照のこと。

＊11　黒体（blackbody）は、文法的には2語（black body）に分けるべきだが、物理学者はずっと、とくに「黒体の」と形容詞で使うときは1語で使ってきた。

＊12　わたしたちの宇宙も黒体で、宇宙の「背景放射」は、平衡状態（「なにと平衡なの？」と疑問に思うのも、もっともなのだが）にある絶対温度で3K（ケルビン）の黒体が発する電磁波のパターンにきわめて近い。驚くにはあたらないが、ブラックホールも黒体だ。ブラックホールの黒体放射は「ホーキング放射」とよばれている。壁に囲まれて熱くなっている空洞の内部は、熱的な平衡状態になっている黒体によく似ている。壁に小さな穴を開けて、そこから漏れてくる電磁波を測定すれば、その温度の物体が発する黒体放射にとても近い。

＊13[訳注]　「波長」と「振動数」がまぜこぜに登場するが、「電磁波の速さ（光速）」=「波長」×「振動数」なので、どちらを使って説明してもおなじこと。光速は定数だからだ。波の「山」から「山」までの距離が「波長」で、その波が進んでいるとき、ある地点を1秒間に通りすぎる山の数が「振動数」だ。

＊14[訳注]　この直前で、可視光より波長の長い放射が赤外線だと説明しながら、ここでは、その赤外線を含む太陽の放射を「短波放射」と名づけている。やや混乱するかもしれないが、これは、すぐあとに出てくる地表面からの放射を指す「長波放射」と対比するためだ。地面からの長波放射にくらべれば、太陽の放射は波長が短い。

＊15　これは、ごくふつうにおきている現象である。ここでは、上昇している空気がまわりの空気に熱を与えないという仮定（専門的には「断熱」という）で説明しているが、実際に空気は熱をあまりよく伝えないので、この仮定は現実によくあてはまる。

＊16[訳注]　「J（ジュール）」は、エネルギーの量を表す単位。1Jは、1Wの電気を1秒間流したエネルギー（1Ws、ワット秒）に相当する。「M（メガ）」は100万倍を表す接頭語なので、2.257MJは225万7000J。「J」はエネルギーの総量、「W」は1秒あたりのエネルギーの量で、科学の言葉としては前者が「energy（エネルギー）」、後者が「power（仕事率、電力）」として区別されるが、本書では、とくに厳密さが必要でないかぎり、読みやすさを優先して、「power」をエネルギーと訳している場合もある。たとえば、厳密には「太陽からくる光の仕事率の面密度」となるものを、「太陽から来る光の1m^2あたりのエネルギー」としている。

第2章　空と海のもとで

＊1　太陽から地球表面に届くエネルギーとして、まずはこの1m^2あたり341Wという値を出しておくが、あとでお話しするように、太陽光が大気を通っていくあいだに、こ

れはすこしずつ減っていく。図 2.1 の説明では、地球を完全な球だと仮定している。実際には地球は完全な球ではなく、自転の影響で、赤道付近では 31 km だけ膨らんでいる。

＊2[訳注] こまを机の上で回したとき、その回転を上下につらぬいている中心線を「回転軸」という。こまは回転軸のまわりを回転している。地球は、北極と南極を通る直線を回転軸として自転している。自転の回転軸を、自転軸ともいう。

＊3[訳注] 温室効果をもつ気体のこと。水蒸気や二酸化炭素、メタン、オゾンなど。

＊4 雲は水蒸気が凝結したもの。水滴になる場合と、小さな氷の結晶になる場合とがある。

＊5[訳注] 地球の大気は、地表に近いほうから「対流圏」「成層圏」「中間圏」「熱圏」に区分されている。対流圏では大気の対流がさかんに生まれ、雲ができたり雨が降ったり、台風が発生したりする日々の天気に関係した現象がおきる。

＊6 現在の氷河時代は 258 万年まえから始まっていて、第四紀氷河時代とよばれている。氷河時代には、氷が拡大する氷期と、氷が縮小する間氷期が繰り返される。わたしたちは、約 1 万 1000 年まえから続く間氷期にいる。前回、もっとも氷が発達していた時期にくらべて、現在は海面水位が 120 m 上昇している。氷河時代は過ぎ去った過去のものではなく、現在のわたしたちは、氷河時代のなかの間氷期にいる。なぜなら、氷河時代とは地球上に氷床（大陸規模の氷河）が存在する時代として定義され、いまは現実に極域に氷床があるからだ。

＊7 この節のアルベドのデータは、A. K. Betts and J. H. Ball（1997）、P. R. Goode, et al.（2001）、D. Hillel（1998）、M. Iqbal（1983）、E. Dobos（2006）によっている。海の面積と体積のデータは、B. W. Eakins and G. F. Sharman（2010）より。太陽についてのデータは、米航空宇宙局の“Sun: By the Numbers,” Solar System Exploration, http://solarsystem.nasa.gov/planets/sun/facts によった。

＊8 ニュートンは、太陽系に三つめの天体があれば軌道計算が複雑になることを、きちんと知っていた。ニュートンの時代から現在まで、多くの天文学者が、太陽のまわりに複数の天体があるときの軌道を計算してきた。実際の太陽系では、多くの天体による重力（おたがいに引きあう力）を考慮しなければならないので、軌道を正確に求めるにはコンピューターを使った複雑な計算が必要だ。

＊9[訳注] 太陽のまわりを公転している太陽系の惑星が、もっとも太陽に近づく公転軌道上の点。

＊10[訳注] 太陽系の惑星の公転軌道は、円ではなく、すこしつぶれた楕円になっている。そのつぶれ具合を示す数値が「離心率」。離心率がゼロだと、その軌道は円。数値が大きくなるほど、円から離れてつぶれていく。

＊11 「ケプラーの第二法則」によると、地球のように太陽から引っぱられて動いている天体は、太陽からの距離が近いほど動きが速くなる。太陽の近くではさっと素早く通りすぎ、遠ざかるとゆっくりになる「すい星」の動きをイメージするとわかりやすいだろう。地球の近日点は 1 月 3 日なので、地球の動きがもっとも速くなるのは北半球の冬。だから、北半球の冬は夏より短い。太陽から届くエネルギーは緯度によって違う。1 年を平均すると、極域に届くエネルギーは赤道域の 42% にすぎない。もし自転軸が傾いていなかったら、極域に届くエネルギーはもっと少なくなる。

＊12 第一次世界大戦は、新進の物理学者にとっても著名な物理学者にとっても、つら

いものだった。戦前に分光学の分野で先駆的な研究をおこなった若き英国のヘンリー・モーズレーは、ミランコビッチがあの有名な研究を始めたその年に、ガリポリの戦い（訳注：第一次世界大戦中にトルコのガリポリ半島でおきた戦い）で命を落とした。翌1916年には、カール・シュヴァルツシルトがロシア戦線で病死した。このドイツ人物理学者がアインシュタインの一般相対性理論の解を見つけたのは、死の直前だった。

＊13　ミランコビッチの理論や気候学上のデータについて、もっと詳しく知りたければ、以下を参照のこと。J. D. Hays, et al.（1976）、E. A. Kasatkina, et al.（2007）、J. Laskar, et al.（2011）、S. E. Sondergard（2009）。ミランコビッチに関する米航空宇宙局のウェブサイトもわかりやすい。Steve Graham, "Milutin Milankovitch（1879-1958），" March 24, 2000, Earth Observatory（www.earthobservatory.nasa.gov/Features/Milankovitch）、Holli Riebeek, "Paleoclimatology: Explaining the Evidence," May 9, 2006, Earth Observatory（www.earthobservatory.nasa.gov/Features/Paleoclimatology_Evidence）。米海洋大気局の以下のサイトも参照するとよい。"Astronomical Theory of Climate Change," National Climatic Data Center（www.ncdc.noaa.gov/paleo/milankovitch.html）。

＊14　潮汐の物理について詳しく知りたければ、M. Denny（2012），chap. 1を参照のこと。

＊15　水の循環については、J. R. Gat（2010）で詳しく論じられている。ここまで専門的でないほうがよいなら、米地質調査所の"The Water Cycle," USGS Water Science School（http://water.usgs.gov/edu/watercycle.html）を。"Water Cycle," Wikipedia（https://en.wikipedia.org/wiki/Water_cycle）も入門用におすすめだ。

＊16[訳注]　「勾配（gradient）」というのは、ある場所と近くの場所とで、いま考えている物の量に違いがあること。「gradient」には「傾斜」という意味もあり、地面の高さがすこしずつ変化しているイメージだ。圧力勾配は、ある場所とその近くに圧力差が生じている状態。たとえば、高気圧は中心部の圧力がまわりより高いので、圧力勾配をともなっていることになる。

＊17[訳注]　洗面台に満たした水を排水すると、排水口のまわりに渦ができることがある。この渦の回転が北半球と南半球とで逆になるという話を、ときどき聞く。コリオリの力が効く低気圧では、そのまわりを吹く風の向きが、北半球と南半球とでたしかに逆になる。この事実からの連想なのだろうが、洗面台の渦のようなスケールの小さい動きにはたらくコリオリの力はほとんどゼロで、無視できる。現実には、洗面台の形のゆがみなどの影響のほうが、はるかに大きい。「洗面台の渦」の話は、俗説である。

＊18　わたしがかつて書いた航海術や鳥の渡りについての本でも、やはり地球がもつ性質について触れている。しかし、それぞれの本で強調した性質は異なっている。航海術では潮の流れを説明し、鳥の渡りでは、鳥たちが自分の進路を見つけるために利用する地球の磁場について説明した。いずれも、この本で強調しておきたい性質ではない。ただ、興味深いのは、この本を含め、いずれの場合も、コリオリの力は登場することだ。

＊19[訳注]　「応力」とは、物体の内部にはたらく力。たとえば、石を押しつぶそうとして力を加えると、石の内部には、その力に対抗して形を保とうとする力が生まれている。これが応力だ。海面が風の力で引きずられる場合は、風が海面を引きずり、海面の水はそのすぐ下の水を引きずり、その水はその下の水を引きずり……という具合に、海の内部に応力がはたらいている。

＊20[訳注]　海上の風が、コリオリの力がじゅうぶんに発揮されるくらい長い距離を吹くと、海の水は全体として、風の方向に対して直角右向きに運ばれる（北半球の場合）。つま

り、海面は、風の右側のほうで水の量が増え、水位も高くなっている。海面直下のある水平面を考えると、右側のほうがその上に載っている水の量が多いので、水圧が高い。ふつうなら、水圧の高いほうから低いほうへ、この場合なら右から左の方向へ、その上を吹く風を横切るように水が流れて水位はもとに戻るはずだ。ところが、ここに海流が生まれると、その水の流れに対してコリオリの力がはたらくので、この圧力差とちょうどバランスして水位の傾きが保たれる。このように、「圧力差」と「コリオリの力」が釣り合った状態で流れているのが地衡流だ。地衡流の向きは、結果として風の向きとおなじになるので、海流はまるで風に引っぱられて動いているようにも思えるが、海流ができるしくみは、それとはまったく違うのだ。

＊21　赤道では、水平方向の動きに対してコリオリの力ははたらかない。上下方向の動きに対してははたらくが、その力は小さいので、ふつうは無視できる。

＊22　海流や海の循環については、読みやすい参考資料がたくさんある。たとえば、W. Broecker (2010)、R. A. Kerr (2004)、S. Rahmstorf (1994)、K. A. Sverdrup, et al. (2006) など。あまり専門的なものでないほうがよければ、米海洋大気局の“Currents”（http://oceanservice.noaa.gov/education/tutorial_currents/welcome.html）を。

＊23　エルニーニョはスペイン語で「男の子」「神の子」という意味。12 月のクリスマスのころに発生するからだ。ラニーニャは「女の子」。

＊24　海水温が上がると水は膨張するので、エルニーニョが発生すると、その海域では水位が 50 cm くらい上昇することが観測でたしかめられている。

＊25　エルニーニョは広く興味を引く現象なので、当然のことながら、たくさんの本や論文がある。一般向けのものとしては、J. D. Cox (2000) や、米海洋大気局“El Nino,” Science with NOAA Research（http://www.oar.noaa.gov/k12/html/elnino2.html)、米航空宇宙局“El Niño,” NASA Science/Earth（http://science.nasa.gov/earth-science/oceanography/ocean-earth-system/el-nino/）や、ウィキペディア“El Niño,”（https://en.wikipedia.org/wiki/El_Ni%C3%B1o）を。もうすこし専門的なものがよければ、K. E. Trenberth and T. J. Hoar (1996) や K. E. Trenberth, et al. (2007), sec. 3.6.2 を。地球規模の大きなスケールでおきる気象の振動現象については、H. M. Mogil (2007), chap. 19 を。

第 3 章　わたしたちの空気

＊1[訳注]　大気中のある部分をすこし持ち上げたと考えてみよう。そのとき、持ち上げられた大気がもとの場所に下りて戻ろうとするならば、その大気の状態は「安定」であるという。大気に少々の乱れがあっても、もとの状態に戻って安定な状態が保たれるからだ。一方で、持ち上げたとき、さらに上昇する方向に力がはたらいて、もとの状態に戻れなくなるのが「不安定」な大気の状態だ。一般に、大気になにか乱れを与えたとき、それがもとに戻るならば、その大気はもともと「安定」な状態にあるという。乱れが増幅していくなら「不安定」な大気だ。

＊2　対流圏では、高度が増していったとき、気温と密度はおなじような減り方はしない。対流圏の大気は、上方からは太陽からの短波放射で暖められ、下方からは長波放射で暖められている。対流圏の下面と上面とで大気の成分や密度が違うため、放射の吸収や透過に違いが出てくるのだ。

＊3　大気の成分でいちばん多い窒素も、紫外線を吸収する。吸収する紫外線の波長は窒素とオゾンとで違うので、オゾンは、窒素が吸収しない紫外線を吸収することになる。

地表に達した紫外線は健康に悪影響を与えるので、オゾンは、大気にわずかしか含まれていないとはいえ、重要な成分だ。人工的な物質であるクロロフルオロカーボン（フロン）類は大気中のオゾンを破壊するので、1980年代から使用が厳しく制限されてきた。南極の上空では、まるで大気に丸い大きな穴が開いたようにオゾンが減っている（オゾンホール）。その原因がクロロフルオロカーボン類だとされているが、その詳細はよくわかっていない。オゾンホールについては、いまも研究と観測が続けられている。

＊4　あとで説明するが、強い雷雲のなかには、ほんの短い時間だけ成層圏に入りこむものもある。ジェット気流も、対流圏と成層圏の大気をかきまぜる。

＊5[訳注]　地球の反対側まで電波が届くのは、そのためだ。

＊6　わたしたちの目は、可視光ではなく電波を使って物を見るように進化するという手もあったかもしれない。図3.2を見るとわかるように、可視光より電波のほうが、大気に邪魔されずによく地表に届いているからだ。だが、もしそうだったら、わたしたちの目は、これほどはっきりと物を見ることができなかっただろう。なぜなら、まず、太陽からの電波は可視光ほど強くない。そして、可視光より波長が長い電波を使う場合は、わたしたちのように目のレンズが小さいと、物はぼやけてよく見えない。

＊7　大気の組成については、インターネット上にたくさんの資料がある。わたしが参考にしたのは、Thomas W. Schlatter, "Atmospheric Composition and Vertical Structure," July 23, 2009（http://ruc.noaa.gov/AMB_Publications_bj/2009%20Schlatter_Atmospheric%20Composition%20and%20Vertical%20Structure_eae319MS-1.pdf）や、ウィキペディア"Atmosphere of Earth"（https://en.wikipedia.org/wiki/Atmosphere_of_Earth）。アルゴンという不思議な気体（いったいどれだけの人が、アルゴンが大気中で3番目に多い成分だと知っているだろうか？）については、レンセラー工科大学の"Argon Conclusion: Researchers Reassess Theories on Formation of Earth's Atmosphere," ScienceDaily, September 24, 2007で、その起源も含めて説明されている。

＊8　大気は陸の影響をあまり受けないと述べたが、例外もある。南半球の中緯度から高緯度にかけては、風をさえぎる陸がないために強風が吹くことは、すでに説明した（「吠える40度」「狂う50度」「絶叫する60度」）。ということは、赤道近くを東から西に吹く貿易風も、もし陸がなければ、もっと強く吹くことになるのだろう。北西ヨーロッパの冬が暖かいのは、「湾流」が南から熱を運んでくるからだと説明したが、最近の研究によると、別の可能性もでてきた。上空を西から東に吹く風が北米のロッキー山脈にぶつかると南西からの強い風を生み、その風だけで、暖かい冬の説明がほとんどつくというのだ。R. Seager, et al.（2002）と、R. Seager（2006）を参照のこと。

＊9　この「低気圧（cyclone、サイクロン）」という言葉を、台風やハリケーンと混同しないでほしい。地域によっては、台風やハリケーンとおなじ熱帯低気圧が「サイクロン」とよばれているからだ。ここでいう「サイクロン（低気圧）」は、北半球では反時計まわりに渦を巻く空気の流れのことだ（南半球では時計まわり）。「アンチサイクロン（高気圧）」は、流れの向きが逆だ。コリオリの力を受けて流れる海の循環が、北半球ではサイクロンと逆の「時計まわり」だったことを思い出すと、ちょっと混乱するかもしれない。だが、話は矛盾なく一貫している。海の循環は、別々の緯度を吹く西風と東風、それとコリオリの力によってつくりだされる。低気圧は、外側から中心に向かって吹く風に対してコリオリの力がはたらいて生まれるものだ。

＊10[訳注]　第2章の＊17で説明したように、このような小さな渦に対してはたらくコリオ

リの力は無視できる。したがって、浴槽の排水口にできる渦と、低気圧、高気圧にみられる風の渦は、本質的に別物だ。ここでは、渦としてのイメージを伝えている。

＊11　熱帯収束帯は、いつも赤道の真上にあるわけではない。地球に張り付いたぼやけた帯のようなもので、季節によって、緯度にして数度くらい南北に動く。北半球の夏にはやや北にずれ、冬には南にずれる。

＊12　ハドレー循環の北限は、大昔には違っていたかもしれない。始新世と白亜紀には、ハドレー循環はもっと北までおよんでいたという説もある。そのころの地球は暖かかったので極域に氷がなく、赤道と北極のあいだの温度差が、いまほどではなかった。そのため、上空の大気を赤道から北へ送る力が弱かった。結果として、流れのスピードは上がらず、コリオリの力の効きも弱かった。この説は、まだ証明されたわけではないが、ここで紹介しておく価値はあるだろう。詳しくは、たとえばハーバード大学の“Hadley Cells”（http://www.seas.harvard.edu/climate/eli/research/equable/hadley.html）を。

＊13　この「馬の緯度」（訳注：正式には「亜熱帯無風帯」）という奇妙な名前にまつわる、いくつかの伝承がある。本当かどうか疑わしいが、この緯度帯の状況をよく表している伝承をひとつ紹介しよう。かつて帆船時代、馬を新世界に運んでいたスペイン人の船が、ここで動かなくなってしまい、飲料水も減ってきた。水を節約するため、馬を海に沈めてしまったというのだ。

＊14　大気の循環についての話は、その中心に数学があるのだが、それをわかりやすく説明している本もある。以下では、いろいろなレベルの説明を読むことができる。J. D. Cox (2000), chap. 4、M. Pidwirny (2014), chap. 7、T. Schneider (2006)、A. H. Strahler and A. Strahler (2003), chap. 7。インターネット上で読めるものとしては、Yochanan Kushnir, “General Circulation and Climate Zones,” The Climate System（http://eesc.columbia.edu/courses/ees/climate/lectures/gen_circ/）、米立国気象局“Global Circulations”（www.srh.noaa.gov/jetstream/global/circ.html）、英国気象庁“Global Circulation Patterns,” January 7, 2016（www.metoffice.gov.uk/learning/learn-about-the-weather/how-weather-works/global-circulation-patterns）。Y. Hu and Q. Fu (2007)、J. Huang and M. B. McElroy (2014)も参考に。

＊15　ほかにも、ときどき低緯度に現われる「赤道ジェット」のような西向きのジェット気流、太平洋上で高度が数百 m の低いところを吹くジェット気流（J. D. Cox (2000)より）などがある。地表に近いところの気象をあつかっているわたしたちには、ほとんど関係ないが、大気が希薄な熱圏にあたる高度 100 km（宇宙との境目である「カーマン・ライン」だ）のあたりを、時速 400 km もの猛スピードで吹くジェット気流もある。このジェット気流は、1960 年代に発見された。詳しくは、米航空宇宙局“Earth's Two Jet Streams”（http://www.nasa.gov/mission_pages/sunearth/news/gallery/atrex-jetstream-locations.html）を。

＊16　飛行機は、このジェット気流を利用することができる。東に向かって飛ぶとき、ジェット気流を追い風として利用することで、燃料と飛行時間を節約できる。大西洋を横断する場合、東に行くのと西に行くのとで、飛行時間に 1 時間の差がでる。

＊17[訳注]　たとえば、高気圧と低気圧が、東西に「高低高低…」と並んでいるとしよう。水面が「高低高低…」と変化していれば、それが水面の波であるように、この高気圧と低気圧の連なりも、「ロスビー波」とよばれる一種の波である。ロスビー波は回転する球体である地球の上で発生し、西に進む性質がある。このロスビー波が、西から東へ

まっすぐ吹く風に重なると、結果として、風の道筋は蛇行する。蛇行しながら東向きに吹くジェット気流になるのだ。

＊18　大気には、さまざまな空間的広がり、さまざまな継続時間の現象がおきている。この広がりと継続時間には、関係がある。多くの場合、小さな現象ほど継続時間は短い。たとえば、ちょっとした乱気流や突風は広がりが数 m から数百 m で、継続時間は数秒から数分くらいだ。激しい雷雨のようは中規模の現象だと、広がりは数十 km で、数分から数時間くらい続く。低気圧のような数千 km にもおよぶことがある「総観規模」の現象だと、数日から数週間にわたって継続することがある。貿易風のような地球規模の大きな現象が変化するには、数週間、数か月の時間がかかる。

＊19[訳注]　ある一定の広がりをもった暖かい空気と冷たい空気が接し、その状態が維持されているとき、その境目を「前線」という。立体的にみるとこの境目は面になっているので、より正確には、これを「前線面」といい、前線面が地面と接してできる線を「前線」という。

＊20　ジェット気流については、一般向けにわかりやすく書かれているウェブサイトがたくさんある。たとえば、米航空宇宙局“Earth's Two Jet Streams”や、米国立気象局“The Jet Stream”（www.srh.noaa.gov/jetstream/global/jet.html）など。もうすこし詳しくて専門的なものがよければ、たとえば、A. Gettelman, et al. (2002)、D. F. Rex ed. (1969), chap. 4、G. Zängl and K. P. Hoinka (2001) を。

第 4 章　変化する地球

＊1　「時間スケール」（どのような時間の長さで物事をみるかということ）が、いま注目している現象の本質に関係してくることは、地球の自転を考えるとわかりやすい。地球は自転しているため、地球上のどこでも、1 日に 1 回、気温は上下する。もし、1 日の気温を平均してしまったら、1 日のうちで気温が上下するために生じる現象、たとえば海風などは、予測することができない。1 年間の気温を平均してしまえば、季節によって変化する現象は予測できなくなる。

＊2[訳注]　この本には「モデル」という言葉がよく出てくる。ここでいう「モデル」は科学に特有の概念で、「スマートフォンのニューモデル」というような一般的な使い方とは、意味が違う。科学では、しばしば、複雑に見える自然現象から、その本質を物語る単純な概念を抜きだして、明確な形にして示すことがある。その概念が「モデル」だ。たとえば、水素原子は、プラスの電気を帯びた真ん中の原子核と、そのまわりを回るマイナスの電子として表されることがある。実際には、水素原子はそのような構造をしていないが、この「モデル」は、水素原子が電気的に正負の粒子でできていて、それぞれの粒子が異なる役割を担っているという本質を明確に示している。その意味で、第 2 章にあった温室効果の説明も、そのもっとも単純な形の「モデル」を念頭においている。

＊3[訳注]　物質を冷やしていっても、それ以上は低くならない最低の温度がある。これを「絶対零度」といい、マイナス 273.15°C にあたる。これを 0 度として、摂氏（°C）とおなじ温度間隔で目盛りをつけた温度を「絶対温度」という。単位は「K（ケルビン）」で表す。たとえば 0°C は 273.15 K で、20°C は 293.15 K。第 1 章に登場したケルビン卿が必要性を説いた。

＊4　温室効果の例えにガラス板をかぶせた温室を使ったのは、あくまでも計算を簡単にするためだ。ガラス板と大気には違う点もあることを忘れないでおかないと、計算結果

を間違って解釈してしまうことになる。ガラスは長波放射をほとんど完全に吸収するが、大気は、そうではない。大気は、ガラス板と違って、放射だけでなく対流によっても熱を運ぶ。大気は高度によって密度が変わるので、それにともない、電磁波の吸収をはじめ、熱の出入りに関するさまざまな性質も変わる。この温室の例で得られた結論のうち実際の大気にもあてはまるのは、つぎの点である。温室効果で地面の温度が高くなるのは、地面が上空に向けて放射したエネルギーが大気から戻ってきて、ふたたび吸収することになるからだ。この本質的な点が両者でよく似ているので、この大気現象を「温室効果」とよぶわけだ。この例え話は、温室効果を手っ取り早く理解するにはよい方法だが、単純化しすぎであることも忘れないでほしい。

＊5　図 3.2 や図 4.2 にある「大気の窓」の一部を、大気中に増えた二酸化炭素が閉じてしまうのではないかと心配だ。

＊6　このような計算を、論文では習慣的に、「パワー収支」ではなく「エネルギー収支」とよんでいる。この節のタイトルに「エネルギー」を使っているのも、そのためだ。個人的には、「パワー収支」のほうがよいと思う。なぜなら、ここでの計算では、太陽からくる放射のパワー（仕事率）に注目し、その量が一定だとしているからだ。まあ、どちらにしても、おおきな違いはないのだが。「パワー」は単位時間（1 秒）あたりの「エネルギー」のことなので、たとえば、地球の大気が 1 秒間に吸収するエネルギーが、パワーということになる。お好きなほうをどうぞ。（訳注：パワーとエネルギーについては第 1 章の＊3 と＊16 も参照）

＊7　まえにお話しした、2 枚のガラス板で上部をおおった温室のモデルで、大気に上下の 2 層を考えることの重要な意味を、すこしわかってもらえていると思う。このとき、2 枚のガラス板には温度の違いが生まれ、地表に近いガラス板のほうが温かくなっていた。

＊8[訳注]　「非線形」は、大気や海の流れを扱う地球流体力学のキーワードだ。ごくごく簡単にいえば、なにかが原因となってある結果が引きおこされる場合、原因の量が 2 倍になったとき、つねに結果も 2 倍になるような単純な関係を「線形」という。線形の関係にある現象は、予測しやすい。非線形な関係、つまり線形でない関係では、原因の変化が単純に結果に結びつかず、予想外の結果をもたらすことがある。地球流体力学の方程式は非線形な要素を含んでいて、注目する現象に応じて、非線形の効果を無視できたり、非線形であることがその現象に欠かせない本質だったりする。

＊9[訳注]　地球の表面は「プレート」という十数枚の巨大な岩板に分かれていて、たがいに押しあったり、横にずれあったりしている。大陸がのっているプレートと海底のプレートは性質が違い、それぞれ「大陸プレート」「海洋プレート」とよばれている。海洋プレートは大陸プレートより重いので、このふたつがぶつかると、海洋プレートが大陸プレートの下に潜りこむ。地球上の大陸は、プレートの動きにより、ひとつに集まったり、ばらばらに離れていったりを繰り返してきた。ひとつに集まった巨大な大陸を「超大陸」という。

＊10　雪玉地球の理論については、専門的な文献も一般向けの文献もいろいろある。たとえば、M. Budyko (1969)、C. Dell'Amore (2010) や、ブリタニカ百科事典の "Snowball Earth hypothesis" (http://www.britannica.com/science/Snowball-Earth-hypothesis) を。「若くて弱い太陽のパラドックス」と、そこからどのようにして脱出できるかという点については、C. Karoff and H. Svensmark, (2010)、D. Netburn (2013)、S. Reardon

(2013)、K. H. Schatten and A. S. Endal (1982)、R. Wordsworth and R. Pierrehumbert (2013) を。

＊11　L. B. Larsen, et al. (2008)、H. M. Mogil (2007), 230, chap. 18、A. Witze and J. Kanipe (2014)、G. D. Wood (2014)。

＊12　火山ガスが気候に与える影響については、読みやすい文献がいろいろある。J. LaPan, "Particles in Upper Atmosphere Slow Down Global Warming," July 25, 2011 や、米航空宇宙局 (http://www.nasa.gov/topics/earth/features/stratospheric-aerosols.html)、"Ashfall Is the Most Widespread and Frequent Volcanic Hazard," 4 . Dynamic Planet 251 February 2, 2015、米地質調査所 (http://volcanoes.usgs.gov/vhp/tephra.html) など。

＊13　航空機の排ガスも成層圏に長いあいだとどまることになるので、環境問題の専門家や一部の気候学者は、それがどれだけの量になるのかを心配している。

＊14[訳注]　「動的 (dynamic)」なモデルと「静的 (static)」なモデルについて、ここで説明しておこう。大気や海水の動きを計算する際に基本となるのは、$ma=F$ (F は力、左辺の a は加速度、m は質量) という「ニュートンの運動方程式」である。本文でここの直後に出てくる「ナビエ・ストークスの方程式」は、ニュートンの運動方程式を、空気や水などの流体で使えるように変形したものだ。ニュートンの運動方程式は、ある物体に力 (F) が加えられたとき、どれくらいの加速度 (a) でその物体が加速されるか、つまりスピードが速まっていくかを表している。式の右辺に「力」という原因があり、「時間の経過とともにスピードが変わる」という結果が左辺で表されている。その物体に加えられている力がわかれば、時々刻々と変化していくこの物体のスピードを計算で求めることができる。このように、物体の状態が時間とともに変化していくようすを計算できるモデルを、「動的」なモデルという。一方、もしこの物体のスピードが一定になっているとすれば、すなわち、時間とともにスピードがかわることがないとすれば、左辺の a はゼロであることになり、したがって、右辺の F もゼロとなる。$0=F$ となり、その物体に加わっているさまざまな力の合計がゼロになって釣り合っている。このように、あらかじめ釣り合いの状態になっていることを仮定してしまうモデルを、「静的」なモデルという。この考え方だと、時間とともに変化していくようすは計算できない。ここでは、力と加速度を例に説明したが、それ以外でもかまわない。「時間とともに変化する」ことを計算できるのが動的なモデル、「時間とともに変化することはない」と仮定してしまって、さまざまな量の釣り合いを求めるのが静的なモデルだ。

＊15　K. C. ハーパーによると、「目の粗い数値モデルで嵐をとらえようとするのは、大きな穴の開いた網で小魚をすくおうとするようなものだ」(K. C. Harper (2015))。

＊16　英国の気象庁にも、気候変化を計算するためのスーパーコンピューター・システムがある。2014 年の時点では、「CRAY 3TE」というスーパーコンピューターを 2 台使うシステムで、それぞれに、計算などを行うための処理装置が 900 個と、何兆バイト (バイトはデータ量の単位) ものデータを記憶できる装置が入っている。これに匹敵するスーパーコンピューターは世界にも 10 か所あまりにしかないだろうが、それでも、あと数年もすれば時代遅れになるだろう。

＊17　気候モデルについて、もっと詳しい専門的なことを知りたければ、つぎのような文献を。G. Flato, et al. (2013), 741-865、K. McGuffie and A. Henderson-Sellers (2013)、B. J. Soden and I. M. Held (2006)、S. Weart (2015), 41-46。わかりやすい入門編としては、ウィキペディア "General Circulation Model," (https://en.wikipedia.org/wiki/

General_Circulation_Model)。気候モデルを使う研究チームは、世界全体で2000年までに10を超えた。かれらの気候モデルで計算を実行するには、100万行以上にもなるコンピューター・プログラムを書かなければならない。

＊18[訳注] 天気予報は英語で「フォーキャスト（forecast）」。これが将来（fore）を予測することを意味するのに対し、過去（hind）を予測するのが「ハインドキャスト（hindcast）」だ。「過去を予測する」とは妙な言い回しだが、まだおきていない将来の現象を予測するのではなく、過去のある時点を起点にして、すでにおきた現象を「予測」計算するのがハインドキャストだ。

＊19 この言い方は、ほんとうは正しくない。成層圏のオゾンが減ってできる「オゾンホール」の消長を予測できるよう、成層圏を計算に組みこんだ特別な気候モデルもある。

＊20 気候を算出するために平均をとる期間をずらしていくと、気候のゆるやかな変化がわかる。もし、1985〜2015年の平均を2000年の気候とすると、2001年の気候は、1986〜2016年の平均ということになる。このように、ある幅をもった期間の平均をそのときの気候だと定義すると、気候が年ごとに大きく変動してしまうことがなくなる。

＊21 気象データの代わりになるものには、ほかに、花粉や昆虫、鍾乳石、石筍（せきじゅん）、過去の農作物の収量、港の氷の張り具合などがある。これらについての説明やデータは、米海洋大気局“Paleoclimatology Datasets”（www.ncdc.noaa.gov/data-access/paleoclimatology-data/datasets）を参照。

＊22 現在の地球温暖化が人間活動によるものであることを示す強い証拠が、もうひとつある。炭素の同位体比（わずかに質量が違う炭素の割合）を調べたところ、大気中の二酸化炭素は、自然に発生しているのではなく、人間活動によるものだった。

＊23 ここでのデータは、D. J. Baker (2015)、S. P. Huang, et al. (2008)、P. W. Leclercq and J. Oerlemans (2012)、S. Solomon, et al., eds. (2007) による。地球大気の物理学的な性質についての理解はかなり進んでいるが、まだ完全というわけではない。とくに、大気の反応が高度とともにどう変わっていくかよくわかっていないことが、気候モデルの正確さを上げられない要因になっている。気候モデルの正確さをより向上させる研究は、いまもさかんに進められている。たとえば、M. Caldwell (2014) を参照。

＊24 懐疑論者のなかには、そもそも地球は平面なのだと主張する人たちもいる（http://theflatEarthsociety.org/cms/）。まあ、懐疑論者のすべてがこのような人たちではないが。いまある説がほんとうに正しいかを疑ってみるのは、科学者にとっては当然のことであり、また、統計データの解釈というものも、一筋縄ではいかない。地球温暖化そのものに疑いがあるとか、人間の活動は関係ないと思っているわけではないとしても、とくに「極端現象」が関係するときは、統計データの解釈にはじゅうぶんに注意しなければならない。ひとつ、例を挙げよう。ここ数十年で暴風雨による被害が増えてきている。しかし、注意深く検討してみると、これは人口が増えていることが原因なのであって、暴風雨が激しくなってきているということではないことがわかる。統計データを解釈するときに陥りやすい間違いについては、第6章でさらにお話ししよう。

＊25 “Heart of the Matter” [editorial], *Nature*, July 28, 2011, 424.

＊26[訳注] ホッケーで使うスティックは、長い柄のさきに、球を打つための急に曲がった部分がついている。ゴルフクラブのアイアンのような形だ。そのため、長いあいだあまり変化しなかった気温（柄の部分）が、近年になって急上昇（球を打つ部分）している

グラフの形を、しばしば「ホッケー・スティック」とよぶ。

＊27　海の深い部分が加熱されているという点については、つぎの文献を参照してほしい。J.-P. Gattuso, et al. (2015)、V. Guemas, et al. (2013)、S. Levitus, et al. (2012)。

＊28　気温が上がって永久凍土が解けると、地中のメタンが大気中に解放され、メタンの温室効果で気温がさらに上がるという正のフィードバックだ。

＊29　将来の気候の変化とその影響についてのわかりやすい読み物として、D. J. Baker (2015), 188-189 と、A. Weaver (2011) を挙げておこう。

第5章　データを集める

＊1　全天の雲の量などを見て空の状態を把握することについては、経験を積んだ人による観測のほうが、自動化された装置より精度が高い。たしかに、自動化された機器による観測は進歩して信頼性を増し、働かせっぱなしでも疲れを知らないという利点はあるのだが。

＊2　レーダーは、「ブリテンの戦い」や、のちにドイツの都市に爆弾を落とす際にも使われた。

＊3　レーダーが、目的の領域を一通り調べるのに約5分かかるということだ。レーダーはまず、地平線近くの低いところに電磁波のビームを発射し、ぐるりと1回転する。つぎに、ビームの高度をすこし上げて、また1回転する。さらにビームを上げて1回転する。調べたい領域をおおいつくすまで、これを繰り返す。ここまでに5分かかり、これが終わると最初に戻る。

＊4　気象レーダーの進歩について詳しく知りたければ、R. Whiton, et al. (1988) を、レーダーそのものについては、M. Denny (2007), 157-161 や、H. M. Mogil, (2007), 90-91 を参照のこと。

＊5　物理に詳しい人だったら、上空に行くほど空気は薄くなり、気球は膨らんでいくのに、なぜ上昇スピードは一定なのかと疑問に思うかもしれない。わたしもそう思ったので、その理由を説明する短い論文（M. Denny (2016)）を書いたことがある。

＊6　ラジオゾンデや観測気球についてもっと知りたければ、I. Durre, et al. (2006) や、米海洋大気局 “Radiosonde Observation” (https://www.weather.gov/upperair/factsheet) を。

＊7　西欧にも、おなじような極軌道衛星がある。極軌道衛星は、ヨーロッパと米国がそれぞれ密に連携しながら運用している。カナダ、日本、ロシアなど多くの国々が、極軌道衛星のデータを受信している。

＊8　共有したデータの使い方は、国によって、あるいはそのデータを使うグループの目的によって、しばしば違う。それは科学とは関係のない次元で決まるものだ。それにしても、気象データの収集に各国の協力が必要なことに、かわりはない。

＊9　http://www.nmdis.gov.cn/english/gjhz/gjhz.html（訳注：原著にはこうあるが、2018年5月現在、このURLは見当たらない。）

＊10　米国気象学会の以下のサイトを参照。“Full and Open Access to Data,” December 4, 2013 (https://www.ametsoc.org/ams/index.cfm/about-ams/ams-statements/statements-of-the-ams-in-force/full-and-open-access-to-data/)。

＊11　おなじ形式でデータをとるしくみをつくっても、観測施設によって、データの質や量はどうしても違う。そのため、天気予報の計算をコンピューターで始めるまえに、

入力する気象データの全体を均質にする処理が必要だ。

第6章　統計的にいえば……

＊1　政治的な立場が左寄り、右寄りといっているのではない。

＊2　利き手の統計学については、M. Papadatou-Pastou, et al. (2008) を参照。

＊3 「二項分布」は、なにか一連の現象がおきるとき、個々の現象はおたがいに無関係に、しかもおなじ確率でおきる場合に適用できる分布である。

＊4[訳注]　本文でこのあと出てくる「正規分布」の説明とやや重複するが、ここで、「分布」の考え方について簡単に触れておこう。たとえば、あるクラスで物理のテストをしたら、100点満点で平均点が60点だったとしよう。ということは、おそらく、60点くらいの人が多くて、それより得点が高い人も、低い人も、60点から離れるにしたがって少なくなっていく。何点の人が何人いるかをグラフにすると（これを「分布」という）、60点のあたりにピークがあって、そこから離れるとしだいに人数が少なくなる「山」のような分布になる。この山の形が、「正規分布」とよばれる曲線に、よく似ている。それぞれの人数が、厳密にこの曲線どおりになっているわけではないが、「この得点の分布は『正規分布』という曲線とそっくりだ。個々の人数の分布を、正規分布の曲線で代用しよう」と決めてしまえば、そのあとは楽だ。偏差値などの統計的な数値を、簡単な計算で求めることができるようになる。正規分布が表す数式や偏差値の求め方などについては、統計学者が詳しく研究してくれているし、どのような現象にどの曲線（「正規分布」「ポアソン分布」など）をあてはめるのが適切かも、統計学者がこれまでの研究で決めて、マニュアル化してくれている。統計学を使う側の人が、いちいち悩む必要はない。測定した世の中のできごとを科学の土俵にのせてくれる便利な道具が、統計学なのだ。統計学を学ぶには、市販されている統計学の解説本によくあるように基本から一歩ずつ積みあげるのではなく、マニュアルにしたがってまず使ってみるのも、ひとつの手だ。学問的には勧められない方法かもしれないが、こうすれば、統計学を学ぼうとして繰り返し挫折している人を救うことができる。

＊5　プロイセンの騎馬兵については、D. F. Andrews and A. M. Herzberg (1985) を。

＊6　図4.8の説明に「信頼度95%」という表現があったのを覚えているだろうか。これが、標準偏差の2倍である「2シグマ」の幅にあたる。

＊7　身長のデータは、つぎの資料から引用した。U. S. Census Bureau, Statistical Abstract of the United States: 2012 (Washington, D. C.: Government Printing Office, 2012) (https://www.census.gov/library/publications/2011/compendia/statab/131ed.html)。

＊8　ミクロの世界をあつかう量子力学に詳しい人は、かりに測定の誤差が完全にゼロだったとしても、測定値はひとつには決まらないという話を思いおこしたかもしれない。わたしがここでいいたいのは、測定に際して生じる誤差は、どのような原因で生じるものであれ、統計学を使って数量的に処理できるということだ。

＊9　統計学的にいえば、この本（原著）の読者のほとんどは、いまでも「華氏」を使う米国の人だろう。だから、この本では、もうすでにほとんど使われていない華氏での表示を、世界中で標準となっている摂氏（℃）のあとにカッコで補いながら使ってきた。（訳注：翻訳に際しては、とくに必要がないかぎり、華氏の表示は省略した）

＊10[訳注]　原著にはここまでしか書かれていないが、つまり、「68%の信頼度で（68%の確からしさで）、庭の気温が華氏61±1度であるといえる」ということだ。もうすこし

信頼度を上げて 2 シグマにすると、「95% の信頼度で（95% の確からしさで）、庭の気温が華氏 61±2 度であるといえる」ということになる。気温の幅を広げたぶん、その予測が当たる可能性が高まった。

＊11　数学好きの人には、(6.1) 式はふたつの不安定なアトラクターをもっていて、それらが $x=1.966\,287\,83$ と $x=-0.966\,287\,83$ であることをお伝えしておこう。

＊12　ローレンツのオリジナルの論文は、"Predictability: Does the Flap of a Butterfly's Wings in Brazil Set Off a Tornado in Texas?"（paper presented at the 139th meeting of the American Association for the Advancement of Science, December 29, 1972, Boston）(http://eaps4.mit.edu/research/Lorenz/Butterfly_1972.pdf)。つぎの論文でも引用されている。C. M. Danforth, "Chaos in an Atmosphere Hanging on a Wall," Mathematics of Planet Earth (http://mpe2013.org/2013/03/17/chaos-in-an-atmosphere-hanging-on-a-wall/)。

＊13[訳注]　「線形回帰」というのは、正確さを犠牲にしてざっくりいうと、図の上に示されたいくつかのデータに対し、そのデータの散らばり具合の傾向をおおよそ表すような直線をひくことだ。直線をひく方法は、統計学でそのルールが決められている。データはあちこちに散らばっているので、この直線上にきちんと乗るわけではないが、この直線上にデータがあると仮定した場合、その仮定による誤差がもっとも小さくなるようにして、直線は決められる。「線形」というのは、ここであてはめるのが直線だから。数学ではしばしば、「線形」という言葉が、グラフにすると直線になるようなふたつの量の関係を指して使われる。

＊14　実際には、データの数だけの問題ではない。シアトルのような狭い地域の気象は変化が速いが、ワシントン州の気温は、広い地域でゆっくりと変化する。広い領域の平均的な変化を予測するほうが、狭い地域の予測より誤差が少ないのだ。ただし、データの数が多いほど測定誤差の影響が少なくてすむという点は、対象とする領域が広かろうが狭かろうが、変わりはない。

第 7 章　ここでまとめて雲と雨と雪の話をしよう

＊1　雲の分類については、「雲を分類する」の節でお話ししよう。

＊2　塩の結晶（訳注：「海塩核」という）は、海面から飛び出した泡から生まれる。空中をただよう小さな海水の粒から水分が蒸発し、塩が残る。すすなどの汚染物質は、雨によって大気中から取り除かれる。凝結核として雨粒をつくり、ふたたび地上に戻ってくるのだ。

＊3　気温がマイナス 10°C くらいのとき、機体に氷がもっともよくくっつく。

＊4　温度がマイナス 40 度のときは、それが摂氏か華氏かを示す必要はない。−40°C＝−40°F だからだ（訳注：翻訳では、話の流れで必要な場合をのぞいて、華氏での表記を省略している）。気温がマイナス 15°C 以下になると、水滴より氷晶のほうがよくできるようになる。

＊5　海の上では凝結核が少ないので、雲をつくっている水滴は、陸域より数は少なく、そして大きくなっている。海域では、低い高度の水蒸気量は一般に陸域より多いので、水滴の成長も速い。上空の氷のかけらは、すでに雨として落ちるサイズに成長した水滴を雲が含んでいる場合のほうが、含んでいない場合よりも生じやすい（高い気温でも生じる）。この氷のかけらが雪や雨として降ってくる。海上の大気は、水蒸気をもてあま

しぎみなのに凝結核を使いはたしてしまっているので、船が通って煙をはくと、この煙が凝結核となって雲ができる。船の航跡を雲で追うことができるのだ。

＊6　この節の説明は、おもにつぎの文献を参考にしている。B. J. Mason (1957)、H. M. Mogil (2007), 214、T. Nishikawa, et al. (2004)、A. Rangno (2015)、そして米航空宇宙局 “Cloud Droplets and Rain Drops” (http://scool.larc.nasa.gov/lesson_plans/CloudDropletsRainDrops.pdf)、“Clouds and Radiation” (http://earthobservatory.nasa.gov/Features/Clouds/)、“Cloud Climatology: Global Distribution and Character of Clouds” (http://www.giss.nasa.gov/research/briefs/rossow_01/distrib.html)。米国立気象局のつぎの資料も面白い。“Clouds” (http://www.srh.weather.gov/jetstream/clouds/clouds_intro.html)。

＊7　フランスの博物学者ジャン=バティスト・ラマルクはルーク・ハワードよりさきに雲の分類について公表していたが、後世に影響を与えることはほとんどなかった。かれの進化論、広く議論を巻きおこし、結局は間違っていたあの進化論のようにはいかなかったのだ。ルーク・ハワードについては、R. Hamblyn (2001) を参照。

＊8　米国立気象局 “NWS Cloud Chart” (www.srh.noaa.gov/jetstream/clouds/cloudchart.htm)、雲愛好協会の写真集 (https://cloudappreciationsociety.org/gallery/)、英国気象庁 “Cloud Types and Pronunciation” (chart) と “Cloud-Spotting Guide” (video) (http://www.metoffice.gov.uk/learning/clouds/cloud-spotting-guide) を参照。

＊9　雲を構成する水滴の特性や分布については、たとえば、L. F. Radke, et al. (1989) や、D. Rosenfeld and I. M. Lensky (1998) を参照。

＊10[訳注]　日本の気象庁は、視程が 1 km 以上 10 km 未満の場合を「もや」としている。

＊11　霧については、インターネット上にもたくさんの資料がある。米国立気象局 “Fog Resources” (www.nws.noaa.gov/om/fog) や英国気象庁 “What Is Fog?” (http://www.metoffice.gov.uk/learning/fog)、ウィキペディア “Fog” (https://en.wikipedia.org/wiki/Fog) など。

＊12　この個数は、1 m^2 に 1 秒あたり 1 個の雨粒が落ちることに相当する。実感として知っておいてほしかった。

＊13[訳注]　原著にある分類は、日本の気象庁などによる一般的な分類とは一致していない。たとえば、ふつう「みぞれ」と訳される「sleet」を大きさが 5 mm より小さい凍った雨粒としているが、気象庁は、これを「あられ」という。ここでも「あられ」と訳しておいた。ただし、日本でも、ここでいう「雪あられ」を指して「あられ」ということもある。日本でいう「みぞれ」は、雨まじりの雪、解けかかった雪のことだ。原著では、霧雨を「半径が 0.5 mm 以下」としているが、これは気象庁などの分類にあわせ、訳出の際に「大きさ（直径）が 0.5 mm」と修正した。なお、原著の分類では、「霧雨」は「… mm 以下」となっているが、日本では「… mm 未満」と分類している。これは原著の記述をそのまま残した。

＊14　世界のどこでいちばん雨が少なく、どこで多いのかという点については、見解が一致していない。その一因が、統計の取り方だ。平均値なのか最大値なのか。最大値の平均をとったものなのか、1 回だけ経験した最大値なのか。10 年間の平均値なのか、観測開始からの平均値なのか。このほか、その地域の「誇り」や観光客へのアピール度も関係しているだろう。世界でもっとも雨の多い 10 の地域については、たとえば、A. House (2014) にある。

＊**15**[訳注]　原著で紹介されている雨の強さについての分類も、日本の気象庁の分類とは違っている。ここでは、原著の記述をそのまま訳した。

＊**16**　雨粒の落下とその物理的な側面については、B. F. Edwards, et al. (2001) や、J. A. Smith, et al. (2009) で論じられている。

＊**17**　これまでに記録が残っている最大のひょうは、2010 年 7 月 23 日に米サウスダコタ州のビビアンに降ったものだ。直径が 20 cm、重さは 1 kg 近くあった。ひょうは、中緯度の内陸部に多い。以下の資料を参考のこと。ウィキペディア "Hail" (https://en.wikipedia.org/wiki/Hail)、New World Encyclopedia "Hail" (www.newworldencyclopedia.org/entry/Hail)、米国立気象局 "Thunderstorm Hazards—Hail" (www.srh.noaa.gov/srh/jetstream/tstorms/hail.html)、N. J. Doesken (1994)。

＊**18**　雪片の形や、できるしくみをもっと詳しく知りたければ、科学者たちが雪片の成長をコンピューターでいっせいに計算しはじめたようすを報告している R・コーワンの論文を読むとよい (R. Cowan (2012))。M. Peplow (2014) も参考になる。降水現象の全体をしっかりと学びたければ、P. K. Wang (2013) を。

＊**19**[訳注]　「セル」は「細胞」のことで、この場合は、雷雨の原因となる最小単位を指す。上昇気流と下降気流、雲、降雨などが連動した一連の現象の集まりだ。一般には、一組の上昇気流と下降気流をもつ単純な積乱雲のイメージ。これが単独で存在しているのが「シングルセル」。この言葉は、複数の上昇気流・下降気流が連動する「マルチセル」や、のちにでてくる「スーパーセル」と対比して用いられることが多い。

＊**20**[訳注]　原著では、下降気流が地面に衝突して周囲に広がる強い風を「ガストフロント」と記述しており、ここではそのまま訳した。しかし、地面をはうように広がるこの冷たくて強い風は「冷気外出流」とよばれるもので、冷気外出流が周囲に広がっていく先端部分にできる暖かい空気との境目を「ガストフロント（突風前線）」というのがふつうだ。原著では、冷気外出流を含めて「ガストフロント」といっている。なお、このような強い下降気流が空港でおきると、飛行機の運行に支障がでるので危険だ。下降気流で機体は下方に押しつけられるし、冷気外出流が追い風になれば機体の浮力が落ちる。被害をおよぼすほどの強い下降気流を「ダウンバースト」という。

＊**21**　激しい雷雨について一般向けに書かれたものとしては、米海洋大気局 "Severe Weather 101: Thunderstorm Basics (http://www.nssl.noaa.gov/education/svrwx101/thunderstorms/) がいちばんのお勧めだ。セルの寿命を左右する「上空の風」についても触れておこう。ここでいう上空の風は、地面から上空まで一様に吹いている風ではなく、鉛直方向に「シアー」をもつ風だ。シアーには 2 種類あって、高度によって風の向きが変わる場合と、風のスピードが変わる場合がある。セルのなかで下降気流の位置と上昇気流の位置がずれるのは、おもに後者の場合だ。

＊**22**　雷雲が発生する対流圏のはるか上空、成層圏や電離層でも放電がみられることがある。これは、対流圏で氷の粒子の衝突によっておきる雷雲の雷とは違うものだ。

＊**23**[訳注]　電気の話にでてくる数値の「単位」をまとめておこう。電気の流れは、流れ落ちる滝をイメージするとわかりやすい。滝の水の流れが「電流」。これはまさに電気の流れで、その強さの単位は「A（アンペア）」だ。滝の高低差に相当するのが「電位差」。これは「電圧」ともよばれ、単位は「V（ボルト）」だ。電流が 1 秒間に運ぶエネルギーを「電力」といい、その単位は「W（ワット）」。「W＝A×V」の関係にある。

＊**24**　雷の放電についてのデータは、以下を参照。M. Akita, et al. (2011)、M. Denny

(2013)、Encyclopaedia Britannica (1998) の“Electrical Charge Distribution in a Thunderstorm”の項、T. C. Marshall and M. Stolzenburg (2001)、米海洋大気局の“Severe Weather 101: Lightning Basics”(http://www.nssl.noaa.gov/education/svrwx101/lightning/)、ウィキペディアの“Lightning”(https://en.wikipedia.org/wiki/Lightning)。

＊25 R. G. Roble and I. Tzur (1986), 206-231.

第8章 天気のしくみ

＊1 難しい説明を避けて話をわかりやすく進めるため、わたしは、話の要点を単純な「物理」にしぼり、複雑な「生物」の現象には触れないできた。たとえば、樹木という生物は、気象学者にとっては、地面の水分を大気の水蒸気に変える効率のよい機械のようなものだ。気候学者にとっては、炭素循環における重要な部品だ。大気中の二酸化炭素を地中に石炭として埋めてしまうのが樹木だからだ。このように生物のはたらきは大切なのだが、ここでは「水蒸気や二酸化炭素は大気中に存在するものだ」という事実をそのまま受け入れ、どうしてそこにあるのかとか、どうやって取り除かれるのかという生物がらみの細かい話は、脇に置いておいてほしい。

＊2 「熱力学の第一法則」は、エネルギーの保存を表す法則だ。空気の塊のような物体において、その物体がもつエネルギーは、エネルギーの形は変わっても総量は一定であることを示している。この物体に外から熱が加えられたり、力を加えて圧縮するような「仕事」(訳注：物体に力が加えられ、その力で物体が動いたり体積が変わったりすること) が加えられたりすると、その総和が「内部エネルギー」の増加量になる。たとえば、空気の塊を熱すると、その体積は増え (まわりの空気を押すことになる)、その温度も変化するということだ。

＊3 ここまでの説明で、しばしば「空気の塊」という言葉を使った。これは、大気の物理学を教える際に、よくでてくる言葉だ。どれだけの量かということは、あまり関係ない。状況によってさまざまでだ。ここでは、太陽からの熱で暖められて上昇していく、地表付近のある一定量の空気のことを指している。この空気の塊は小さいので、その温度や圧力は、塊のどの部分でもおなじと考える。逆にいうと、そう考えられるような、じゅうぶんに小さな塊を仮想するということだ。もしこれが大きな塊なら、その塊の中で温度や圧力に違いがでてしまうかもしれない。

＊4 空気が上昇するのは、熱せられて温度が上がる場合、つまり対流だけではない。水平の向きに吹いてきた風は、山に突きあたれば斜面をのぼる。暖かい空気が移動してきて冷たい空気にぶつかれば、やはり冷たい空気の上面に沿ってのぼっていく。逆に冷たい空気が暖かい空気の領域に侵入すれば、暖かい空気の下に潜りこんで、その暖かい空気を押し上げる。

＊5[訳注] 物理学では、長さ、質量、時間を表すときに使う単位にルールがある。もっとも一般的なのは、長さに「m (メートル)」、質量に「kg (キログラム)」、時間に「s (秒)」を使う表し方だ。面積は「長さ×長さ」で求められるので、その単位は「m^2(＝m×m、平方メートル)」になる。つまり、面積は、1 m^2 を単位としてその何倍になるかを示す数値といえる。その意味で、1 m^2 を「単位面積」という。圧力は、単位面積あたりにかかる力。すなわち 1 m^2 あたりにかかる力だ。もし、長さの単位に「cm (センチメートル)」を使う方法を用いるなら、単位面積は 1 cm^2 ということになる。物理学では、おなじ性質の量を表すのに複数の単位を混ぜて使うことはない。長さを表すのに、「m」

を使ったり「cm」を使ったりしてはいけない。「m」を使うと決めたら、10 cm とは書かずに 0.1 m と書く。

＊6　ここでは、話を簡単にするため、上昇する空気の塊とまわりの大気の温度はおなじと考えた。というより、どの高度の大気も空気もおなじ温度と仮定している。もし空気の塊がまわりの大気より暖かければ、その効果を考える必要がある。

＊7[訳注]　第2章で、北半球では、海の水は風の向きに対して直角右向きに動くという説明があった。これは、海流のように、コリオリの力が優勢になるくらい大きなスケールの現象を考えた場合の話だ。目の前で風が海の表面を引きずって波をおこすような小さなスケールの現象に対しては、コリオリの力は実質的にはゼロとみなせる。コリオリの力がはたらかないこの場合は、海の水は風とおなじ方向に動く。コリオリの力がはたらくスケールの大きな現象でも、海の動きの原動力になるのは、風とのあいだの摩擦力だ。

＊8[訳注]　コリオリの力によるボールのずれは、ピッチャーから 18 m 離れたキャッチャーの位置で 1 mm にもならない。空気の抵抗を利用したスライダーやシュートの曲がり幅のほうがはるかに大きく、コリオリの力は野球では意味をなさない。

＊9　「断熱」は、「熱の出入りがない」という意味だ。したがって、「乾燥断熱減率」は、空気の塊がまわりの大気と熱を交換せずに上昇していく状態を仮定している。空気は熱をあまり伝えないので（冬用の上着は、中に空気を含むようにもこもこしている）、そして、上昇する空気の塊は、ふつうかなり大きいので、この仮定はきわめて現実的だ。「乾燥」断熱減率とはいうが、空気はもちろん乾燥していてもよいし、飽和していないかぎり、水蒸気を含んでいてもよい。

＊10　高度を増すとともに気温が低くなる場合がプラスの気温減率、高くなる場合がマイナスの気温減率だ。

＊11　冷たい大気は、ふつう、暖かい大気の下にあることはない。それは、大気の圧力が上空へいくにしたがって急激に低下していくからだ。大気の圧力が下がれば、その大気の温度は下がる。これが熱力学の法則だ。上昇する大気は、膨張して温度が下がるのだ。

＊12[訳注]　このように、高度が増すほど気温が上がっていく大気の層を「逆転層」という。とくに、地面に接してできている逆転層を「接地逆転層」という。

＊13[訳注]　物体に力がはたらき、物体がその力の向きに動いたとき、この力は物体に「仕事」をしたという。床の上に箱があり、その箱を横からあなたが押して動かせば、あなたは箱に対して仕事をしたことになる。もし箱と床のあいだに摩擦がなければ、この箱はどんどん加速して「運動エネルギー」を得る。うんとおおざっぱにいえば、仕事はエネルギーと同等のものであり、エネルギーを増減させる手段のひとつといってよい。箱を持ち上げて棚の上に置けば、この箱はあなたによって仕事をされ、その結果として「位置エネルギー」を得た状態で棚の上に静止していることになる。棚からころげ落ちれば、加速しながら床にたたきつけられるわけだが、このとき、棚の上でもっていた位置エネルギーが「運動エネルギー」に変わっている。もし床がへこめば、この箱は床に対して仕事をしたことになる。

＊14　熱に関係するエネルギーだけを考え、重力による位置エネルギーのようなそれ以外のエネルギーを無視したものが、熱力学の第一法則だ。

＊15[訳注]　すきまに空気がたくさん含まれているダウンジャケットが暖かいことからもわかるように、空気は外界とあまり熱をやりとりしない。そのため、空気の塊がすばやく

上昇すると考えれば、外界とのあいだで熱が出入りするまえに、その動きは終わってしまっているとみなすことができる。つまり、空気の塊はその外側と熱をやりとりせず断熱的に運動すると考えても、さしつかえない。

＊16　もっと詳しく知りたい人のために、角運動量について補足しておこう。角運動量の大きさは、$kmr^2\omega$ で表される。m は車輪の質量、k は、車輪の質量がどのように分布しているかで決まる定数だ（訳注：おなじ質量の車輪でも、全体が均等な重さなのか、ある部分に重さが集中しているのかで、k は違う）。r は車輪の半径で、ω は回転スピードだ。角運動量の向きは、つぎのように定義されている。回転する物体を、回転する向きに沿って右手で包みこむようにする。つまり、親指を除く 4 本の指の先が、回転する方向を向いている。このとき、親指を立てると、その方向が角運動量の向きになる。親指は、回転の軸と平行になっている（訳注：まっすぐに立って回転しているコマの場合、上から見て時計まわりに回転していれば、その角運動量の向きは鉛直下向きになる）。

＊17　わたしはかつてイタリアンレストランで、ウェイターがワインをボトルから樽に移すとき、逆さにしたボトルをくるくる回しているのを見たことがある。そうして回転を与えたほうが、ワインが速く流れ出してくるのだそうだ。

＊18　ここで使ったデータの多くは、*Encyclopedia Britannica* の“Dust Devil”を参考にした。以下の文献も参考になる。R. D. Lorenz and M. J. Myers (2005)、P. C. Sinclair (1964)、R. E. Wyett (1954)。

＊19[訳注]　日本ではスーパーセルの発生そのものが少ない。スーパーセルが多発する米国では、竜巻の仲間をこのように細かく分類しているが、日本では、「ガストネード」「水上竜巻」なども含めて「竜巻」というのが一般的だ。原著の「tornado」は「竜巻」と訳したが、日本でいう「竜巻」と、この本でいう「竜巻（tornado＝トルネード）」にはずれがあることにも注意してほしい。

＊20　H. M. Mogil (2007), 105-106 で説明されているように、じつは、一定の面積あたりでくらべると、英国のほうが米国より竜巻の数は多い。これは、英国に住んでいる人にとっては驚きのニュースだろう。英国の竜巻は、米国のものよりずっと小さく、被害も小さいのだ。

＊21　改良藤田スケールのもとになった「藤田スケール」は、竜巻の被害状況をもとに、地上での風速を推定するものだ。F0 から F5 までの 6 段階に分かれていて、F1 の風速は時速で約 90 マイル（時速 150 km）、F5 になると 290 マイル（時速 320 km）にもなる。地面から離れると、もっと速くなる。現在は、より客観的で竜巻の物理的なしくみを考慮に入れた「改良藤田スケール」(EF0 から EF5 までの 6 段階）にかわっているが、藤田スケールは 30 年にわたって使われてきた。

＊22　1992 年のハリケーン「アンドルー」では、米国のルイジアナ州とミシシッピ州でいくつもの強い竜巻が発生したが、フロリダ州ではひとつしかできなかった。1985 年の「ダニー」は、「アンドルー」よりはるかに弱いハリケーンだったにもかかわらず、内陸部にたくさんの強い竜巻を生んだ。

＊23　竜巻の内部の気圧を測るのは難しい。測定装置が竜巻で壊れてしまうからだ。これまでに測定された気圧低下の最大値は 194 ヘクトパスカルだ。

＊24　回転する空気の管が発生する理由を説明するこの考え方は、その証拠を写真で見ることができる。H. B. Bluestein (2005) にあるように、回転する管のなかで雲ができ

ると、「U」の字が逆さになった形が見える。

＊25　竜巻について最初に読むべきわかりやすい解説として、D. E. Neuenschwander (2011) を挙げておこう。もうすこし専門的で過去の事例にも触れているのは、C. A. Doswell III (2007)、R. Edwards (2012)、R. Edwards, et al. (2002) など。S. Perkins (2002) も参考に。その他、参考になるウェブサイトとしては、米海洋大気局の“The Online Tornado FAQ”（http://www.spc.noaa.gov/faq/tornado/）や、米国立シビアストーム研究所の“Severe Weather 101: Tornado Basics”（http://www.nssl.noaa.gov/education/svrwx101/tornadoes/）を。ユーチューブにも、トルネードのよい映像がある。

＊26[訳注]　原著では、「わたしはこの本を北米で書いているので、話を簡単にするため、とくに断らないかぎり、これらをすべてまとめてハリケーンとよぶことにしよう」となっている。節のタイトルも「ハリケーン」だ。台風、ハリケーン、サイクロンは、名前が違うだけで、すべて同一の熱帯低気圧だ。序章「これからお話ししたいこと」の＊4にも書いたように、この訳書では、これらを「台風」と総称している。

＊27[訳注]　恒星が、寿命の尽きる最期の瞬間におこす大爆発。

＊28　台風にかんするデータは、米海洋大気局“Hurricanes,” June 2015 (http://www.education.noaa.gov/Weather_and_Atmosphere/Hurricanes.html) と、“Hurricanes,” July 12, 2004 (http://www.oar.noaa.gov/k12/html/hurricanes2.html) より。世界の総発電量は、M. Denny (2013) より。このような台風が1週間つづけば、消費するエネルギーの総量は 3.6×10^{20} J になる。TNT 火薬に換算して8万7000メガトンだ。

＊29[訳注]　低気圧によって海面が上昇する現象を「高潮」という。強風で海水が吹き寄せられることのほか、気圧の低下で海面が吸い上げられることも、その原因になる。海面は大気の圧力で下向きに押さえつけられているので、低気圧がきて気圧が下がれば、そのぶんだけ押さえつける力が弱まる。吸い上げられているのと、おなじことだ。気圧が1ヘクトパスカル下がると、海面は1 cm 上昇する。

＊30　ガルベストンを襲ったこのハリケーンが発生したのは、1900年だった。気象観測のための人工衛星はまだなかったので、空からの常時監視ができなかった。そのため、犠牲者がこれだけの多数にのぼった。

＊31[訳注]　日本の気象庁は、台風の強さを「強い」「非常に強い」「猛烈な」の3段階に、大きさを「大型（大きい）」「超大型（非常に大きい）」の2段階に分けている。

＊32　台風では、強風や高潮による被害のほか、河川の氾濫（はんらん）や地すべりで大きな被害がでることもある。1998年のハリケーン「ミッチ」で中米がうけた被害が、そうだった。

＊33　気圧の差（気圧傾度力）と遠心力が釣り合って生じている風を、気象学では「旋衡風」という。台風の目では下降気流が生じているので、雲ができない。（訳注：気圧傾度力とコリオリの力が釣り合っている状態を、「地衡流平衡（地衡風平衡）」といい、そこにできている流れを「地衡流（地衡風）」という。）

＊34　物理学者の目から見ると、台風は、海と大気の温度差を熱源とする、ほとんど理想的といってもよい熱エンジンだ。台風の一般向けの解説は、たくさんある。上陸したときの被害を考えれば、それも当然だろう。わたしが気に入っているのは、米ロードアイランド大学の“Hurricanes: Science and Society”（http://www.hurricanescience.org/science/science/）だ。すばらしい画像を見たければ、米航空宇宙局の“Hurricanes and Tropical Storms”（https://www.nasa.gov/mission_pages/hurricanes/main/index.html）を。台風の物理を知りたければ、R. Smith (2006) と、その参考文献を。

＊35[訳注]　日本に住むわたしたちにとって、ここで紹介される「停滞前線」は、とてもなじみ深い。梅雨の曇天や雨をもたらす「梅雨前線」や、秋口に雨をしとしと降らす「秋雨前線」は、いずれも停滞前線だ。

第9章　極端な気象　―これが新しい「ふつう」の姿なのか―

＊1　「黒鳥のできごと」とは、予想もしなかった、めったにおきない現象のこと。背後にひそむ統計的な性質をわたしたちがよくわかっていなかったために、めったにおきないと思いこんでいたものだ。経済のしくみを解き明かす理論を、わたしたちはまだ完全には手に入れていないので、2008年の金融危機に代表される経済の崩壊の多くは、いまも「黒鳥のできごと」だ。破壊的な被害をもたらしたハリケーン「カトリーナ」のような気象についても、やはり「黒鳥のできごと」といってよいのかもしれない。その背後にある地球温暖化のしくみを、わたしたちは、まだじゅうぶんに理解していないからだ。

＊2[訳注]　「熱波」とは、温度の高い空気の塊が広い範囲に波のように押しよせてきて、気温が急に上昇する現象のことだ。とくに、北米、ヨーロッパのような広い範囲で高温が持続したときに使われる言葉だ。

＊3　熱波について書くにあたっては、つぎのような一般向けの文献を参考にした。G. Brücker (2005)、H. Hoag (2014)、E. Klinenberg (2002)、O. Milman (2014)。専門的な文献としては、D. Coumou and A. Robinson (2013)、W. L. Kenney, et al. (2014)、S. E. Perkins and L. V. Alexander (2013)、S. Russo (2014) を。

＊4　2003年のヨーロッパの熱波による死者数は7万人との推定もある。J.-M. Robine, et al. (2008) を参照。

＊5[訳注]　トゥーソンの気温は、最低気温は年間をつうじて東京とおなじくらいだが、最高気温は全体的に東京より10°Cくらい高く、夏の平均気温は40°C近くにもなる。

＊6　1930年代に米国中西部で吹き荒れた砂嵐は、たびかさなる熱波がおもな原因だ。厳しい干ばつで土地が干あがり、地面は大気に水蒸気を供給できなくなって、さらに乾燥が進む。正のフィードバックの一例だ。

＊7[訳注]　「パーセンタイル」というのは統計学で使われる用語で、データを小さい順に並べたとき、ある値が初めから何%のところにあるかを示す数値。90パーセンタイルの値は、大きいほうから10%のところにある数値ということになる。

＊8　オーストラリアのアデレード、キャンベラ、メルボルンは、2000年から2030年までに何日くらい「暑い日」に見舞われるのかを予測したことがある。ところが、2009年に、すでにその日数を突破してしまった。地域の自治体や国の政府にとって、近い将来に、あるいは遠い未来に気候がどうなるかを、あらかじめ知っておくことは大切だ。たとえば、移住計画、火事に対処するための資源、空調をどれくらい整備すべきか、医療はどれくらい充実させておくべきか。考えておくべきことは、たくさんある。熱波に関連した例をひとつ挙げておこう。慢性疾患の方やお年寄りが飲んでいる薬のなかには、高温への対応力を弱めるものもある。だから、熱波がきたときは、空調のきちんときいた施設に移動してもらわなければならない。

＊9　気温の高さに建物はどう対処するか（この場合は対処できなかったか）という点について、おもしろい例を紹介しよう。英スコットランドのエジンバラにある「レッドフォード兵舎」の話だ。この兵舎は19世紀、英国軍がインドのカルカッタにも兵舎を

計画していたころに建てられた。エジンバラの言い伝えによると、あまりに役人的な発想で、とんでもない2棟の兵舎ができあがってしまった。ほんとうかどうかわからないが、この建物は風通しのよい大理石の回廊、高い天井、大きな窓をそなえ、とにかく保温性が悪かった。あの寒いスコットランドの冬では、たいへんだっただろう。インドの兵舎が実際につくられたかどうか、わたしにはわからない。もし建てていたとすれば、厚い壁に断熱材入りの天井、それに小さな窓をつくってしまい、この地球上でもっとも暑い地のひとつに建てた保温性の高い建物ということになっていたかもしれない。

＊10　石油ピークがいつなのかという点については、いまも議論がある。そう聞いても、みなさんも驚かないだろう。このさき10年くらいでくるかもしれないし、もうすこしさきかもしれない。あるいは、もう過ぎたのかもしれない。いずれにしても、この時点を過ぎると、その定義からして、石油の生産量は減っていく。M. Denny (2013), chap. 5を参照のこと。

＊11　H. M. Mogil (2007), 191より。中東の水不足についてはC. Arsenault (2009)、G. Dyer (2008)、S. Harris (2014) を参照のこと。水ピークについて詳しく知りたければ、P. H. Gleick and M. Palaniappan (2010) を。

＊12　南半球の亜熱帯無風地帯では、これほどのことはない。そこにはあまり陸地がなく、人も多くないからだ。

＊13　P. Bowes (2015)、A. Holpuch (2015)、"Governor Brown Issues Order to Continue Water Savings as Drought Persists," May 9, 2016 (https://www.gov.ca.gov/news.php?id=19408) などを見てほしい。E. S. Povich (2015) によると、米国西部の水不足は、このさき何十年かでカリフォルニア州以外にも広がる可能性がある。

＊14　したがって、気象災害による死者の数を10年間の平均でみると、米国では、寒波による死者はもっとも少ない。年に25人くらいだ。もっとも多いのは熱波による死者で、その5倍になる。その他の原因としては、洪水、雷、竜巻、ハリケーン、強風、離岸流（訳注：海で岸から沖に向かう帯状の流れ）などがある。米国立気象局の"Weather Fatalities" (www.nws.noaa.gov/om/hazstats.shtml) を参照。ただし、冬季の死者数は夏季を上回ることがある。たとえば、路面が凍って事故死が増えるとか、雪かきしていて心臓発作をおこすといった理由で亡くなる人がいるからだ。D. Rice (2014) を参考にした。

＊15　洪水についてのもっと一般的な話、そして、とくに1931年に中国でおきたほんとうに恐ろしい洪水について知りたければ、以下を参照してほしい。C. D. Ahrens and P. Samson (2011)、S. E. Mambretti, ed. (2012)、C. Marshall (2015)、A. N. Penna and J. S. Rivers (2013)、D. A. Pietz (2002)、そして米海洋大気局の"NOAA's Top Global Weather, Water, and Climate Events of the 20th Century" (www.noaanews.noaa.gov/stories/s334b.htm)。

＊16[訳注]　原著は米国で出版されている。

＊17　ハリケーンに女性の名前をつけるようになったのは1953年からだ（心理学者や社会学者がこのジェンダー・バイアスについてどう思っているかは知りたくない）。1979年からは、男性の名前も使われている。

＊18　1851年から2010年までに大西洋で発生した875個のハリケーンのうち、陸に達したのは33%だけだった。残りの3分の2は、陸に到達するまえに消滅したり、弱まって「ハリケーン」ではなくなってしまったりした。

*19[訳注] 風速の表し方には、いろいろある。日本では、たんに「風速」といえば10分間の平均値で、3秒間の平均値が「瞬間風速」だ。この「風速」でいちばん大きい値が「最大風速」で、「瞬間風速」でいちばん大きな値が「最大瞬間風速」だ。図9.3 (b) では、1分間の平均をとった風速を使って、ハリケーンの強さを表している。

*20 米国に上陸したハリケーン、とくに「カトリーナ」についての詳しいデータは、以下を参照。E. S. Blake and E. J. Gibney (2011)、J. L. Beven, et al. (2008)。

*21 たとえばJ. Williams (2005) を参照。

*22 ここでいう損害は経済的なもので、被害をうけた地域の社会基盤が整っているという実態を意味している点に注意したい。逆に人的な被害は、いつものことだが、途上国のほうが多い。1970年11月のサイクロン「ボーラ」では、時速185 kmにもなった暴風による高潮が東パキスタン（現バングラデシュ）を襲ってガンジス川の下流で洪水がおき、30万〜50万人が死亡した。

*23 この暴風雨について詳しく知りたければ、S. D. Burt and D. A. Mansfield (1988) を参照してほしい。そのころイングランド南東部のケント州郊外に住んでいた筆者の家も、この暴風雨で被害をうけた。印象的だったのは、被害をうけ、それから何か月にもわたって放置されていた近所の家の数だ。おそらく保険に入っていなかったのだろう。ヨーロッパを襲った極端に強いその他の暴風については、J. E. Roberts, et al. (2014) を。

*24 T. M. Kostigen (2014) より。ここで挙げられている六つの極端な現象は、(1) だんだんひどくなる米カリフォルニア州の干ばつ (2) フィリピンを襲った台風「ハイエン」（観測史上で例をみない強い台風がフィリピンに上陸、最大風速は時速315 kmに達し、約5700人の死者がでた）(3) オーストラリアでは観測史上でもっとも気温が高い年 (4) 中国とロシアの豪雨（ロシアでは、140の町が過去120年で最悪の洪水に見舞われた）(5) 英国では、1962年以降でもっとも寒い春 (6) 北極と南極で氷の解ける量が増えた（それぞれ過去6番目と2番目の氷の少なさ）。北極の氷の量についての一般向けの読み物としては、H. Briggs (2015) も参考に。

*25 P. Miller (2012) より。この記事には、異常な土砂降りのため2010年5月に米テネシー州でおきた、ひどい洪水のことも書かれている。気候の変化がもたらす危険性については、以下の文献を読むとよくわかる。J. Hansen (2010)、J. Hansen, et al. (2015)。

*26 J. Carey (2011) より。

*27[訳注] 日本では、「イベント・アトリビューション」とよばれることが多い。ここでいう「イベント」は、平均から外れた極端なできごとを指す。「アトリビューション」は、あるできごとの原因をなにかに帰する、つまり原因を特定するという意味だ。たとえば、地球が温暖化していったとき、一日の最高気温が30°C以上になる「真夏日」の年間の日数が、コンピューターシミュレーションでわかったとする。つぎに、地球が温暖化していないという仮想的な状況でシミュレーションをおこない、そのとき発生する真夏日の日数を調べる。その差が、地球が温暖化することで増えた真夏日の数だ。このような研究が進めば、地球温暖化の影響で、ある特定の現象が増えるか減るかといった全体像を推定することができるが、「きょうのこの暑さは地球温暖化のせいなのか」といった個々の現象については、その因果関係はわからない。

*28 気候のアトリビューションについての専門的な文献は、S. C. Herring, et al. eds. (2014) を。研究グループがたどりついた個々の結論についての一般向けの解説は、J. Taylor (2014) を。

第10章　天気予報の世界

＊1　第二次世界大戦のノルマンディー上陸作戦では、天気をよく検討して決行日が決められた。また、ドイツ軍が連合軍を急襲したバルジの戦いでは、連合軍の戦闘機による応戦をさけるため、曇りのタイミングで作戦が遂行された。1990年代に北大西洋条約機構（NATO）によっておこなわれたセルビアへの空爆は、悪天候のため、しばしば作戦の変更をしいられた。

＊2　寒ければ人々は買い物に行かないし、暑くなれば、買い物はやめて他のことをしようとする。2004年8月にハリケーン「チャーリー」が米フロリダ州を襲ったあと、オレンジジュースの価格は14% 上昇した。A. Martin (2006)、C. D. Ahrens (2012）を参照。

＊3　英国気象庁 "How Accurate Are Our Public Forecasts?" May 24, 2016（www.metoffice.gov.uk/about-us/who/accuracy/forecasts）より。

＊4　M. Chown (2013）で引用されている。パトリック・ヤングは経済アナリスト。天気予報の精度は向上を続けているが、14日さきの予報となると、その精度は、将来の気候の予測よりすこしよい程度にすぎない。「カオス」が影響しだすのだ。

＊5　M. Wall (2014）より。

＊6　改良のための予算は、天気予報改良法（2013）と災害軽減歳出法（2013）によって支出された。激しい気象に対する研究予算や想定される予報精度の向上について、もっと詳しく知りたければ、以下の文献を参照してほしい。H. Christensen（2015)、J. Lubchenco and J. Hayes (2012)、J. Samenow (2013)、M. Wall (2014)。これもまた、米国の気象関係者にとって困惑すべきことなのだが、米空軍は使用する気象のモデルを、米国のものから英国のものに変更した。J. Samenow (2015）を参照。

＊7　気象では、スケールのまったく違う現象が、おたがいに影響をおよぼしあう。これが気象の特徴なのだが、物理現象がいつもこうだというわけではない。たとえば、量子力学が適用できるのは、ごく小さなスケールの現象に対してだけで、わたしたちの日常生活でお目にかかる現象には関係しない。日常生活の現象は、古典的な力学の適用範囲だ。また、太陽系のスケールではニュートンの重力の法則が成立するが、それよりはるかに大きなスケールで重力を問題にする場合には、アインシュタインの一般相対論が必要になる。

＊8　数学的にいえば、「あすの天気も、きょうとおなじ」という方法は、その状態を表す関数の値を知ればよいだけだが、天気の変化傾向を考える方法だと、それに加えて時間にかんする1階微分を知る必要がある。

＊9　ナウキャストについて、より詳しく知りたければ、C. Mass (2011）を参照してほしい。

＊10　降雪の予報では、これまで何十年にもわたって築きあげられてきた経験則がものをいっている。「総観規模気候法」「クック法」「ガルシア法」「魔法の投げ矢法」など。

＊11　具体的な天気予報の話（そこで使われる経験則や、天気予報の表し方を含む）については、以下の資料が詳しい。C. D. Ahrens (2012)、C. D. Ahrens (2014)、K. C. Harper (2015), 1214-1218、H. M. Mogil (2007)。

＊12　たとえば、世界気象機関は、天気予報をわかりやすく図示するための手引書として、*Guidelines on Graphical Presentation of Public Weather Services Products*, WMO/TD No. 1080 (Geneva: World Meteorological Organization, 2001）を発行している。

＊**13**　この当時、英国での気象予測は、海難を減らすことが目的だった。英国の沖合では、1855～60年に7201人が命を落とした。英国海軍のロバート・フィッツロイは、やがて天気が悪くなることを事前に知っていれば守れた命も多かったはずだと考え、1860年に気象庁を設立した。フィッツロイは、その何年もまえ、チャールズ・ダーウィンを乗せてビーグル号で世界一周の冒険の旅に出た際に、その艦長を務めている。この航海が、やがて進化論として結実することになる。P. Moore (2015) を参照。

＊**14**[訳注]　ここで「1600 km」「160 km」などと中途半端な数字になっている部分は、原著では、「1000マイル」「100マイル」というきりのよい数字が添えてある。それをメートル法で表しているため、半端な数字になっているにすぎない。おおよその空間的な広がりを示しているだけであり、1600 kmなのか1700 kmなのか1500 kmなのかというように数字に細かくこだわっても、意味はない。

＊**15**　英国のBBC放送で何年も天気を伝えてきた英国気象庁の広報担当官マイケル・フィッシュは、かわいそうなことに、まさにこの大失敗をしてしまった。イングランド南部が1987年、300年に一度という嵐に襲われたときのことだ。かれは、このことをけっして忘れない。

＊**16**[訳注]　降水確率の表し方や内容は、国によって違う。日本の気象庁は、予報対象の区域内で、一定の時間内に1 mm以上の雨または雪の降る確率の平均値を、0%、10%、20%というように10%刻み示している。たとえば、「降水確率が30%」というのは、この予報が100回発表されれば、そのうち30回で1 mm以上の降水があるという意味だ。あくまでも、その区域、その時間が雨や雪の降りやすい状態になっているか否かを、1 mmという降水量を判定基準にして示しているだけで、雨や雪の量、それが降る地域の広さ、継続する時間とは関係がない。

＊**17**[訳注]　日本の場合は、気象庁やその他の機関が公表した降水確率を、新聞やテレビなどがこのように膨らませて伝えることはない。もっとも、たとえば台風の予報を伝える場合、お天気番組が、予想の範囲内で最悪の場合を想定して警戒を呼びかけることは、ごくふつうにある。

＊**18**　たとえば、N. Silver (2012) を参照。

＊**19**　その分野で目覚ましい研究業績をあげている、たとえば理論物理学におけるアルバート・アインシュタインやスティーブン・ホーキングのような象徴的な研究者を指しているわけでは、かならずしもない。物理学の分野では、米国のニール・ドグラース・タイソンやミチオ・カク、英国のブライアン・コックスであり、進化生物学ではスティーブン・ジェイ・グールドやリチャード・ドーキンス、生態学のエドワード・ウィルソンなどだ。かれらは傑出した人たちだが、気象以外の分野では、みんながいっせいに科学を伝えるという仕事に前向きになっているわけではない。

＊**20**　G. Quill (2010) より。

＊**21**　お天気キャスターのエリカ・ピノは、うっかり緑色の服を仕事に着ていってしまった。そして、緑色の幕とともに透明になってしまった部分に、たちの悪い動画を重ねるいたずらをされるはめになった。ユーチューブに動画がある（“Hilarious Green Screen Prank on Weather Girl,” March 3, 2012 (https://www.youtube.com/watch?v=AzK-B0OV2oqo)）。

＊**22**　英ブリストル大学のマット・ワトソンの言葉。D. Shukman (2014) で引用されている。

＊23　たとえば、G. Dyer (2008) を参照。

＊24　気象の人工改変についての研究をさらに進めていく必要があることは、"Change in the Weather" [editorial], *Nature*, June 19, 2008, 957-958 で強調されている。過去の研究がすべて成功しているわけではないことを認めつつも、より大きな流れとして研究を進めていくべきだと主張している。"Fears of a Bright Planet" [editorial], *Economist*, December 13, 2014 も参照してほしい。

＊25　気象の人工改変に関する中国の研究プログラムについて詳しく知りたければ、M. Williams (2008) を。

＊26　ジオエンジニアリングに関する賛否双方の議論については、以下の文献で読める。C. Hamilton (2013)、B. Lomberg (2010)、Shukman (2014)、J. Vidal (2012)、J. Vidal (2014)、M. Watson (2013)。

「きょうのお天気」は、これでおしまい

＊1　気候学者や大気科学者のなかには、現在を「人新世」と定義している人もいる。数百年まえ（その始まりにはさまざまな説がある）に始まった、新たな地質年代だ。わたしたち人間が、地球をそれ以前のものから変えてしまったことは確実で、地球のことをよく知らないどこかの星の地質学者が、人類が滅亡してしまったあと、そう、たとえば100万年後に地球を訪ねてきたら、地層を見ただけで、そこに人類の痕跡を認めるだろう。たとえば、P. J. Crutzen and E. F. Stoerner (2000)、W. F. Ruddiman (2013) を参照のこと。

Ahrens, C. D. *Essentials of Meteorology: An Invitation to the Atmosphere*. Belmont, Calif.: Brooks/Cole, 2014.

——. *Meteorology Today: An Introduction to Weather, Climate, and the Environment*. 10th ed. Belmont, Calif.: Brooks/Cole, 2012.

Ahrens, C. D., and P. Samson. *Extreme Weather and Climate*. Belmont, Calif.: Brooks/Cole, 2011.

Akita, M., S. Yoshida, Y. Nakamura, T. Morimoto, T. Ushio, Z. Kawasaki, and D. Wang. "Effects of Charge Distribution in Thunderstorms on Lightning Propagation Paths in Darwin, Australia." *Journal of the Atmospheric Sciences* 68 (2011): 719-726.

Andrews, D. F., and A. M. Herzberg. *Data: A Collection of Problems from Many Fields for the Student and Research Worker*. New York: Springer, 1985.

Arsenault, C. "Risk of Water Wars Rises with Scarcity." Al Jazeera, August 26, 2012.

Baker, D. J. "Climate Change." In *Discoveries in Modern Science: Exploration, Invention, Technology*, edited by J. Trefil, 188-189. Farmington Mills, Mich.: Macmillan, 2015.

Barnaby, W. "Do Nations Go to War over Water?" *Nature*, March 19, 2009,

Betts, A. K., and J. H. Ball. "Albedo over the Boreal Forest." *Journal of Geophysical Research* 102 (1997): 28901-28910.

Beven, J. L., L. A. Avila, E. S. Blake, D. P. Brown, J. L. Franklin, R. D. Knabb, R. J. Pasch, J. R. Rhome, and S. R. Stewart. "Atlantic Hurricane Season of 2005." *Monthly Weather Review* 136 (2008): 1109-1173.

Blake, E. S., and E. J. Gibney. "The Deadliest, Costliest and Most Intense United States Tropical Cyclones from 1851 to 2010 (and Other Frequently Requested Hurricane Facts)." NOAA Technical Memorandum NWS NHC-6. National Weather Service, National Hurricane Center, Miami, Fla., 2011.

Bluestein, H. B. "More Observations of Small Funnel Clouds and Other Tubular Clouds." *Monthly Weather Review* 133 (2005): 3714-3720.

Bouvier, A., and M. Wadhwa. "The Age of the Solar System Redefined by the Oldest Pb-Pb Age of a Meteoritic Inclusion." *Nature Geoscience* 3 (2010): 637-641.

Bowes, P. "California Drought: Will the Golden State Turn Brown?" BBC News, April 6, 2015.

Briggs, H. "Arctic Sea Ice Hits Record Low." BBC News, March 21, 2015.

Broecker, W. *The Great Ocean Conveyor: Discovering the Trigger for Abrupt Climate Change*. Princeton, N.J.: Princeton University Press, 2010.

Brooks, H. E., C. A. Doswell III, and R. B. Wilhelmson. "The Role of Midtropospheric Winds in the Evolution and Maintenance of Low-Level Mesocyclones." *Monthly Weather Review* 122 (1994): 126-136.

Brücker, G. "Vulnerable Populations: Lessons Learnt from the Summer 2003 Heat Wave in Europe." *Eurosurveillance* 10 (2005).

Budyko, M. "The Effect of Solar Radiation Variations on the Climate of the Earth." *Tellus A* 21 (1969): 611-619.

Burgess, P. "Variation in Light Intensity at Different Latitudes and Seasons, Effects of Cloud Cover, and the Amounts of Direct and Diffused Light." Paper presented at Continuous Cover Forestry Group Scientific Meeting, Westonbirt Arboretum, September 29, 2009. http://www.ccfg.org.uk/conferences/downloads/P_Burgess.pdf.

Burt, S. D., and D. A. Mansfield. "The Great Storm of 15-16 October 1987." *Weather* 43 (1988): 90-110.

Caldwell, M. "Unravelling Our Atmosphere." *Physics World* 27 (2014): 36-40.

Carey, J. "Storm Warnings: Extreme Weather Is a Product of Climate Change" [online]. *Scientific American*, June 28, 2011. http://www.scientificamerican.com/article/extreme-weather-caused-by-climate-

change/.
Carrington, D. "Extreme Weather Becoming More Common, Study Says." *Guardian*, August 11, 2014.
"Change in the Weather" [editorial]. *Nature*, June 19, 2008, 957–958.
Chown, M. *What a Wonderful World: One Man's Attempt to Explain the Big Stuff.* London: Faber and Faber, 2013.
Christensen, H. "Banking on Better Forecasts: The New Maths of Weather Prediction." *Guardian*, January 8, 2015.
Coumou, D., V. Petoukhov, S. Rahmstorf, S. Petri, and H. J. Schellnhuber. "Quasi-resonant Circulation Regimes and Hemispheric Synchronization of Extreme Weather in Boreal Summer." *Proceedings of the National Academy of Sciences of the USA* 111 (2014): 12331–12336.
Coumou, D., and A. Robinson. "Historic and Future Increase in the Global Land Area Affected by Monthly Heat Extremes." *Environmental Research Letters* 8 (2013): 034018. DOI: 10.1088/1748-9326/8/3/034018.
Cowan, R. "Snowflake Growth Successfully Modeled from Physical Laws" [online]. *Scientific American*, March 16, 2012. http://www.scientificamerican.com/article/how-do-snowflakes-form/.
Cox, J. D. *Weather for Dummies*. Indianapolis: Wiley, 2000.
Crutzen, P. J., and E. F. Stoerner. "The 'Anthropocene.' " *Global Change Newsletter* 41 (2000): 17–18.
Dell' Amore, C. " 'Snowball Earth' Confirmed: Ice Covered Equator" [online]. *National Geographic*, March 4, 2010. http://news.nationalgeographic.com/news/2010/03/100304-snowball-earth-ice-global-warming/.
Denny, M. *Blip, Ping, and Buzz: Making Sense of Radar and Sonar*. Baltimore: Johns Hopkins University Press, 2007.
——. *Lights On! The Science of Power Generation*. Baltimore: Johns Hopkins University Press, 2013.
——. *The Science of Navigation: From Dead Reckoning to GPS*. Baltimore: Johns Hopkins University Press, 2012.
——. "Weather Balloon Ascent Rate." *Physics Teacher* 54 (2016): 268–271.
Dobos, E. "Albedo," in *Encyclopedia of Soil Science*, 2nd ed., ed. R. Lal (Boca Raton, Fla.: CRC Press, 2006): 64–65.
Doesken, N. J. "Hail, Hail Hail! The Summertime Hazard of Eastern Colorado." *Colorado Climate* 17, no. 7 (1994). http://www.cocorahs.org/media/docs/hail_1994.pdf.
Doswell, C. A., III. "Historical Overview of Severe Convective Storms Research." *Electronic Journal of Severe Storms Meteorology* 2 (2007): 1–25.
Durre, I., R. S. Vose, and D. B. Wuertz. "Overview of the Integrated Global Radiosonde Archive." *Journal of Climate* 19 (2006): 53–68.
Dyer, G. *Climate Wars: The Fight for Survival as the World Overheats*. London: Oneworld, 2008.
Eakins, B. W., and G. F. Sharman. "Volumes of the World's Oceans from ETOPO1." NOAA National Geographic Data Center, Boulder, Colo., 2010.
Edwards, B. F., J. W. Wilder, and E. E. Scime. "Dynamics of Falling Raindrops." *European Journal of Physics* 22 (2001): 113–118.
Edwards, R. "Tropical Cyclone Tornadoes: A Review of Knowledge in Research and Prediction." *Electronic Journal of Severe Storms Meteorolog y* 7 (2012):1–11.
Edwards, R., S. F. Corfidi, R. L. Thompson, J. S. Evans, J. P. Craven, J. P. Racy, and D. W. McCarthy. "Storm Prediction Center Forecasting Issues Relating to the 3 May 1999 Tornado Outbreak." *American Meteorological Society* 17 (2002):544–558.
Falkowski, P., et al. "The Global Carbon Cycle: A Test of Our Knowledge of Earth as a System." *Science* 290 (2000): 291–296.
"Fears of a Bright Planet" [editorial]. *Economist*, December 13, 2014.
Flato, G., et al. "Evaluation of Climate Models." In *Climate Change 2013: The Physical Science Basis; Contribution of Working Group 1 to the Fifth Assessment Report of the Intergovernmental Panel on Cli-*

mate Change, edited by T. F. Stocker et al. Cambridge: Cambridge University Press, 2013.

Gat, J. R. *Isotope Hydrology: A Study of the Water Cycle*. London: Imperial College Press, 2010.

Gattuso, J.-P., et al. "Contrasting Futures for Ocean and Society from Different Anthropogenic CO_2 Emission Scenarios." *Science* 349 (2015): 45. DOI: 10.1126/science.aac4722.

Gettelman, A., M. L. Salby, and F. Sassi. "Distribution and Influence of Convection in the Tropical Tropopause Region." *Journal of Geophysical Research* 107 (2002): 4080. DOI:10.1029/2001JD001048.

Gleick, P. H., and M. Palaniappan. "Peak Water Limits to Freshwater Withdrawal and Use." *Proceedings of the National Academy of Sciences of the USA* 107 (2010):11155-11162.

Goldberg, R. A. "A Review of Reported Relationships Linking Solar Variability to Weather and Climate." In *Solar Variability, Weather, and Climate*, edited by J. A. Eddy. Washington, D.C.: National Academies Press, 1982.

Goode, P. R., J. Qiu, V. Yurchyshyn, J. Hickey, M.-C. Chu, E. Kolbe, C. T. Brown, and S. E. Koonin. "Earthshine Observations of the Earth's Reflectance." *Geophysical Research Letters* 28 (2001): 1671-1674.

Grow, R. "Record Blocking Patterns Fueling Extreme Weather: Detailed Look at Why It's So Cold." *Washington Post*, March 21, 2013.

Guemas, V., F. J. Doblas-Reyes, I. Andreu-Burillo, and M. Asif. "Retrospective Prediction of the Global Warming Slowdown in the Past Decade." *Nature Climate Change* 3 (2013): 649-653.

Häkkinen, S., P. B. Rhines, and D. S. Worthen. "Atmospheric Blocking and Atlantic Multidecadal Ocean Variability." *Science* 334 (2011): 655-659.

Hamblyn, R. *The Invention of Clouds: How an Amateur Meteorologist Forged the Language of the Skies*. New York: Picador, 2001.

Hamilton, C. "Geoengineering: Our Last Hope, or a False Promise?" *New York Times*, May 26, 2013.

Hansen, J. *Storms of My Grandchildren: The Truth About the Coming Climate Catastrophe and Our Last Chance to Save Humanity*. New York: Bloomsbury, 2010.

Hansen, J., et al. "Ice Melt, Sea Level Rise and Superstorms: Evidence from Paleoclimate Data, Climate Modeling, and Modern Observations That 2 °C Global Warming Is Highly Dangerous." *Atmospheric Chemistry and Physics* 15 (2015):20059-20179.

Harper, K. C. "Weather Forecasting by Numerical Methods." In *Discoveries in Modern Science: Exploration, Invention, Technology*, edited by J. Trefil, 1214-1218. Farmington Mills, Mich.: Macmillan, 2015.

Harrabin, R. "Risk from Extreme Weather Rises." BBC News, November 26, 2013.

Harris, S. "Water Wars." *Foreign Policy*, September 18, 2014.

Hays, J. D., J. Imbrie, and N. J. Shackleton. "Variations in the Earth's Orbit: Pacemaker of the Ice Age." *Science* 194 (1976): 1121-1132.

"Heart of the Matter" [editorial]. *Nature*, July 28, 2011, 423-424.

Herring, S. C., M. P. Hoerling, T. C. Peterson, and P. A. Scott, eds. *Explaining Extreme Events of 2013 from a Climate Perspective*. Special supplement, *Bulletin of the American Meteorological Society* 95, no. 9 (2014).

Hillel, D. *Environmental Soil Physics: Fundamentals, Applications, and Environmental Considerations*. London: Academic Press, 1998.

Hoag, H. "Russian Summer Tops 'Universal' Heatwave Index." *Nature*, October 29, 2014.

Hocker, J. E., and J. B. Basara. "A Geographical Information Systems-Based Analysis of Supercells Across Oklahoma from 1994 to 2003." *Journal of Applied Meteorology and Climatology* 47 (2007): 1518-1538.

Holpuch, A. "Drought-Stricken California Only Has One Year of Water Left, NASA Scientist Warns." *Guardian*, March 16, 2015.

Houghton, J. T., Y. Ding, D. J. Griggs, M. Noguer, P. J. van der Linden, X. Dai, K. Maskell, and C. A. Johnson, eds. *Climate Change 2001: The Scientific Basis; Contribution of Working Group 1 to the Third Assessment Report of the Intergovernmental Panel on Climate Change*. Cambridge: Cambridge University Press, 2001.

House, A. "The Top 10 Wettest Places on Earth." *Daily Telegraph*, August 18, 2014.

Hu, Y., and Q. Fu. "Observed Poleward Expansion of the Hadley Circulation Since 1979." *Atmospheric Chemistry and Physics* 7 (2007): 5229-5236.

Huang, J., and M. B. McElroy. "Contributions of the Hadley and Ferrel Circulations to the Energetics of the Atmosphere over the Past 32 Years." *Journal of Climate* 27 (2014): 2656-2666.

Huang, S. P., H. N. Pollack, and P.-Y. Shen. "A Late Quaternary Climate Reconstruction Based on Borehole Heat Flux Data, Borehole Temperature Data, and the Instrumental Record." *Geophysical Research Letters* 35 (2008): L13703.

Iqbal, M. *An Introduction to Solar Radiation*. New York: Academic Press, 1983.

Karoff, C., and H. Svensmark. "How Did the Sun Affect the Climate When Life Evolved on the Earth?" arXiv (2010): 1003.6043.

Kasatkina, E. A., O. I. Shumilov, and M. Krapiec. "On Periodicities in Long Term Climate Variations near 68°N, 30°E." *Advances in Geoscience* 13 (2007):25-29.

Kenney, W. L., D. H. Craighead, and L. M. Alexander. "Heat Waves, Aging, and Human Cardiovascular Health." *Medicine and Science in Sports and Exercise* 46 (2014): 1891-1899.

Kerr, R. A. "A Slowing Cog in the North Atlantic Ocean's Climate Machine." *Science* 304 (2004): 371-372.

Klinenberg, E. *Heat Wave: A Social Autopsy of Disaster in Chicago*. Chicago: University of Chicago Press, 2002.

Kostigen, T. M. "Government Lists 2013's Most Extreme Weather Events: 6 Takeaways" [online]. *National Geographic*, January 22, 2014. http://news.nationalgeographic.com/news/2014/01/140122-noaa-extreme-weather-2013-climate-change-drought/.

Lal, R., ed. *Encyclopedia of Soil Science*, 2nd ed. Boca Raton, Fla.: CRC Press, 2006.

Larsen, L. B., et al. "New Ice Core Evidence for a Volcanic Cause of the A.D. 536 Dust Veil." *Geophysical Research Letters* 35 (2008): L04708.

Laskar, J., A. Fienga, M. Gastineau, and H. Manche. "La2010: A New Orbital Solution for the Long-Term Motion of the Earth." *Astronomy and Astrophysics* 532 (2011): A89.

Leclercq, P. W., and J. Oerlemans. "Global and Hemispheric Temperature Reconstruction from Glacier Length Fluctuations." *Climate Dynamics* 38 (2012):1065-1079.

Levitus, S., et al. "World Ocean Heat Content and Thermosteric Sea Level Change (0-2000 m), 1955-2010." *Geophysical Research Letters* 39 (2012): L10603.

Livio, M. *Brilliant Blunders: From Darwin to Einstein; Colossal Mistakes by Great Scientists That Changed Our Understanding of Life and the Universe*. New York: Simon and Schuster, 2013.

Lomberg, B. "Geoengineering: A Quick, Clean Fix?" *Time*, November 14, 2010.

Lorenz, R. D., and M. J. Myers. "Dust Devil Hazard to Aviation: A Review of United States Air Accident Reports." *Journal of Meteorology* 30 (2005):178-184.

Lubchenco, J., and J. Hayes. "New Technology Allows Better Extreme Weather Forecasts." *Scientific American*, May 1, 2012. http://www.scientificamerican.com/article/a-better-eye-on-the-storm/.

Mambretti, S. E., ed. *Flood Risk Assessment and Management*. Southampton, Eng.: WIT Press, 2012.

Marshall, C. "Global Flood Toll to Triple by 2030." BBC News, March 4, 2015.

Marshall, T. C., and M. Stolzenburg. 2001. "Voltages Inside and Just Above Thunderstorms." *Journal of Geophysical Research* 106:4745-4768.

Martin, A. "Nature Getting the Blame for Costly Orange Juice." *New York Times*, December 2, 2006.

Mason, B. J. "The Oceans as a Source of Cloud-Forming Nuclei." *Pure and Applied Geophysics* 36 (1957): 148-155.

Mass, C. "Nowcasting: The Next Revolution in Weather Prediction." 2011. http://www.atmos.washington.edu/~cliff/BAMSNowcast7.11.pdf.

McGuffie, K., and A. Henderson-Sellers. *A Climate Model Primer*. Hoboken, N.J.: Wiley, 2013.

Miller, P. "Extreme Weather." *National Geographic*, September 2012.
Milman, O. "Heatwave Frequency 'Surpasses Levels Previously Predicted for 2030.' " *Guardian*, February 17, 2014.
Miyahara, H., and Y. Yokoyama. "Influence of the Schwabe/Hale Solar Cycles on Climate Change During the Maunder Minimum." *Proceedings of the International Astronomical Union* S264 (2010): 427-433.
Mogil, H. M. *Extreme Weather*. New York: Black Dog & Leventhal, 2007.
Moore, P. "The Birth of the Weather Forecast." BBC News, April 30, 2015.
Netburn, D. "Mystery of the 'Faint Young Sun Paradox' May Be Solved." *Los Angeles Times*, June 10, 2013.
Neuenschwander, D. E. "The Physics of Tornadoes." *SPS Observer*, Fall 2011, 2-17.
Nishikawa, T., S. Maruyama, and S. Sakai. "Radiative Heat Transfer Analysis Within Three-Dimensional Clouds Subjected to Solar and Sky Irradiation." *Journal of the Atmospheric Sciences* 61 (2004): 3125-3133.
Open University. *Open Circulation*. Milton Keynes, Eng.: Open University, 2001.
Palmer, T. N. "Climate Extremes and the Role of Dynamics." *Proceedings of the National Academy of Sciences of the USA* 110 (2013): 5281-5282.
Papadatou-Pastou, M., M. Martin, M. R. Munafò, and G. V. Jones. "Sex Differences in Left-Handedness: A Meta-analysis of 144 Studies." *Psychological Bulletin* 134 (2008): 677-699.
Penna, A. N., and J. S. Rivers. *Natural Disasters in a Global Environment*. Chichester, Eng.: Wiley-Blackwell, 2013.
Peplow, M. "Snowflakes Made Easy." *Nature*, December 31, 2014.
Perkins, S. "Tornado Alley, U.S.A." *Science News* 161 (2002): 296.
Perkins, S. E., and L. V. Alexander. "On the Measurement of Heat Waves." *Journal of Climate* 26 (2013): 4500-4517.
Pidwirny, M. *Understanding Physical Geography*. 3 parts. Kelowna, B.C.: Our Planet Earth, 2014.
Pietz, D. A. *Engineering the State: The Huai River and Reconstruction in Nationalist China, 1927-1937*. New York: Routledge, 2002.
Povich, E. S. "Drought Is Not Just a California Problem." *USA Today*, April 19, 2015.
Quill, G. "Many TV Weather Forecasters Lack Qualifications." *Toronto Star*, December 20, 2010.
Radke, L. F., J. A. Coakley, and M. D. King. "Direct and Remote Sensing Observations of the Effects of Ships on Clouds." *Science* 246 (1989): 1146-1149.
Rahmstorf, S. "Rapid Climate Transitions in a Coupled Ocean-Atmosphere Model." *Nature*, November 3, 1994, 82-85.
Rangno, A. "Classification of Clouds." In *Discoveries in Modern Science: Exploration, Invention, Technology*, edited by J. Trefil, 199-201. Farmington Mills, Mich.: Macmillan, 2015.
Raspopov, O. M., V. A. Dergachev, J. Esper, O. V. Kozyreva, D. Frank, M. Ogurtsov, T. Kolström, and X. Shao. "The Influence of the de Vries (~200year) Solar Cycle on Climate Variations: Results from the Central Asian Mountains and Their Global Link." *Paleogeography, Paleoclimatology, Paleoecology* 259 (2008): 6-16.
Reardon, S. "Titan Holds Clue to Faint Young Sun Paradox." *New Scientist*, January 2013.
Rensselaer Polytechnic Institute. "Argon Conclusion: Researchers Reassess Theories on Formation of Earth's Atmosphere." *ScienceDaily*, September 24, 2007. www.sciencedaily.com/releases/2007/09/070919131757.htm.
Rex, D. F., ed. *Climate of the Free Atmosphere*. Vol. 4 of *World Survey of Climatology*. New York: Elsevier, 1969.
Rice, D. "Killer Cold: Winter Is Deadlier Than Summer in U.S." *USA Today*, July 30, 2014.
Roberts, J. F., A. J. Champion, L. C. Dawkins, K. I. Hodges, L. C. Shaffrey, D. B. Stephenson, M. A. Stringer, H. E. Thornton, and B. D. Youngman. "The XWS Open Access Catalogue of Extreme Euro-

pean Windstorms from 1979 to 2012." *Natural Hazards and Earth System Sciences* 14 (2014): 2487-2501.

Robine, J.-M., S. L. K. Cheung, S. Le Roy, H. Van Oyen, C. Griffiths, J.-P. Michel, and F. R. Herrmann. "Death Toll Exceeded 70,000 in Europe During the Summer of 2003." *Comptes Rendus Biologies* 331 (2008): 171-178.

Roble, R. G., and I. Tzur. "The Global Atmospheric-Electric Circuit." In *The Earth' s Electrical Environment*, edited by National Research Council, 206-231. Washington, D.C.: National Academies Press, 1986.

Rosenfeld, D., and I. M. Lensky. "Satellite-Based Insights into Precipitation Formation Processes in Continental and Maritime Convective Clouds." *Bulletin of the American Meteorological Society* 79 (1998): 2457-2476.

Ross, D. *Introduction to Oceanography*. New York: HarperCollins, 1995.

Ruddiman, W. F. "The Anthropocene." *Annual Review of Earth and Planetary Sciences* 41 (2013): 45-68.

Russo, S., A. Dosio, R. G. Graversen, J. Sillmann, H. Carrao, M. B. Dunbar, A. Singleton, P. Montagna, P. Barbola, and J. V. Vogt. "Magnitude of Extreme Heat Waves in Present Climate and Their Projection in a Warming World." *Journal of Geophysical Research* 119 (2014): 12500-12512.

Ruth, D. P. "Interactive Forecast Preparation—The Future Has Come." In *Proceedings of the Interactive Symposium on the Advanced Weather Interactive Processing System (AWIPS)*, Orlando, Fla., January 13-17, 2002, American Meteorological Society, 20-22.

Rybach, L. "Geothermal Sustainability." *Geo-Heat Centre Quarterly Bulletin* 28 (2007): 2-7.

Samenow, J. "Air Force's Plan to Drop U.S. Forecast System for U.K. Model Draws Criticism." *Washington Post*, April 20, 2015.

——. "Game-Changing Improvements in the Works for U.S. Weather Prediction." *Washington Post*, May 15, 2013.

Schatten, K. H., and A. S. Endal. "The Faint Young Sun-Climate Paradox: Volcanic Influences." *Geophysical Research Letters* 9 (1982): 1309-1311.

Schneider, T. "The General Circulation of the Atmosphere." *Annual Review of Earth and Planetary Science* 34 (2006): 655-688.

Seager, R. "The Source of Europe's Mild Climate." *American Scientist* 94 (2006):334-341.

Seager, R., D. S. Battisti, J. Yin, N. Gordon, N. Naik, A. C. Clement, and M. A. Cane. "Is the Gulf Stream Responsible for Europe's Mild Winters?" *Quarterly Journal of the Royal Meteorological Society* 128 (2002): 2563-2586.

Shukman, D. "Geo-Engineering: Climate Fixes 'Could Harm Billions.' " BBC News, November 26, 2014.

Silver, N. *The Signal and the Noise: Why So Many Predictions Fail*. New York: Penguin, 2012.

Sinclair, P. C. "Some Preliminary Dust Devil Measurements." *Monthly Weather Review* 92 (1964): 363-367.

Sircombe, K. "Rutherford's Time Bomb." *New Zealand Herald* (Auckland), May 15, 2004.

Smith, J. A. E. Hui, M. Steiner, M. L. Baeck, W. F. Krajewski, and A. A. Ntelekos. "Variability of Rainfall Rate and Raindrop Size Distributions in Heavy Rain." *Water Resources Research* 45 (2009): WO4430. DOI: 10.1029/2008/WR006840.

Smith, R. "Hurricane Force." *Physics World*, June 2006, 32-37.

Soden, B. J., and I. M. Held. "An Assessment of Climate Feedbacks in Coupled Ocean-Atmosphere Models," *Journal of Climate* 19 (2006) 3354-3360.

Solomon, S., D. Qin, M. Manning, Z. Chen, M. Marquis, K. B. Averyt, M. Tignor, and H. L. Miller, eds. *Climate Change 2007: The Scientific Basis; Contribution of Working Group 1 to the Fourth Assessment Report of the Intergovernmental Panel on Climate Change*. Cambridge: Cambridge University Press, 2007.

Sondergard, S. E. *Climate Balance: A Balanced and Realistic View of Climate Change*. Mustang, Okla.: Tate, 2009.

Strahler, A. H., and A. Strahler. *Physical Geography: Science and Systems of the Human Environment.* 2nd ed. New York: Wiley, 2003.

Sverdrup, K. A., A. C. Duxbury, and A. B. Duxbury. *Fundamentals of Oceanography.* 5th ed. New York: McGraw-Hill, 2006.

Taylor, J. "NOAA Report Destroys Global Warming Link to Extreme Weather." *Forbes*, October 9, 2014.

Trenberth, K. E., J. T. Fasullo, and J. Kiehl. "Earth's Global Energy Budget." *Bulletin of the American Meteorological Society* 90 (2009): 311-323.

Trenberth, K. E., and T. J. Hoar. "The 1990-1995 El Niño-Southern Oscillation Event: Longest on Record." *Geophysical Research Letters* 23 (1996): 57-60.

Trenberth, K. E., et al. "Observations: Surface and Atmospheric Climate Change." In *Climate Change 2007: The Physical Science Basis; Contribution of Working Group 1 to the Fourth Assessment Report of the Intergovernmental Panel on Climate Change*, edited by S. Solomon, D. Qin, M. Manning, Z. Chen, M. Marquis, K. B. Averyt, M. Tignor, and H. L. Miller. Cambridge: Cambridge University Press, 2007.

Vidal, J. "Geoengineering: Green versus Greed in the Race to Cool the Planet." *Guardian*, July 9, 2012.

——. Geoengineering Side Effects Could Be Potentially Disastrous, Research Shows." *Guardian*, February 25, 2014.

Wall, M. "Weather Report: Forecasts Improving as Climate Gets Wilder." BBC News, September 25, 2014.

Wang, P. K. *Physics and Dynamics of Clouds and Precipitation.* Cambridge: Cambridge University Press, 2013.

Watson, M. "Why We' d Be Mad to Rule Out Climate Engineering." *Guardian*, October 8, 2013.

Weart, S. "General Circulation Models of the Atmosphere." In *Discoveries in Modern Science: Exploration, Invention, Technology*, edited by J. Trefil, 41-46. Farmington Mills, Mich.: Macmillan, 2015.

Weaver, A. *Generation Us: The Challenge of Global Warming.* Victoria, B.C.: Orca, 2011..

Whiton, R. C., P. L. Smith, S. G. Bigler, K. E. Wilk, and A. C. Harbuck. "History of Operational Use of Weather Radar by U.S. Weather Services, Part II: Development of Operational Doppler Weather Radars." *Weather and Forecasting* 13 (1988): 244-252.

Williams, J. "Doppler Radar Measures 318 mph Wind in Tornado." *USA Today*, May 17, 2005.

Williams, M. "Weather Engineering in China." *MIT Technological Review*, March 25, 2008.

Witze, A., and J. Kanipe. *Island on Fire: The Extraordinary Story of Laki, the Volcano That Turned Eighteenth-Century Europe Dark.* London: Profile Books, 2014.

Wood, G. D. *Tambora: The Eruption That Changed the World.* Princeton, N.J.: Princeton University Press, 2014.

Wordsworth, R., and R. Pierrehumbert. "Hydrogen-Nitrogen Greenhouse Warming in Earth's Early Atmosphere." *Science* 339 (2013): 64-67.

World Meteorological Organization. *Guidelines on Graphical Presentation of Public Weather Services Products.* WMO/TD No. 1080. Geneva: World Meteorological Organization, 2001.

Wyett, R. E. "Pressure Drop in a Dust Devil." *Monthly Weather Review* 82 (1954):7-8.

Zängl G., and K. P. Hoinka. "The Tropopause in the Polar Regions." *Journal of Climate* 14 (2001): 3117-3139.

索　引

さ 行

た　行

な　行

は 行

わ　行

訳者紹介
保坂　直紀（ほさか・なおき）
サイエンスライター。気象予報士。東京大学理学部地球物理学科卒。同大大学院博士課程（海洋物理学）を中退し、1985年に読売新聞社入社。科学記者として地球科学や物理などを担当。科学報道の研究により、2010年に東京工業大学で博士（学術）を取得。2013年に早期退職し、2017年まで東京大学海洋アライアンス上席主幹研究員。著書に『謎解き・海洋と大気の物理』『謎解き・津波と波浪の物理』『びっくり！ 地球46億年史』（以上、講談社）、『これは異常気象なのか？』『やさしく解説 地球温暖化』（以上、岩崎書店）など。

気象と気候のとらえ方
—— きまぐれな大気の物理を読み解く

平成30年7月30日　発　　行
平成31年4月20日　第2刷発行

訳　者　保　坂　直　紀

発行者　池　田　和　博

発行所　丸善出版株式会社
〒101-0051 東京都千代田区神田神保町二丁目17番
編集：電話（03）3512-3265／FAX（03）3512-3272
営業：電話（03）3512-3256／FAX（03）3512-3270
https://www.maruzen-publishing.co.jp

組版印刷・中央印刷株式会社／製本・株式会社 松岳社

ISBN 978-4-621-30320-7　C 0044　Printed in Japan